新手妈妈

通关指南

橙子 著

中国青年出版社

图书在版编目（CIP）数据

新手妈妈通关指南／橙子著. — 北京：中国青年出版社, 2018.6
ISBN 978-7-5153-5154-4

I. ①新… II. ①橙… Ⅲ. ①婴幼儿—哺育—指南
IV. ①TS976.31-62

中国版本图书馆CIP数据核字（2018）第123559号

中国青年出版社 出版发行

责任编辑：朱艺 宣逸玲 zhuyi1127@126.com
社 址：北京东四12条21号
网 址：http://www.cyp.com.cn
电 话：(010) 57350510
(010) 57350370
经 销：新华书店
印 刷：鸿博昊天科技有限公司
开 本：710×1000 1/16
印 张：20.5印张
字 数：320 千字
版 次：2018年10月第1版 2018年11月第2次印刷
定 价：68.00元

谨以此书献给毛头和果果，是你们让我成为了更好的自己。

编辑说明

新手妈妈可能是世上最手足无措的一群人了，面对需求那么高的新生宝宝和各类层出不穷的养育建议，通常会不知如何是好。那么，在育儿知识泛滥的时代，为何新手妈妈们会不约而同地选择橙子呢?

两年前，橙子创立了公众号“说说咱家娃”，至今已经收获了近百万粉丝的信赖。她跟很多妈妈一样，不得不围着孩子转，经历着同样的喜怒哀乐；但她也比很多妈妈幸运，念叨着孩子的一地鸡毛，收获了另一番天地。

橙子将北美相对完善先进的育儿知识，结合自己丰富的“闯关”经验，以轻松幽默的方式娓娓道来。她的平常心和接地气，会让新手妈妈更放松。比起角落里积灰的育儿百科全书，橙子的育儿文章可能更有帮助。当然，并没有适用于所有孩子的金科玉律，如果你的孩子有所不同，还是要向专业人士寻求帮助。

我们都知道，新手妈妈最难的是懂得并回应孩子真正的需求。希望这本书能及时出现，让你在每个惶然无措的时刻都能得以安心。

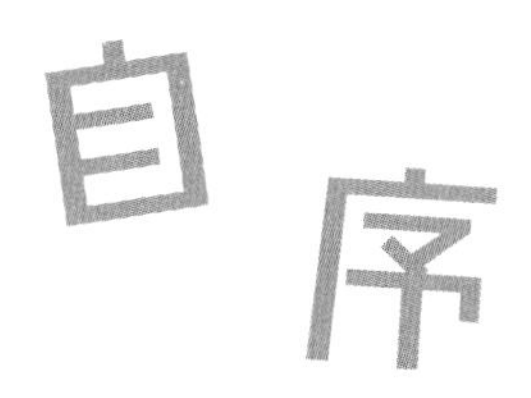

自序

还清楚地记得7年前，我抱着小小的毛头办出院手续的时候，突然看见签字文件上写着一句：从签字的这一刻开始，医院将新生宝宝的监护权移交给父母……

那一刻我突然感到一种巨大的恐慌，好像有一个高高在上的声音冥冥中问我：你能照顾好宝宝吗？你会是一个合格的好妈妈吗？这两个问题如同附骨之疽一样如影随形，让我照顾孩子的时候时时刻刻感到如临深渊如履薄冰。

小宝宝不会交流，不舒服了只会哭，我好像永远都搞不懂他的意思。我要怎么做他才能不哭呢？是增减衣物？是换尿布？是喂奶？是拍嗝？还是抱着摇晃？或者放下让他哭一会儿？我真的很害怕他哭，他的哭声好像在控诉我是一个差劲的坏妈妈，所以我用尽所有的方法阻止他的哭闹：整天整宿地抱着，用喂奶来安抚他，用各种各样的摇晃方式哄他入睡，等等。

没有人能真正告诉我答案，只能一点点自己去摸索，如果不小心做错了，就会愧疚得很想杀了自己。更倒霉的是，我家毛头好像是一个特别不容易满足的婴儿，他的脾气特别差，哭声特别大，闹起来特别凶，对环境特别敏感挑剔，动不动就哭得脸色发紫。于是我累得筋疲力尽，每天不超过3个小时的连续睡眠，精神状态濒临崩溃，我甚至开始有了伤害孩子的幻想。

我们这一代妈妈可能是最焦虑也最孤独的一代，每个孩子都备受关注，又都有五六双眼睛盯着，但是，妈妈们从未获得与这种关注度相匹配的支持，可以说是累得要死没人帮，出了问题却一群人跳出来指责。

我意识到这样是不对的，我不能够再这样继续消极地应付这个格外难搞的婴儿，那只会把我拖垮，我应该去积极地寻找答案，找到一个让我和宝宝都好的养育方式。还好北美的婴幼儿养育体系相对比较完善，我无论是查阅书籍或上网查资料，还是咨询儿科医生或者身边大孩子的妈妈，都会得到比较科学而统一的答案。在不断的尝试下，我终于探索出了一种最适合我家宝宝的方式。正所谓久病成良医，因为毛头遭遇的问题特别多，我的斗争经验也特别丰富和全面：如何顺利母乳，如何安抚哭闹，如何照顾宝宝，如何调整心理变化，如何恢复身体状态，如何处理家庭成员关系……

于是，2015年夏天，我创立了“说说咱家娃”公众号。一开始，我只是想把科学的育儿理论、我养育过程中的一些思考，用最简单最生动最直观的语言呈现给新手妈妈们。

两年多的时间，我的公众号从只有我和老公两个人关注，到现在拥有将近一百万的读者，这实在是出乎我的意料，我的生活也因为这个公众号而发生了巨大的改变。在很多人看来，我从一个普通的全职妈妈，变成一个知名公众号作者，简直像个奇迹。只有我知道，这个过程有多么艰辛。刚开始的那一年，两个孩子年纪还小，毛头只上半天的幼儿园，果果更是要我全天地带着，还要兼顾家务，晚上哄睡了孩子之后才是我的写作时间，每次都要熬到后半夜。坚持了这么久，我也有过很多疲惫不堪、不堪重负的时刻，很多次我也想过要随性一点，不要逼自己推送得那么勤快。但是每当我看到读者留言说，宝宝变得好懂一点点了，妈妈变得快乐一点点了，我就又满血复活。

因为我知道我们有多不容易，希望大家能明白：养育宝宝并不是一场苦刑，也可以是一个快乐享受的过程。总觉得有太多经验要说，太多问题要解答，而能挤出来的时间永远都那么少。愿这本书，可以陪伴每个新手妈妈，让你们在养育宝宝的路上，能不再迷茫，不再孤独。

并没有能解决所有问题的育儿专家，养娃这条路，我们每个人终究都是独行者。

然而，橙子在这里陪着你。

目录

Part 1 闹腾的新生儿

Part 2 喂奶的挑战

Part 3 睡眠大作战

Part 4 辅食不复杂

Part 5 大运动发展

Part 6 日常护理

Part 7 常见疾病及护理

Part 8 习惯与教养

附录

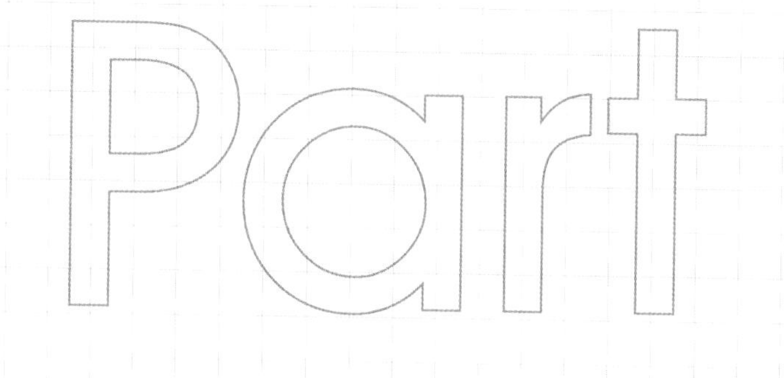

1

闹腾的新生儿

01 怎样安抚哭闹不休的宝宝

0~3个月的新生宝宝，是世界上最可怕的小动物了。

为啥可怕？因为信息阻隔无法沟通啊！宝宝和新手父母刚见面不久，彼此都不熟悉，新手父母没办法仅仅从“哇哇哇”这种声音中，成功提取有效信息，当然无法及时满足宝宝需求。

你家是否也有一个哭闹不休，让你心力交瘁的新生宝宝呢？你是否除了喂奶和摇晃，对你的新生宝宝就再无招数了呢？

下面，光荣拥有两枚胀气宝宝的橙子，就教你几种有效安抚新生儿的方式。

除了“饥饿”，新生儿还会因为很多原因哭闹

要抱抱：刚出生不久的新生儿，离开妈妈肚子里熟悉的环境，很不习惯。

累了想平静：宝宝被逗弄得太厉害，兴奋太久，会承受不了。

困了想睡：很累又不会安抚自己入睡，俗称“闹觉”。

情绪崩溃：一般出现在黄昏时分，经过了一天刺激的人间生活，宝宝会比较容易又累又烦，发泄性地哭闹。也叫“黄昏闹”。

身体不舒服：胀气、肠绞痛等。

通过这五种原因你会发现，其实大多数的哭闹，只是需要安抚，让宝宝能够神经放松下来，之后自然就会入睡。

喂奶和摇晃是最常见的安抚婴儿的方式，虽然会奏效，但是副作用极大：安慰奶和零食奶会让作息混乱，吃睡不分，吃不饱也睡不好；摇晃安慰的方式本质

是分散注意力，容易被宝宝免疫，不得不升级摇晃方式的激烈程度，甚至可能会有“摇晃综合征”（剧烈摇晃导致的婴儿脑损伤）。

那要如何安慰烦躁不安或者身体不舒服的宝宝呢？如果非要精练成一句话，那就是：尽量充分地模拟子宫环境，让宝宝有“回家了”的感觉。

待在子宫里是怎样一种体验？

体验一：拥挤

模拟方式：将宝宝紧紧地包裹起来。无论宝宝看起来有多挣扎多不愿意，那都是出于你的想象，宝宝在妈妈肚子里被裹了好几个月了，怎么可能不喜欢呢？

体验二：黑暗

模拟方式：小黑屋，必要的话，上遮光窗帘。

体验三：听见血液流动、肠胃蠕动等声音

模拟方式：白噪声。

白噪声有各种种类，包括：收音机里空白波段的声音、流水的声音、下雨的声音、风扇的声音、吸尘器的声音、吹风机的声音等等。可以用手机录下来反复播放，也可以听真实的，传说真实的效果更好。

有些天生乐感比较强的小宝宝也可能会喜欢听悠扬的音乐，钢琴曲或者交响乐什么的试试看。如果你怀孕的时候有坚持胎教的话，那就听胎教音乐，会很灵的。

体验四：随着妈妈平时的走路摇来晃去

模拟方式：轻轻地晃动。

注意，是轻微地，不是剧烈地，顾念一点你娃豆腐一样脆弱的脑子吧。如果你家娃需要你抱着蹦蹦跳跳或者冲刺跑才能平静，你已经走得太远了。

体验五：感觉到心脏跳动的有频率的振动

模拟方式：有节奏地拍拍，或者让宝宝贴近妈妈胸口，听到心跳。

注意，拍拍要拍肩膀或者拍屁股，拍肚子会不爽。

当然，这五个招数，你可以一起用上三四个，打组合拳，娃就很难招架了。

当初橙子是这么哄闹觉崩溃娃的：

首先给娃打包裹，裹得紧紧的，抱到黑屋子里，找个地方坐下，喂奶姿势抱着——让宝宝的肚皮贴着我的身体，头枕在我的左手小臂上（头在左边可以听到妈妈心跳），右手有节奏地拍宝宝的屁股，一边轻轻摇一摇，一边发出“嘘”的声音。

宝宝一开始会大哭大闹，在我怀里扭来扭去，我紧紧搂住，一般不超过5分钟，大哭就戛然而止，很快就睡着了。

注意，我哄睡的过程中，宝宝是要哭闹一阵的，并不是用了这些方法就可以让宝宝完全不哭地入睡，这也是很多父母哄睡宝宝一个非常大的误区，也是导致今后无规则养育的开端。

所以橙子这里劝一下新手父母，千万不要追求完全不哭地哄睡。新生宝宝无法控制情绪，睡前发泄一下烦躁是他们的生理和心理需要，有些脾气大的宝宝更是每睡都要大哭大闹一番。如果你不让他闹，反而会睡不踏实。

抱哄着宝宝让他哭个5~10分钟入睡，并没有什么问题。因为他们的哭闹过程，也是学习过程，宝宝就是在每次睡前的挣扎中，逐渐练习安抚自己，练习如何平静，并且逐渐了解：当我烦躁的时候应该放松，而不是紧张哭闹，才会更舒服。

你可以抚慰他，帮助他，但是万万不可以将“安抚”的任务全都揽给自己，留一点点给宝宝，让他有机会学习。这样宝宝的自我安慰能力才会越来越提高，然后你才能有机会逐渐撤掉哄睡的帮助。因为以上我说的所有的哄睡方式，都是不可持续长久的。

当宝宝三四个月之后，胀气症状消失，惊跳反应也不太强烈了，就要过渡到练习在床上入睡了。所以我们的哄睡方式应该从激烈过渡到平淡，最后达到不哄睡的目的。

坚持正确的事情，不要无规则喂养，宝宝总会一天比一天好的。

02 乱抻乱扭，原来是胀气

传说中吃吃睡睡的月子宝宝都是别人家的，自己家这个小祖宗回到家里没几天就开始找麻烦。

首先，没事就哼哼唧唧，全方位多角度各种抻，各种扭。老人说娃儿在抻着长个子呢，姑且算是吧。可是怎么很不爽的样子？还往下“嗯嗯嗯”地乱使劲，万年便秘了一样。使了半天劲，除了蹦出几个响屁来一无所获，就算好不容易放炮一样地拉出来，也都是软软的便便，至于憋得满脸通红青筋暴突吗？

黄昏时分更是各种作，奶也吃了，澡也洗了，尿布也换了，哭哭闹闹就是不睡觉，哄了半天好像睡沉了，刚放下又醒，直到深夜才能真正安静下来。最闹心的是，就算是睡着了也各种抻各种扭，发出各种响声。简直就不让大人睡。

如果我精准地描述了你家满月左右的新生儿，恭喜你，你光荣地获得了一枚胀气娃（gas baby）。这种新生儿就是来修炼父母的，摊上一个，甭管你几个大人都会被搞得人仰马翻。

橙子君很惨，不巧家里两只全都是这样标准的胀气娃，可谓战斗经验丰富。今天就好好说说，如何对付这些伤不起的胀气娃。

新生儿胀气为什么让宝宝如此闹人？

新手妈妈先放心，宝宝尽管表现得很痛苦，但并没有生什么病，这其实是新生儿非常常见的问题，几乎所有的新生儿都有，只是程度不同而已。因为新生宝宝的肠子发育得不完善，不会像成人一样从上往下，有规律地按顺序蠕动，经常是随机地上面下面一起挤，这个时候如果肠道中有气体，就会让宝宝非常难受甚至疼痛。

新生婴儿腹部是没有肌肉的，没有办法像成人一样，用肚子的肌肉压迫肠子使气体排出来，只能全身乱抻乱扭乱用力，看起来就像万年便秘一样。

另外，新生宝宝往往分不清肚子难受是痛还是饿，所以当他痛起来的时候，还以为自己是饿，表现为要吃奶，但又发现吃了奶并不会缓解不适，而且让肚子更难受，于是表现为吃一吃闹一闹的纠结样子。

胀气也有程度的强弱，严重的时候当然就各种闹，不那么严重的时候虽然不至于使劲哭，但也会很不舒服，需要安慰，如果你经常用母乳安慰宝宝，他就会把你当成安慰奶嘴，一难受就要求含着，搞得一天到晚都在吃，吃多了更难受，还容易大口大口地吐。

肠胃不适也会影响睡觉，因为一旦躺平会使腹痛更加严重，所以很多宝宝喜欢被抱着睡，一是大人身上的温度让他的小肚子舒服，二是喜欢让腹部有压力的蜷缩睡姿。所以胀气宝宝多半会有恋抱睡，沾床就醒的问题。

不要对胀气宝宝做的事情

不要使劲摇晃。当宝宝胀气很痛苦的时候，摇晃并不会减轻他的痛苦，但焦急地想要宝宝停止哭闹的心理会导致你越晃越厉害，这对脆弱的新生婴儿大脑是非常不好的，严重者会造成脑损伤。

不要一遍又一遍地去喂奶。喂奶不只会加重肠胃负担，还会让宝宝吃进去更多的气体，母乳妈妈这样做还会让宝宝吃到很多富含乳糖的前奶，让胀气症状更加严重，无异于饮鸩止渴。

不要给宝宝穿盖太多。会有大人觉得宝宝肚子痛是受了凉，于是把宝宝包裹得很厚，甚至喂过热的奶。这不单对胀气没有缓解作用，还可能会导致新生儿中暑，因为新生宝宝汗腺还没发育完全，自我调节体温的能力差，宁可冷一些，千万别捂太多了。手脚凉凉的是正常的，脖子后面微温就不冷，如果手脚都热了，那就是太热了。

平时要怎样做才能有效缓解新生儿胀气？

避免吃进气体：不要在宝宝哭的时候喂奶，因为这样会导致吞进大量气体。如果瓶喂最好用布朗医生之类的排气奶瓶，喂奶后要尽量把嗝都拍出来，对于胀气严重的宝宝，尽量每吃5分钟就拍一次嗝。

戒除产气的食物：奶粉宝宝换成敏感型奶粉（sensitive formula）。母乳妈妈戒除奶制品（牛奶、冰激凌、奶酪等）、十字花科蔬菜（西蓝花和菜花）和咖啡。

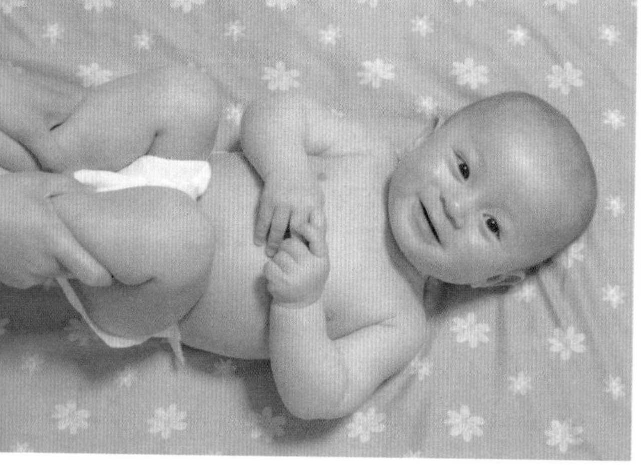

粉丝宝宝小土豆，示范排气操

按摩：经常给宝宝顺时针方向揉肚子。

运动：让宝宝平躺，握住宝宝的脚踝做蹬自行车运动。

给腹部一些压力：让宝宝清醒的时候尽量趴着，或者让宝宝平躺，然后帮他屈膝，轻轻压迫小肚子，如上图。但是注意不要在刚吃完奶的时候做这个，会容易吐。

看起来这些物理疗法的动作不起眼，但是很有效的，每当我给毛头做这些的时候，经常就会听到一连串的屁排出来，毛头也一脸爽到的样子。

当宝宝因为胀气哭闹，如何安慰他？

让宝宝吮吸一个东西：安慰奶嘴或者你的手指，都可以，再说一遍，不要用吃奶来安慰。

把宝宝紧紧包裹起来：抱紧他，让他感受你的心跳，这样很像在妈妈肚子里的环境，很多宝宝都喜欢。

音乐或韵律：对我家二宝果果就很灵，一听见音乐就安静了。

白噪声：是指没有任何起伏变化的噪声，可以用手机录制一些大自然的声音，譬如水声、雨声、风声等重复播放，网上也有相关资源下载。这也是一种模拟子宫环境的方式。

新鲜空气：很神奇的，一抱到外面去，很多小宝宝立刻就不哭了。

洗个温水澡：又温暖又给腹部压力，新生宝宝都很喜欢洗澡的。

飞机抱：用双手兜着宝宝的腹部抱着，如右图。

粉丝宝宝炼宝，示范飞机抱

胀气的宝宝如何能不抱睡？

胀气宝宝无非喜欢两件事，腹部压力和温暖，不用抱着你照样可以提供给他。

打包裹打包裹打包裹，重要的事情说三遍。给宝宝打包裹是一种有效安慰的方式，对新生宝宝非常重要。

想办法让宝宝蜷缩着睡。这样增加腹部压力会很舒服，汽车座椅提篮是个不错的地方。市面上有一些专门按照胀气宝宝的喜好设计的小摇椅、小摇篮，可以让宝宝蜷缩睡的，很多宝宝睡上去就会很踏实。

很多父母担心孩子蜷缩着睡会不会伤害脊柱，这个倒是不必担心，新生宝宝的脊柱保持C形，是一种很舒服的状态，因为他们在妈妈肚子里就是这样的，只要有足够支撑，脊柱是不会受到伤害的。

在宝宝的肚皮上放一个温暖的东西，但是注意不要太重压到宝宝。美国这边烘干机很普遍，很多家长会用烘干机烘得暖烘烘的毯子来包裹宝宝的小肚子。

你可以侧躺着挨着宝宝睡。有大人带来的体温和安全感，宝宝也会睡长一点。

让宝宝趴在你胸口睡。我就是这么抱着毛头和果果度过不知道多少个漫漫长夜的。不过一般胀气宝宝只闹前半夜或者后半夜。过了闹的那个阶段就会睡得比较踏实，放在床上就没问题了。

避免过度干预。宝宝睡觉乱扭乱抻，哼哼唧唧不要理，只要没醒，宝宝就睡得很好，不要自作多情去打扰他，反而会搞醒了不爽起来闹。

为什么宝宝胀气依然不好？

是的，即使你做了我上面说的所有事情，很可能只是偶尔缓解不那么严重的胀气，当胀气症状比较严重的时候，是没有什么特别有效的办法的，只能熬着。

胀气宝宝会让新手妈妈压力很大，有的时候真的很崩溃，无论做什么宝宝依然很难受。

但请不要因为宝宝哭得太多过于焦虑和自责，据统计，健康正常的新生宝宝一天平均都要哭3个小时左右，因为哭是他们和大人交流的方式。

时间会解决所有的问题，婴儿胀气一般发生在满月前后，6周左右会是最闹的阶段，两个月的时候症状会减轻很多，两个半月基本就会消失啦，少数有闹到3个多月的，最多到4个月肯定就完全消失了。

每当宝宝又哭闹不止不吃不睡的时候，默默告诉自己，这是暂时的，宝宝长大一些就会好啦。你会感觉好很多。

03 无故哭闹，肠绞痛之谜

有许多宝妈说自己的宝宝哭闹不休，每天傍晚或者凌晨，哭闹好几个小时，无论让他吃奶，还是抱着摇晃，还是哄他逗他，都毫无作用，一直到闹累了才能睡去。全家人都要崩溃了。

闹到这个份上，我们就要怀疑宝宝是肠绞痛了。

关于肠绞痛

肠绞痛（colic）是见于0~5个月的宝宝的一种无法安慰和控制的哭闹。理论上的确诊依据是：你的宝宝每天可以连续哭上3个小时，并且每周这么个哭法达到3天以上，并且持续3周以上。

虽然肠绞痛的宝宝可能哭得天崩地裂日月无光，但是请新父母们放心，肠绞痛并不会引起宝宝的身体健康问题。

其实肠绞痛是一种相对来说比较罕见的婴儿病，和胀气那种哼哼唧唧的哭不一样，肠绞痛的宝宝哭起来是好像生气了使劲发泄一样，连续不停地尖声大哭，用任何方式都无法安慰，甚至丝毫无法减弱哭闹的程度，直到哭够了时间才会沉沉睡去。这种宝宝并不是很常见，摊上了还是很崩溃的。

肠绞痛虽然叫这个名字，但是并没有任何证据证明新生宝宝这种哭闹和肠子有什么关系，事实上医学界至今还没有把这种婴儿病的成因搞明白。唯一可以肯定的是，不会对宝宝的身体造成任何影响，随着宝宝长大也会自然消失，也并没有什么特别有效的疗法。说白了就一个字——熬。

肠绞痛的原因

事实上，这个肠绞痛确实是一种很扯的玩意儿，它完全不能算是一种“病”，因为肠绞痛的婴儿除了哭闹不休之外，无论做什么检查，都查不出任何器质性的病变。

统计表明，无论宝宝是男是女，是早产还是足月儿，是母乳还是吃奶粉，肠绞痛的比例基本是一样的。

有些理论认为，肠绞痛的宝宝是一些极度敏感的宝宝，他们只是因为对于光线、声音和各种刺激感到极度不爽，于是积攒到一定程度就要定时用哭闹的方式将情绪发泄掉。也有一些理论认为，肠绞痛宝宝是因为肠道内菌群不平衡造成的，可以通过吃益生菌改善。但是这个理论的证据也不很充足，益生菌也只是对一部分肠绞痛宝宝有作用。

说白了，肠绞痛就是个筐，如果你家娃无故哭闹得特别厉害，又检查不出来具体原因，就可以扔到这个筐里了。

肠绞痛的症状

肠绞痛一般开始于2~3周大的宝宝，早产宝宝会开始于原预产期过后的2~3周。婴儿哭闹本来是很平常的事情，饿了、累了之类的。但是肠绞痛宝宝的哭闹不同于普通的宝宝，是非常夸张的，一般在夜晚或者凌晨开始发作，没有任何原因地突然开始尖声大哭，比起平常的哭闹，声音更响，声调更高，与其说是哪里痛，更像是一种情绪的发泄。基本上无论家长做什么，都不能完全止住哭声，直到几个小时之后，好像是被关掉了开关一样，突然停止哭闹，沉沉睡去。

肠绞痛的宝宝都会有胀气问题。新生宝宝胀气的问题很常见，多少都有那么一些，胀气并不会导致肠绞痛，但是肠绞痛的宝宝胀气问题就会格外严重，因为他在哭闹的时候，吞进去大量的气体，所以就算睡着了，也会扭啊抻啊，憋得脸通红，哼哼唧唧地睡不太好。

肠绞痛会持续多长时间？

谢天谢地，曙光还是看得到的，一般6周的宝宝达到肠绞痛最严重的高峰，3个月以后，症状开始减轻。到了4个月，90%的宝宝会完全恢复正常，只有极小部分的宝宝，肠绞痛可能要再持续1个月。

需要带他去看医生吗？橙子还是鼓励你去看儿医的，虽然医生也对肠绞痛完全没辙，但是医生可以排除掉宝宝是因为其他病理性的原因哭闹，譬如肠道感染，或者尿路感染等。

食物不耐受与肠绞痛

食物不耐受并不会引起肠绞痛，但是食物不耐受的宝宝也会哭闹很厉害，可能会误认为是肠绞痛。所以，如果你的宝宝总是毫无原因地哭闹不休，试试看把奶粉宝宝的奶粉换成水解奶粉，母乳妈妈戒除奶制品和一些易过敏的食物一段时间试试看，看看宝宝的哭闹情况会不会改善。如果改善了，再将戒除的食物一样一样地添加回来，观察一下，添加了哪一样食物，宝宝会又开始哭闹厉害了，你就知道，宝宝对这种食物里的某种物质不耐受，以后就不要吃了。如果你无论如何注意饮食，宝宝的表现还是一样，那就可以排除食物不耐受的原因了。

如何安慰肠绞痛的宝宝？

1. 试试看益生菌

有研究表明，一些肠绞痛的宝宝体内的益生菌有缺乏，所以，补充益生菌（尤其是罗伊氏乳杆菌）可能会缓解一部分宝宝的肠绞痛。

2. 热敷宝宝的小肚子

一边抱着宝宝，一边将一个装满合适温度热水的容器放在宝宝的小肚子上，无论你是用热水袋还是用瓶子，别忘了包上一层毛巾，让热量缓慢释放，避免烫到宝宝。

3. 为宝宝做抚触

有些宝宝喜欢肌肤的接触，妈妈可以轻轻抚摸宝宝让他舒服，并且观察他的反应看他是否喜欢，不喜欢就只好停止。

注意，没有证据证明，小儿推拿可以缓解婴儿肠绞痛。

4. 白噪

新生宝宝喜欢白噪声，可能是收音机的空白波段声、吹风机、吸尘器、水龙头的流水声、排风扇声等等。都可以试试，看宝宝喜欢哪一个。

5. 安静

有些宝宝喜欢运动等激烈的手段安慰，但是有些宝宝会喜欢黑暗、安静、少刺激的环境，如果你的宝宝越哄越生气，可以带他到黑屋子里试试看。

6. 运动

这个大家都会，抱着颠一颠、晃一晃什么的，但注意不要剧烈摇晃。

如果你抱着走来走去实在吃不消，可以考虑入一个婴儿电动摇篮。

也可以用一个围兜或者背带将宝宝绑在胸前，温暖又贴近心脏，宝宝可能会喜欢。

7. 上车

将宝宝绑在婴儿安全提篮上，开车带他去兜风。车上的震动、噪声和移动的感觉，都会安慰宝宝。

但是注意，最好上高速，并且避免堵车时间。一般车一停就会哭……

8. 换个环境

到外面去，很多宝宝喜欢新鲜空气。

9. 换个姿势

很多宝宝喜欢竖着抱，或者趴着抱，试试各种姿势，看哪个姿势宝宝更喜欢。很多人问橙子竖着抱会不会伤脊椎什么的，这个说法真的是没有任何根据，美国到处都是竖着抱婴儿的人，包括医生和护士，扶好头部，做好背部或者胸部的支撑，竖着抱完全没问题。

10. 包裹

紧紧包裹不但有哄睡作用，也有安慰作用哦。

11. 洗澡

洗个温水澡，会让很多宝宝感到放松。因为他们在妈妈肚子里本来就是泡在水里的哦！

12. 安慰奶嘴

总有人怕难戒掉，不想给宝宝，戒奶嘴当然要哭，但是现在不是一样要哭，如果你家宝宝真的用奶嘴可以有效止哭，那该给就给吧。奶嘴在2岁之前戒断，不会产生任何不好的影响。

13. 排气

帮宝宝做运动排气操。

14. 非处方药物

西甲硅油宣称对肠绞痛有缓解作用，也确实有父母说管用，但是肯定不是对所有肠绞痛的都管用，只能是试试看。

作为肠绞痛宝宝的父母，要有什么样的觉悟？

即便你做了上述所有事情，宝宝可能还是会哭闹不休，这也是很正常的。

身为一个肠绞痛宝宝的父母是件非常有挑战性的事情。需要担心的不光是哭闹的宝宝，还有宝宝焦虑和崩溃的家人们。面对着大哭的婴儿束手无策的感觉实在是太糟糕了，而且要持续几个月之久，多少会引起新手父母的心理问题和家庭关系紧张。

所以，如果你的宝宝不幸有肠绞痛问题，夫妻之间要多扶持多鼓励，轮流来照顾宝宝，另一个人出去到听不到哭声的地方冷静一下，舒缓一下巨大的压力。

记住，即便宝宝始终哭闹，只要你在安慰他，你就是帮助了他，宝宝即使是大哭不止，但是依然会感受到你的爱意，依然会感受到安全，你的努力不是徒劳的。不要因为无法止住宝宝的哭声而苛责自己。

04 新生儿包裹好才能睡得好

宝宝在妈妈肚子里完全被束缚蜷缩在一个很狭窄的地方。两三个月的时候，胎宝宝还可以在羊水里游来游去，大概四五个月，胎儿开始迅速长大，妈妈也开始显怀，宝宝在妈妈肚子里可以移动的空间就越来越小了，等到最后三个月的时候，基本是保持蜷缩的姿态直到出生。

所以，新生宝宝是熟悉并喜欢这种被紧紧包裹的感觉的。这也是无论哪个国家哪种文化，新生儿都有被包裹起来传统的原因。即便没有任何理论，仅仅靠经验就能知道，包裹会让新生儿更容易安静下来并且睡得更好。出院回家之后，一包裹起来，宝宝马上变成小天使，不用哄不用摇，吃饱了自己扭一扭就睡着了。

包和不包，就是天使娃和恶魔娃的差别。给新生儿打包裹是科学养育，是美国的医护人员不停地向新手妈妈强调的事情，是对新生婴儿非常重要的事情。

怎样包裹才是对的？

老一辈都是给婴儿打包裹的，传统上是把宝宝的腿也绑得直直的，整个宝宝捆得像根小棍子，就是所谓的“蜡烛包”。

注意，这样包绝对绝对不可以，因为这样把宝宝的腿强行掰直了并捆上，会对婴儿的髋关节造成很大的压力，甚至容易有脱臼的风险。

蜡烛包的害处已经得到广泛科普，大家多少都听说过一些，所以导致了很多新手父母不给宝宝打包裹，这就又错了。上文已经提过打包裹还是有非常重要积极的意义的，不能因为传统做法有一部分错了就全盘否定，把不靠谱的部分摒弃，取其精华就好啦!

那么正确的包裹是怎样的呢？看下图。

给宝宝打包裹的步骤

包裹的下半部分有足够的空间，宝宝的腿是自然弯曲的，呈青蛙腿的状态。但是双手是被紧紧固定在身体两侧的。注意一定要包裹得紧一点，让宝宝的胳膊没有丝毫移动的空间才可以。如果你技术欠佳，无论如何也包不紧，或者宝宝特别容易挣脱，可以买那种有粘扣的专用宝宝包巾。

如何选择包巾？

包巾也没有什么特别的讲究，春秋冬出生的宝宝，直接去扯一块纯棉布就可以了，布纹密一些，太松散容易变形包不紧。我个人推荐穆斯林棉、竹纤维的材质。

形状要是正方形的，不然包起来不对称，面积要足够大，对角线的长度大概是婴儿身高的两倍就差不多了。如果是夏天出生的，比较热，就拿块足够大的一块纱布包裹吧，既能包裹又透气。

注意，包巾最好不要用被子或者毯子包裹婴儿。一是因为厚的被子有弹性，一定包裹不紧，手很容易就挣脱，失去包裹意义；二是用被子看起来是包了一层，实际上是叠加了三四层，容易让宝宝过热甚至中暑。

如果屋子比较冷，也要用单层包布包裹宝宝，然后加盖合适厚度的被子，让宝宝有散热的空间。

经常遇到的问题

宝宝为什么被包裹的时候使劲挣扎的样子？

他不是在挣扎，是在测试包裹的松紧度，如果宝宝的手可以移动，就证明这个包裹是无效的，宝宝就会不高兴。所以，再强调一遍，一定要包紧，紧到双手不能移动为止。

要在什么时候包裹？

只在睡觉的时候包裹，在宝宝清醒玩耍或者吃奶的时候，一定要解开包裹，让宝宝充分活动，不妨碍他的身体的发展。如果包裹着喂奶，容易喂一下就睡着，容易有吃不饱的问题。

为什么我家宝宝白天不怎么睡，晚上睡得不错？

很多没有包裹睡觉的宝宝是会这个样子的，因为夜晚睡眠状态和白天不一样，夜晚睡觉更沉一些，即使惊跳也不容易醒，但是白天睡得就比较轻，不包裹就会很难哄睡而且容易醒。如果排除了胀气原因，依然睡不好，基本就是因为不包裹。

宝宝要包裹到什么时候为止？

直到宝宝的惊跳反应基本消失为止，大概4个月左右。当然，可能在这之前，宝宝的力气已经足够大到无论如何也包不紧了。可以先放开一只手，让他适应，逐渐熟悉了再放开另外一只手。或者逐渐地包得越来越松，让宝宝慢慢适应。

当宝宝可以翻身了，也可以让宝宝改成趴着睡，也能有效抑制双手乱动，和打包裹的效果是一样的。

05 按需喂养 VS按时喂养

新生宝宝接回家，估计新手妈妈第一个焦虑就是：他吃饱了吗？

尤其母乳亲喂的妈妈格外纠结，看不到宝宝吃多少，心里总是没底。又要面临催奶的压力和哺喂的磨合，身旁的人再质疑几句，真是要得产后抑郁的节奏。我曾经见过有妈妈花大价钱买了一台精密体重秤，吃之前称一称，吃之后称一称，才能解决这个焦虑，实在是夸张。

到底是什么样子，宝宝才是吃饱了呢？

通常我们会通过下面三点来观察：

1. 看宝宝每天尿量多少

每天的尿不湿可以湿5~6片，如果是布尿布的话，要湿6~8片。

2. 体重增长符合生长曲线

宝宝刚出生的时候因为要排出胎粪，体重会减少一点，之后应该会按照自己的节奏增加，关于体重增加多少算正常，看的不是绝对的增重多少斤，而是要看是不是符合生长曲线哦！

3. 宝宝吃完的状态是放松和满足的

吃饱的新生宝宝一般是一副精神涣散、昏昏欲睡的样子（尽管他们很可能会再玩一会儿才睡），有点“奶醉了”的感觉。

但是具体到每个宝宝身上又不太一样。有了这三条就能确定宝宝是否吃饱了吗？并非如此，每个宝宝都是不一样的，对吃饱与否的表现更是不同，随着宝宝逐渐长大，胀气、肚子有嗝、吐奶、闹觉等因素的加入，就越来越难判断宝宝有没有吃饱了。

关于如何喂养宝宝，有两派观点一直都在打架。这两派就是“按时喂养”派和“按需喂养”派。你到美国问儿医，不同的儿医也会呈现出两种不同的说法，不同的书也有不同的结论，这两派各自捍卫自己的观点，并且抨击对方不靠谱，已然专心掐架几十年了。

而事实上，这两派其实都不完美，各有优缺点。

传统的“按时喂养”优缺点并存

按时喂养是比较传统的喂养方式，就是看着表喂奶，每3个小时喂一次（很多年前育儿界曾经倡议每4个小时喂一次），因为是老方法，以父母为中心，所以被很多新时代妈妈唾弃。

但是老方法有老方法的优点啊：按时喂养带出的宝宝比较有规律，知道他是什么时候饿了、困了，妈妈可以更从容。每一顿因为比较饿，宝宝也会更容易吃得更饱，睡得更长更多，精神状态会很好。

缺点也很明显：比较教条，不考虑实际情况，尤其对于一个月内的宝宝，有的胃容量比较小，猛长期频繁，更需要安全感，过于严格地按时喂养会在很多时候让宝宝的需求得不到满足，从宝宝的角度出发，是非常委屈的。

新兴的“按需喂养”坑也很大

按需喂养是近些年新兴的喂养方式，主张不看时间，只要宝宝要吃奶，就给他吃。

这种喂养方式的出发点是很高大上的，以宝宝为中心，充分地满足宝宝的需求，让他安全感满满。这个理论本身是没有问题的，我也很同意要及时响应宝宝的要求。

但是理论很丰满，现实很骨感。如果你过于迷信按需喂养，也会容易掉进一个巨大的坑，这个坑太大，我得多说一点：

1. 容易养成“安慰奶”的习惯

宝宝哭闹固然可能是因为饿了，也可能是因为肚子胀气，或者过于疲劳想睡觉，或者只是无聊了要人抱。这其中的区别新手妈妈很难区分，按需喂养的思路让你总是觉得宝宝哭了就是饿了，总是用喂奶来解决哭闹，而且大多数时候确实管用，因为吮吸对婴儿是有安慰作用的，实际上是把吃奶变成了一种安慰手段，妈妈的胸就变成了安慰奶嘴，这样妈妈和宝宝片刻都无法分离，非常累人。

2. 养成零食奶的习惯

因为按需喂养间隔时间会比较短，每次宝宝也不是非常饿，吃得不凶，吃得不多，不久又饿了，吃奶变成了吃零食。尤其是母乳，每次都吃不多，就会吃到很多稀薄的前奶，有营养富含蛋白质和脂肪的后奶都没吃到多少，导致更加容易饿，下次吃到的还是前奶，恶性循环。

3. 按需喂养极度影响宝宝睡眠

小宝宝吃和睡是息息相关的，他吃不好，肯定就睡不长，如果白天你一两个小时就喂一次，夜里宝宝也会倾向于保持同样的频率。把大人累垮也就算了，没有深度睡眠也会影响宝宝的生长。

4. 会让新手妈妈从此陷入无规则养育

这个其实是最糟糕的，宝宝一哭就喂，看起来是时刻满足需求，其实是一种简单粗暴的做法，因为这样做你就无须分辨宝宝不同哭声中的不同需求，无视宝宝沟通的需要，也无法提高自己的育儿能力。看似累得半死，实际却没有半点有用的经验积累。就算宝宝出了百天，你依然会一直手忙脚乱不得要领。

总而言之，奉行按需喂养的宝宝，往往不知不觉就偏离了，变成了“按哭喂养”，大多会比较没规律，难带，哭闹多，新手妈妈会格外辛苦。宝宝的需求虽然很重要，妈妈的身心健康同样重要啊！一个极度缺乏睡眠、疲劳不堪的妈妈，怎么能照顾好宝宝呢?

所以，真正的按需喂养是难以执行的，操作性不强，我也不是很推荐。

喂养宝宝，不可以教条地遵循按时或者按需，要结合自己宝宝的情况，来发展出自己的一套处理方式。

娃的喂养方式，要结合自家娃的情况

如果你家宝宝是个天使娃，低需求，娘胎里出来就吃吃睡睡，如果哭了那肯定是太难受了，自然可以宠他一些，随便他什么时候吃，没规律一些也不打紧。这样的宝宝就算有了坏习惯，改起来也容易。就算是坏毛病不改，也不会特别累人。

我经常讲，宝宝要尽量做到“吃—玩—睡，三小时一循环”。我说“尽量”的意思是，不是必须一下子做到这个模式，而是心里知道这种方式是对的，并慢慢向着这个方向努力，可以先做到吃玩睡循环，再将这个循环慢慢拉长。

月子里的妈妈面临增产的压力，需要宝宝频繁吸吮一点，另外新生宝宝胃比较小，也容易吃得频繁些，这都是可以暂时接受的。如果出了月子，甚至两个多月了，依然是毫无规律，零食奶成瘾，带起来累死人，那你就需要检讨一下，是不是你的宝宝应该努力向规律作息过渡了。因为他显然不太适合“按需喂养”的模式。

如何拉长喂奶的间隔时间？

1. 多拍嗝，不喂迷糊奶，确认宝宝吃饱了

母乳足够，宝宝却没吃饱，要么就是吃着吃着睡着了，要么就是肚子里一大堆气泡占了肚子。所以喂奶的时候最好能让宝宝保持清醒，穿少一点，在刚睡醒精神比较好的时候喂，喂一阵，拍拍嗝，再接着喂，尽量多喂，才能撑得更久一些。

2. 哭闹的时候尝试其他安抚方法

其他方法都试过不行之后再喂奶。

3. 配合奶瓶喂养，不必太执着于追奶

有的新生宝宝吸力小，吃饱需要吃很久，没吃多久就睡着了，没睡多久又醒来吃，陷入死循环。如果你非常疲劳，就不要钻牛角尖非要全母乳了，上奶瓶让自己休息一下也不是罪人，先让宝宝每边吸吮10分钟，然后瓶子灌饱让宝宝好好

睡，这样比较容易养成规律，当然，会有一些乳头混淆的风险。

4. 最好每次吃奶在30分钟之内结束，不要纠缠太久

吃得时间太长，就变成了边吃边消化，永远都喂不完了。母乳太慢的话，奶泵和奶瓶都可以帮助你一下。

常见的喂养问题

1. 宝宝总是要吃，是因为猛长期吗?

小宝宝有的时候会突然出现那么一两天，特别能吃，吃得又频繁又多（注意，是又频繁又多，而不是只频繁却每次很少），然后奶量和体重都会突然上一个台阶，说明他的身体在猛长，需要更多的食物。

这个猛长期也不是每个宝宝身上都能表现出来，毛头身上很明显，突然某一天就能吃很多，但是在果果身上就压根没看出来，她的奶量是慢慢增长的。

猛长期之后，有规律的宝宝会重新恢复规律，食量也没有猛长期那么多了。

猛长期最多持续两天，不可能天天都是猛长期，如果你的宝宝非常频繁地要吃奶持续了很多天，那一定是其他问题，就不要让猛长期背锅了。

2. 母乳比奶粉更加不顶饿吗?

并！没！有！母乳妈妈普遍没信心倒是真的，因为没看到宝宝吃多少，而怀疑自己没喂饱他，就算宝宝吃了很多母乳，又害怕自己的母乳质量不够好。

吃奶粉的宝宝是可以撑时间更长一点，但那并不是因为奶粉比母乳好，而是因为奶粉不太好消化。

记住，母乳是最适合宝宝的食物，不要妄自菲薄，吃饱了母乳的宝宝一定可以顶3个小时，宝宝如果吃了很多奶还依然哭闹要吃，一定是因为其他的原因（肚子不舒服，需要吮吸安慰等），而不是因为什么“母乳不顶饿”。

3. 刚吃完吐奶了或者便便了需要重新喂吗?

并！不！需！要！只要不是那种喷射状的呕吐，吐个一两口其实不需要重新喂。虽然看起来好像挺多的样子，你可以把30ml的水洒在地上感觉看看，瓶子里小小一点液体摊平了超大一摊的，一般宝宝是不太可能把胃里的东西全都吐出来

的。而且很多宝宝就是因为吃了太多才把多余的吐掉（吃奶瓶的宝宝尤其有这个问题），你接着再喂，岂不是又过量了！

至于吃完了就便便，就更不需要重新喂了，小宝宝很容易吃完就便便，因为胃和肠子一起蠕动了，引起排便的反应。排出去的只是肠子里的东东，胃里依然是满的啊，孩子虽然小，胃和肠子也不是直线的啊。发明出这个说法的人脑洞也是很大。

4. 如何区分宝宝闹起来是因为饿还是因为小肚子不舒服?

宝宝是不太能分清楚肚子饿和肚子痛的，表现统统是嘴巴到处找吃的，如果是胀气肚子痛，吃奶只会让他更难受，所以一定要注意区分。

看时间，平时记录宝宝吃奶的时间。总结宝宝大概多久吃一次的规律，离上一次吃奶时间太近，显然就不是因为饿了。

喂一下试试，看看吃奶状态。如果不认真吃，叼着睡，或者边吃边扭，显然就不是因为饿，就不要硬灌了。

看表现，肚子痛和肚子饿的哭闹还是有轻微不同的。肚子饿的宝宝一般会是有规律的哭声，而且越来越响，肚子痛的宝宝会喜欢蜷起身体或者使劲打挺，声音也会更加尖锐一些。当然也可能有别的表现，这个需要一些经验了。只要你平时多注意观察，多尝试，会找出规律的。

5. 睡太久要叫起来吃奶吗?

如果宝宝有黄疸问题，会有嗜睡的症状，确保3个小时拉起来喂饱一次。

如果宝宝没有黄疸问题，夜里就没必要叫起来喂了，随便宝宝睡多久，经常听到有人说天使宝宝两个月睡整夜的，没问题。不过白天要坚持3个小时喂一次，不要让他睡太久，要不然容易昼夜颠倒，让宝宝在白天把应该摄取的营养摄取足了，也会有利于夜里睡更久。

养娃养的是个活生生的人，不是养理念。如果你的宝宝没有按照剧本走，那就要灵活变通一点，不要被某个理念困死。按需喂养看起来是很美，但如果你觉得这么搞实在吃不消，不如换换策略吧。当然，按时喂养也是同理。

希望每个新手妈妈不再为宝宝是不是吃饱的事情纠结。

06 警惕婴儿食道反流症

我还清楚地记得，那是毛头两个半月的时候，那时候他胀气的症状刚好了一点，全家人都心情不错，推车带他去公园玩，回来的时候已经三个半小时没吃奶了。我热了满满的一大瓶奶给他，以为他一定会像往常一样急吼吼地全都喝光，结果他喝了不到30ml就开始大哭拒绝。那一天是个分水岭，从此之后，本来一秒钟都等不了的小吃货，画风突变，每一次喂奶都要战斗。

一吃奶就大哭，打挺，痛苦地扭动，虽然不太吐奶，但是经常会听见食物反到嘴里又被咽回去的声音，无时无刻不要求竖着抱，一放平就使劲哭，即便没有喝奶，也经常干呕、打挺，很难受的样子。夜里更是睡不好，经常起来闹，要竖着抱很久才能睡回去。

多方查证之后，我可以确定，毛头就是得了传说中的“婴儿食道反流症”。

什么是婴儿食道反流症?

大概有四分之一的婴儿，食道与胃之间的贲门发育比较不好，所以胃中的奶液特别容易回流到食道中，天长日久，比较严重的，就会烧伤喉咙或者食道，让宝宝在吃奶的时候异常疼痛，从而恐惧吃奶，严重会导致体重下降，影响发育。

婴儿食道反流症有什么症状?

既然是奶液经常倒流，很多人会认为有反流症的婴儿会经常吐奶。但是事实证明，爱吐奶的宝宝不一定会有食道反流症，而反流症的宝宝也不一定爱吐奶。

有一部分爱吐奶的宝宝是happy spitter（快乐的吐奶娃），除了容易吐奶，没有其他问题，是不必担心的。有一部分有反流症的宝宝是隐性的，平时很少吐奶，但是奶液会频繁上涌到喉咙，到了喉咙又反了回去，这种宝宝的反流症状会比吐奶宝宝的更严重，因为胃酸是来回灼烧两次食道。

所以，有以下症状超过3个的，就要考虑宝宝是否有食道反流症了：

- 经常拒绝喝奶，即便明显饿了。
- 体重增长曲线大幅掉落。
- 几乎每顿都会干呕。
- 几乎每顿都会吐奶。
- 没有喝奶的时候也经常有干呕或者吞咽的动作。
- 长期有酸的口气。
- 喝奶时或者一个小时之后，经常出现打挺蹬腿等显得非常难受的动作。
- 睡觉当中，经常醒来大哭。
- 极端喜欢竖着抱，除非睡着否则一旦躺平就大哭不止。

如何诊断食道反流症？

在美国，如果不是非常确定宝宝有食道反流，会考虑做“钡餐实验”，让宝宝吃一些钡餐，用X光来观察宝宝胃里的食物是不是经常会反到食道中。

但是绝大多数宝宝是不会做这个实验的，一部分症状比较轻，虽然闹一些，但是不会影响体重增长，也就不必做；一部分症状非常严重，符合5条以上，那么就一定是食道反流，也不必做了。

如何缓解食道反流症症状？

一部分症状比较轻，没有影响体重增长的宝宝是不用药物治疗的，可以在家多注意，减轻一下症状，等到宝宝长大一些，贲门发育好也就自然好了。

其实做法呢，和缓解吐奶的做法差不多。

1. 注意不要过度喂食

尤其是瓶喂的宝宝，因为瓶喂流速会比较快，宝宝又喜欢吮吸安慰，容易吃得过多。肚子太撑，自然就要把多余的吐出来。所以，妈妈要多观察，如果你的宝宝每顿之后，一定会吐很多，就需要适当减少奶量了。

2. 充分拍嗝

充分拍嗝，会使宝宝肚子里的气体充分排出，才不会在睡觉的时候，一个嗝把一肚子的奶都顶出来了。爱吐奶的娃就要格外注意，不单要吃饱了之后拍，要吃两分钟就立起来拍一拍，再接着吃。

3. 少食多餐

肚子里存货少一些，就比较不那么容易涌出来。3小时循环作息什么的，也只好缓一缓。

4. 尽量竖着或斜着

利用地心引力帮忙，不光喂完奶之后尽量斜靠或者竖着抱，夜里睡觉的时候，也可以给宝宝的床垫下面垫几本书，形成一个约30° 角的斜坡。

5. 注意食物不耐受问题

一些牛奶蛋白不耐受的宝宝，也会造成食道反流的问题，所以可以试着换成敏感型奶粉或者氨基酸水解奶粉，母乳妈妈注意不要吃任何的奶制品，对于一部分反流的宝宝是有帮助的。

6. 把奶变浓稠（须专业医生指导）

如果奶变浓稠一点，就会更容易留在胃里。4个月以上的宝宝可以在奶里添一点米粉，没加辅食之前可以用一些奶粉增稠剂，不过一定要在懂行的医生指导下才行哦！

如何让食道反流问题的宝宝喝更多的奶？

严重厌奶可以说是所有食道反流症宝妈的痛，为了让宝宝多喝两口奶可谓八仙过海，当时我在论坛上看到很多经验分享，普遍比较有用的有这几种：

1. 坚持母乳亲喂

因为母乳有抚慰作用，会让宝宝多吃一点，当年我就是因为这个原因，才会从泵出来瓶喂，转变成全部亲喂了。

2. 吃迷糊奶

很多食道反流症的宝宝，清醒状态下是拒绝吃奶的，只有睡着迷糊的时候才能喂进去，这个比较适合瓶喂的宝宝。

3. 到室外喂

宝宝注意力比较分散，心情比较好，容易吃进去。

严重的食道反流问题需要药物治疗

如果宝宝的反流问题造成严重厌奶，导致体重不增长，就需要药物介入了。美国这边有两种适合婴儿的，可以抑制胃酸的药物，一种叫作Zantac，较为安全一些，如果效果不好，就用更强力的Prevacid。这两种药都是处方药，要在医生指导下使用。

一般药物介入还是很有效的，不过因为药物都会有副作用的问题，所以一般没有造成体重不增长的问题，就不建议吃药。当年虽然毛头闹翻了天，因为吸收效率非常好，体重增长没有减缓很多，于是医生死活不给开药。我只好回家继续和厌奶的娃搏斗了。

食道反流症会持续多久？

一般情况下，在3~4个月的时候达到高峰，5个月之后会逐渐减轻，7~8个月的时候除了特殊情况，反流症基本完全消失。

当时毛头的情况不是最严重的，所以5个月之后情况就好转了。

07 湿疹一点不难治

有一天果果突然不停地挠胳膊，还说疼，翻开袖子一看，吓了一跳，从手肘到手腕的胳膊上密密麻麻一溜的包，有的还破了，顿时我整个人都不好了。当天洗澡扒光了仔细一看，不光是胳膊上起了，膝盖小腿，还有腰上都是成片的小疙瘩，只不过还没红起来，不太看得出来而已。

知道是湿疹就好办啦，橙子对付湿疹可是很拿手的。经过我一系列的努力，三天过后，那些恶心巴拉的红包都消下去了，身体其他部位的包也被我扼杀在萌芽当中。

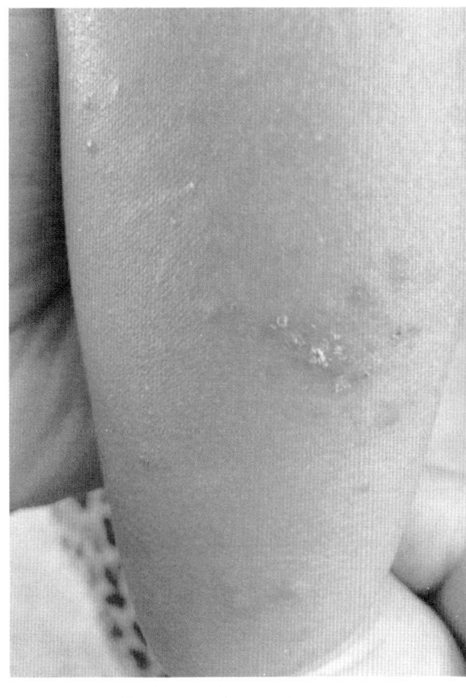

果果得了湿疹，胳膊上都是小疙瘩

什么是湿疹？

湿疹这个名字非常有误导性，让人觉得是和“湿”有什么关系，还以为是脸没擦干净或者口水弄的。

其实湿疹就是一种皮肤炎症，和湿不湿没有任何关系。这种皮疹常见于5岁以下的孩子，对于婴儿尤其常见。不同人不同部位的湿疹的形态都是不太一样的，有的是无色的小包，有的只是成片的红，有的是一片红点点，最严重的会破掉流黄水。共同特征就是都是凸起的，并且摸上去感觉非常粗糙和干燥，而且没有明显边界。

1岁以下的小宝宝容易出现在脸上和头皮上，1岁以上的孩子容易像果果一样，出现在肘部、膝盖、手腕和脚踝，也可能会在胸部或者腰部。没破会感觉很痒，破了会痛，如果去抓挠了，或者过热，会变得更加严重。有1/5的婴幼儿会有湿疹问题，绝大多数开始于婴儿时期。65%的孩子在1岁之后就告别湿疹，90%的孩子到了5岁就能摆脱这个问题，当然也有人终生都会容易得湿疹。

湿疹的原因

很多人都会把湿疹等同于过敏，这实在是一个大大的误会。

湿疹其实并不是一种过敏反应。但是环境中的过敏原或刺激物（例如花粉或香烟烟雾）会引发湿疹。过敏的宝宝一般皮肤非常敏感，所以湿疹也会更严重。

由于食物引发的湿疹，虽然有，但是这种情况是非常少的，绝大部分湿疹是不需要忌口的。

引起湿疹的原因有很多种，基本都是环境原因，有些时候心理压力过大也会导致湿疹。其实引起湿疹最常见的原因就是皮肤干燥，这也经常是家长容易忽略的。天气进入秋冬，家里的各种取暖设备会在释放热量的同时，将空气中的水分蒸发殆尽，每个温暖的房间其实都是一个小沙漠。大人皮糙肉厚感觉不到什么，小宝宝的皮肤薄，散失水分非常严重，就会容易出现湿疹。所以你会发现有些宝宝在夏天的时候皮肤还好好的，到了秋冬就开始严重湿疹了。

治疗湿疹的关键

甭管是什么原因引起的湿疹，甭管是多么严重，都是可以治愈的。

其实治疗方法非常非常简单，绝大多数不需要药物介入或者多么特殊的治疗。最重要的手段就是保湿！保湿！再保湿！非常普通的润肤霜就是湿疹的特效药。

你说不对啊，我已经保湿啦，宝宝湿疹为什么还是不好？那只能说明你保湿得还不够！你知道橙子我是如何“丧心病狂”地保湿的吗？抹也不是随便涂一层就算了，你一定要有抹墙和刷油漆的精神。厚厚的一层涂上去，揉开了，拍干了，再来厚厚地涂一层，再拍干，循环往复，直到你觉得皮肤再也吸收不进去了，仿佛有一层油浮在上面，才算了事。尤其是洗完澡，皮肤吸饱了水分抹，效果更是好！

另外，由于夜里没办法抹润肤霜，卧室一定要开加湿器，保持湿度，要不然你白天的保湿工作一夜就要回到解放前。

要选择什么样的保湿霜？

选择治疗湿疹的保湿霜要注意，一定要呈“软膏（cream）”状，不要是“乳液（lotion）”，乳液的保湿效果都比较差，只有膏状的保湿霜含甘油成分，可以成功地锁住水分。

当年毛头得湿疹的时候，用了很多丝塔芙，有点效果，但是要不停地抹，后来居然是听了医生的涂凡士林涂好的。

湿疹宝宝日常护理需要注意什么？

1. 避免刺激性的物质

相信妈妈们给宝宝用的浴液都是最温和无芳香的，但是有些因素容易被忽略，包括衣物上残留的肥皂等洗涤剂、空气中的烟雾、非棉质的衣料和被品，毛绒玩具或者宠物身上的毛，都可能会刺激湿疹加重。所以平时注意宝宝周围的环境，去除掉一切对他皮肤有刺激的因素。

2. 每天洗个温水澡

洗澡会让宝宝的皮肤吸饱水分，清除掉各种刺激性的物质，对他的湿疹非常有好处。但是要注意避免两件事：

不要让洗澡水过热，这会加重湿疹，水温最好是等于或者稍微低于体温。有一次我不小心洗澡水放得过热，果果泡了5分钟，出来的时候身上原本无色的小点点就全都变红了。

不要让洗澡水中的洗浴液残留在宝宝身上，泡完了出来之前，一定用流水再冲净。

3. 避免过热

湿疹宝宝非常怕热，他们所需要的环境温度甚至应该比平常人更低一些。我曾经认识一个家有严重过敏和湿疹孩子的妈妈，冬天她的家里还不到20℃，不敢把暖气开大，稍微暖和些，湿疹很快就发起来。小朋友已经习惯这种低温度了，比起来还是湿疹让她更难受一些。环境凉一些也便于维持空气湿度，对湿疹也是有好处的。

4. 注意皮肤透气

避免给宝宝捂得过多过热，过热会加重湿疹，汗液也会刺激宝宝的湿疹变得严重。越是有湿疹的宝宝，越不要捂得和小粽子一样哦！另外注意一定要给宝宝穿棉质、柔软、透气的衣物，不要穿羊绒、羊毛、化纤的衣物。

5. 防止宝宝手抓

抓挠也会加重湿疹的程度，抓破了流水还会容易感染，及时阻止宝宝抓挠，转移注意力，实在看不住就只好戴上小手套了。

以上注意事项并不一定全都要做到，视你家宝宝湿疹的严重程度而定，如果非常严重，流水那种，护理的标准就尽量高一些，如果是轻度的湿疹，一般做好保湿就够了。

如何预防湿疹复发？

湿疹并非不好治，但是治好了旧的，可能很快要发新的，就让人感觉很崩溃了。

所以，辨明宝宝湿疹的原因就非常重要了。大多宝宝爆发湿疹的原因就是皮肤水分的流失，这个很好办，就是时刻注意保湿，发现皮肤不光滑了，别等发红，马上使劲地抹保湿霜，很快就消灭了。

还有一个重要原因是过热，前面已经说过了。如果无论怎样保湿还是避免过热，都不会让湿疹减轻，才需要考虑其他因素。

一种是对某些物质的刺激敏感，可能是某种衣料、某种洗剂、某种毛发，甚至是季节性的花粉等物，平时多注意，留心宝宝接触到的可能有刺激性的物质，一一排查。

饮食所引起的湿疹非常少，少数的案例集中在牛奶、鸡蛋、海产、坚果这几种食物上。

婴儿痤疮和湿疹两个重要的区别

• 痤疮上面到最后会冒出小白点来，湿疹是从头到尾都没有白头的。

• 婴儿痤疮爆发都是在一个月左右开始，这个月龄的宝宝皮肤油脂很多，不太会缺水分，除非是过敏，否则不太可能生湿疹。

所以满月左右的婴儿所生的疹子很多是婴儿痤疮，而不是湿疹，什么胎毒啊上火啊的说法就更加扯淡了。婴儿痤疮可以很轻，只冒几颗痘痘，也可能很重，成片的到处都是。

无论多严重，都是有白头的，都是完全无害的痤疮，淡定，就算不做任何事情，也会最终消失的，宝宝皮肤恢复能力很好，不会留下任何疤痕。

不过如果你实在忍受不了了，也可以擦一点保湿霜来滋润皮肤。

过敏与湿疹

前面说过了，湿疹并不是过敏反应。过敏的反应包括荨麻疹、发肿、呕吐、消化不良、食道反流、呼吸困难等，而不是湿疹。

过敏和湿疹之间有些联系，但绝对不是因果相关。有过敏问题的宝宝，一般湿疹会更加严重。但是无论是不是过敏加重了湿疹，湿疹本身都可以用保湿的方式治好或缓解，千万不要以为过敏就是湿疹的根源，把心思都用在防止过敏上，不去护理湿疹了。

湿疹就是湿疹，是皮肤发炎，该怎么治还要怎么治的。过敏是另外一回事。

我之前说过的那个严重过敏宝宝的妈妈，保湿霜都是成箱买的，宝宝脸上永远都抹着一层。过敏虽然是一直很严重，但是湿疹还是能控制得很好的。

激素药膏到底用不用？

这种激素就是糖皮质激素，抑制免疫反应，也可以消炎，所以对湿疹效果会很好。但是激素只能是治标不治本，一旦停下来，引起湿疹的原因还在，就还会复发。而激素用多了，也会有很多副作用，譬如皮肤会变薄，甚至性早熟，不宜多用。

所以一般美国医生推荐的做法就是，把可以承受的激素用量用在刀刃上，当湿疹特别严重，破皮流水了，就赶紧上激素药膏把湿疹控制住，等好转了，伤口结痂了，再下大力气保湿，保持住战果。

所以大家也不要谈激素色变，当宝宝湿疹特别严重的时候，该用还是要用，不过用完之后，别忘了保持不复发还是要做大量工作的。用完激素宝宝脸上可能会有块发白，这个不要着急，是因为长出新皮肤的缘故，慢慢会消失的。

在我看来，湿疹本身还是比较好治的，比较难的是要坚持，尤其要在漫长的秋冬干燥季节坚持不懈地做保湿工作，这无疑是为已经非常繁忙的日常添加了许多工作量。

为了我们宝贝漂亮的小脸蛋和吹弹可破的娇嫩皮肤，还是多多坚持吧，待到春暖花开，宝宝也长大了，终究会慢慢好起来的。

08 红屁股了怎么办

尿不湿的一大罪状就是会引起宝宝红屁股。事实上无论宝宝是用纸尿布还是布尿布，只要照料不周，都会红屁股，就是尿布疹。只不过因为布尿布不得不换得很勤，宝宝确实是得尿布疹的机会更低些。戴纸尿布的宝宝，只要护理得当，也不会红屁股。但是有些宝宝皮肤格外娇嫩，受到一点点刺激就会红起来，需要加倍精心地护理。

“红屁股”如何护理？

1. 残留在屁屁上的水分尽量完全弄干

你可以用软布轻柔地把水都蘸干，或者用拍爽肤水的方式拍干，也可以考虑用更有效率的吹风机。注意如果宝宝已经有疹子了，不要用“擦拭”的方式，会加重疹子的严重程度。

用爽身粉虽然也是个弄干燥的办法，但是不提倡，因为很难控制粉尘不被宝宝吸入，即使是玉米做的，吸入肺里也不好，是粉尘都有PM2.5的。

2. 尽量让小屁屁能够隔绝水分

在容易红的区域涂上含氧化锌的尿布膏，用抹墙的精神抹上厚厚白白的一层，如果不严重，一天涂两三次就够了，若是比较严重，每一次换尿布都要涂。

老一辈的方法有抹香油的，也是同样的隔水的原理，不过感觉油很快会被尿布蹭掉，没有尿布膏隔水的时效长，还是用更专业的东西吧。

3. 尽量让小屁屁能够通风透气

平时的尿布可以不绑很紧，故意松一些，或者用大一号的尿布，保持空气可以经常在小屁屁周围自由流通。如果红屁股比较严重，就有必要让娃完全不穿尿布，趴着多晾晾屁股，越长时间越好。

其实这种因为屁股不够干爽而导致的红屁股是最好对付的，像我家毛头和果果，有时候尿布换得不勤，屁股红了，抹上尿布膏不到两天，屁屁就又白白嫩嫩的了。

比较难对付的红屁股，是那种皮肤特别怕刺激、容易过敏的矫情屁股。如果不巧遇到娃有这样的金贵屁股，那就得想得周到再周到，最大限度地杜绝各种刺激物质，生生地把妈妈逼成强迫症。

容易忽略的细节

1. 更换尿不湿的牌子

有的宝宝只对一种品牌的尿不湿过敏，换一种就没事了，如果各种牌子都不行，那只有考虑用布尿布了。

2. 不要用湿巾

湿巾里都有化学物质，要不然那么富含水分时间长了不可能不变质发臭，大多数娃对湿巾中的物质无感，但是皮肤敏感的娃就受不了了。可以用纯棉的软布或者棉球蘸清水擦拭，能用流动水洗屁屁就更好了。

3. 如果用布尿布，要注意避免用有芳香剂的洗涤用品来洗尿布

洗完之后，一定要漂洗干净，可以在漂洗第一遍的时候加入少许白醋消毒，避免残留在尿布上的化学物质刺激宝宝的屁屁，也避免细菌或者真菌残留滋生。

4. 尽量长时间地母乳

据统计母乳宝宝得尿布疹比例明显要更低一些，虽然其原理还没有被确定，据推断可能是母乳娃的便便酸碱平衡比较好，不太会刺激皮肤。

5. 宝宝吃辅食之后，要注意观察和记录

因为宝宝消化固体食物能力有限，很多食物未经消化就拉出来了，而宝宝的

屁股又很可能对这种食物比较敏感，必要的时候，需要忌口某种食物。

真菌感染也会引起红屁股

如果你觉得自己已经足够强迫症了，整天辛勤地伺候着娃的屁股，干爽和不刺激全都做到了，娃的屁股依然在顽固地红下去，3天了还不好，那就不是普通的红屁股了，要强烈怀疑一下，是不是有真菌感染。

普通的红屁股虽然看起来有点小疙瘩，但是整体还是扁平的，摸上去不会有凸起很厉害的，而且呈现的颜色是偏粉红色。但是真菌感染就会特别严重。

而真菌感染引起的红屁股有以下特点：

- 颜色深红。
- 摸上去凸起感很强烈，呈鳞片状。
- 有向四周扩散的趋势，皮肤的褶皱尤其是腹股沟处比较严重。
- 保持干爽护理超过3天，依然没有明显效果。

其实每个人身上都有一些无害的真菌，尤其是温暖潮湿的地方，譬如口腔、肠道、皮肤和阴道，只要真菌不过度繁殖导致泛滥，人是没有任何不适的感觉的，甚至有些真菌是对人体有益的。

但是真菌和细菌还有皮肤的防御其实是处于一种互相制衡的状态，一旦有一个意外把这种平衡打破，譬如，宝宝的肠道接触到了抗生素，将有益的细菌都杀死了，或者说，宝宝的小屁屁没有保持干爽，皮肤表面破损了，真菌就容易乘虚而入，泛滥开来。

所以很多有鹅口疮的宝宝也会容易有顽固的红屁股，因为这两者虽然症状大相径庭，但是本质是一样的，只不过一个是真菌感染嘴巴，一个是真菌感染屁屁。所以如果你家宝宝有鹅口疮，说明宝宝体内的菌群不太平衡，需要更加注意照看他的屁屁。

那如果宝宝是真菌感染，一般的方式治不好怎么办呢？

就要请医生开一些杀死真菌的药膏来涂抹了，一般一天涂两三次，3天左右疹子就会减轻或消失，但是抗真菌药膏需要继续涂很多天，彻底杀死真菌，避免反复，当然具体还要遵医嘱。比较严重的红屁股可能还要先涂激素类药膏让皮肤快点好转。

注意，真菌感染导致的红屁股尤其不要用玉米爽身粉，那本质是给真菌提供粮食，会让真菌泛滥得更加严重。

另外，还有一种更严重的红屁股，是由细菌引起的。红色的疹子里会含有黄色的脓水，还可能会伴随着发烧，这种情况要及时找医生用抗生素了。

小宝宝的皮肤问题就是很麻烦，一不小心就反反复复，需要很多护理工作，才能保证不复发。

对于屁股比较娇贵的娃，就算还没有红屁股，也要打起十二分的精神，用尽全身力气保持干燥和通风，防止再犯，前3个月便便比较多的时候更是疲劳。坚持一下，等娃儿大一点，便便次数不那么多了，皮也变厚了，护理标准变低一些也没那么容易红屁股了。

Part 2

喂奶的挑战

01 实现全母乳 真正有效的办法

母乳妈妈有两种类型，草牛型和奶牛型。奶牛妈妈们的痛苦有很多啦：万年堵奶啊，比大姨妈还勤快的乳腺炎啊，各种涨各种漏啊，要想断奶更是比娃还难受。但是草牛妈妈的痛苦只有一种，叫作没奶。这种心理上的痛苦，奶牛妈妈是永远都不会懂的，当你们抱怨涨啊堵啊痛啊，对我们来说就跟情侣在单身狗面前吵架一样，十万点伤害啊！

橙子作为一头从几乎没奶到成功全母乳的资深大草牛，深深懂得这里面有多少血泪教训，我就讲一下自己的追奶故事，希望看到的准妈妈和新手妈妈，不要再走我走过的弯路了。

不要等着下奶

新生儿初生三四天里，是促进乳汁分泌最重要的时期，哪怕这个时候乳房没有任何感觉，只分泌一些透明淡黄的初乳，依然需要宝宝足够的吸吮刺激，才能形成强烈的神经信号，告诉乳腺这个制造工厂：你有一个很饿的宝宝，抓紧时间开工咯！

奶牛妈妈们不需要多大刺激，没一两天就涨成石头，可是我等草牛妈妈就不一样啦，胸部的工厂都比较懒惰，需要你不停地催单才能让它开工，也就是说，草牛妈妈需要宝宝更多的吸吮刺激才能更快地下奶。这个刺激频率应该是多少呢，每天8~12次，上不封顶。也就是说，至少3个小时就要让宝宝或者吸奶器吸一次，无论你觉得胸部有多瘪多软多没料。

其实呢，就应该像几十上百万年来的所有哺乳妈妈一样，只要宝宝哭，就把乳房塞给他，自然会有很足够的吸吮刺激来产奶。只不过现代妈妈有了奶瓶这个备胎，就容易像我一样，变成了所谓“没奶的妈妈”。

没有必要揉奶

一般来说，只要刺激足够，宝宝出生两三天之后，妈妈都会有涨奶现象。涨奶的意义在于，乳腺工厂已经开工，因为一开始完全不知道销量如何，所以会产能过度，一下子生产过多的奶，然后会根据宝宝吃掉的程度来调节以后的产能效率。所以如果要保证以后宝宝的口粮，就要尽快把这两颗石头让宝宝吃掉，不赶紧消灭，身体会以为宝宝不需要吃很多的奶，导致产奶效率变低，非常影响今后的奶量。所以在这个阶段，宝宝频繁地吸吮依然非常重要。

关于揉奶的问题，我也请教过哺乳专家，她告诉我，只有当乳房有顽固的硬块，并且有堵奶的问题时，才有必要忍痛按摩疏通。我等不会堵奶的草牛，完全没有这个必要，只要出奶通畅，就算胸部涨得像石头，也没有任何必要揉奶。

按摩乳房是疏通乳腺的一种方式，并没有下奶、增产的作用。那么，到底做什么是最催奶的呢？往下看。

催奶终极大法

那么错过了下奶和涨奶的最佳增产时机的草牛妈妈是不是就没有机会做到全母乳了呢？

用我的亲身经历告诉你，并不会，你依然有许多机会来催奶增产喂饱婴儿。

一说催奶，所有人都会想到各种催奶食物，各种汤水啦、酒酿啊、木瓜啊，百度一下出来一大堆。就连在美国也在卖声称可以让母乳增产的“妈妈茶”。我不否认，有些食物确实有刺激泌乳的作用，但是，作为一头草牛，千万别被这些五花八门的“催奶秘方”给迷惑了，导致转移了焦点，反而忽略了最应该做的事情。

如果把你的乳腺比喻成一个工厂，那么多喝汤水就是给工厂多输送原料，而有催奶作用的木瓜、榴莲等等食物，就相当于给工人们塞个红包，让他高兴了能勤快点，疏通乳腺让货物运送得更加通畅。

但是促进工厂的产能最根本的是什么啊，不是原料充不充足，不是工人积极性高不高，也不是道路通不通畅，销量好不好才是根子啊。

所以，追奶的终极大法，除了要保证营养和水分的充分摄入，最重要的也最容易被忽略的是，高频率地把胸部吸空，让仓库尽量空下来，这等于是告诉你家厂长：哎呀，这产品销量老好了，供不应求啊，麻烦您老赶紧加班加点一下。最后让我成功做到全母乳的，并不是什么催奶秘方，而是坚持不懈的决心和毅力。

想要追奶，怎么做呢？

上面说了我的故事，相信你应该明白了乳腺工厂的产能效率理论，那么如果你现在奶量不足，具体应该怎么做呢？

激进法

你可以直接把奶瓶扔掉，简单粗暴地挂着喂来增产，也就是说，只要宝宝哭闹要吃，你就去喂他，饥饿的宝宝会吮吸得更加积极，吃不饱会令他们睡得很短，频繁地要吃，让刺激格外强烈。

- 优点是：增产非常快。
- 缺点是：宝宝饿了会很闹，妈妈也会很疲劳，作息很混乱。
- 适合人群：母乳量可以满足一半或以上的妈妈。

折腾法

这也是我当年用的方法。这种方法你需要有一个泵奶器，最好是电动的，手动就太累了。当宝宝饿了要吃的时候，先亲喂他，每边10~15分钟，然后上奶瓶用奶粉让宝宝吃饱睡好。如果你觉得宝宝吸力不足，还需要喂完之后再泵空一下乳房。泵奶不需要很长时间，20分钟就足够了。

吃饱的宝宝会睡得比较长，所以你要用泵奶器保持足够的吸奶频率，至少保证每3个小时就泵空一次，当然，如果能做到两个半小时就更好。不要觉得自己没奶就不去亲喂宝宝，宝宝的吸吮刺激是全方位的，比最好的泵奶器还要好很多，即使你觉得胸部已经很空了，宝宝也会刺激出至少一个奶阵。

- 优点：宝宝不会饿到，保证作息和睡眠质量。
- 缺点：妈妈比较忙碌，增产也比较慢。
- 适合人群：奶量非常少的妈妈，或者吃不饱就闹得特别厉害的宝宝。

根据你家的具体情况，你还可以这两种方法打组合拳，譬如白天激进法，晚上折腾法，都可以。

最后，说明一个普遍流行的误区：当今年代，喝汤水对催乳的意义不是很大。妈妈喝汤水的作用主要是给乳腺工厂输送原料，但是猪蹄汤鸡汤等，主要成分是水和脂肪，而生活在今天的母乳妈妈，身体里是不会缺脂肪的，再喝很多这种脂肪汤，不单会让自己没意义地发胖，还会让奶水里太多油脂，对宝宝消化也不是很好。

构成母乳的主要成分，是水、蛋白质和脂肪。脂肪我们是不缺的，所以只需要摄取足够的水和蛋白质就好了，与其喝很多油油的汤，倒不如喝很多的白水，然后多吃点瘦肉，这样才是母乳妈妈更加科学的膳食方式。当然，别忘了足够的水果蔬菜，里面的各种微量元素，也是奶水里所必需的营养。

尽管奶多的时候也会又涨又漏，但是我知道自己确实是实实在在的草牛体质，风吹草动，稍微不注意吸空的频率就会回奶。到了孩子们10个月的时候，都睡了整觉，就少得可怜无法持续了，唯一的好处就是断奶轻松加愉快。

像我这样的草牛都可以喂饱两个大胃王的娃，我相信绝大多数妈妈也可以，只要你努力的方向对了，别只顾着喝汤，你也有机会全母乳。

如果你的宝宝在两个月以内，不要太早放弃，试试看吧。

02 让奶水变得更有营养是个伪命题

一直以来，我觉得“母乳是婴儿最好最适合的食品”这件事已经无可争议了，全世界都在倡导母乳喂养，有的时候我甚至觉得有的妈妈已经为了母乳过于执着，特别影响心情，反而会劝产奶妈妈们不要太在意是不是全母乳。

但是，即便在现在这种庞大的毫无争议的舆论宣传下，依然会有很多人，甚至是母乳妈妈自己，都怀疑自己的母乳不够好，不够浓，不够顶饿，在本身不缺乏奶水的情况下，执意给宝宝添加奶粉……

破除大家一些关于母乳质量的迷思

迷思一：我的奶虽然够多，但是喂不胖宝宝，所以营养不够好

宝宝不一定胖了才是最好的，只要生长贴合曲线，瘦宝宝也可以非常健康。大人都有胖有瘦的，为啥要求孩子就一定得胖呢？

能不能喂出胖宝宝，宝宝摄入的热量多少固然重要，也取决于宝宝的代谢水平。要知道婴儿身体里天生有一种“棕色脂肪”，含量比成人高很多，棕色脂肪就像一个不停燃烧的大熔炉，就算躺那里不动也会疯狂消耗热量（讲到这里突然好羡慕有没有），因为小娃运动量小，调节体温的中枢神经发育也不完全，身体靠这种方式保持宝宝的体温。所以宝宝不需要穿盖很多，就是这个道理。有的娃这种脂肪就格外多一些，比较容易喂不胖，你会观察到大多瘦宝宝会格外怕热，也是这个道理。

现有的各种调查资料只能证明，宝宝的体重多少，和乳汁摄入量有相关性，

和母乳里脂肪的含量是不相关的。

在美国对所有有缺乏营养的症状的母乳宝宝的案例调查总结发现，宝宝营养不良最后的原因一般不是宝宝的吸吮有问题，就是吃得不够量的问题，另外有很小一部分是婴儿患有一些特殊疾病，根本没有“母乳质量不好”这种原因。

如果你能确保你的宝宝吃的量够多，每天很满足，无论宝宝是胖是瘦，都不必担心自己的母乳质量问题。

迷思二：宝宝吃母乳，一两个小时就饿，吃奶粉能顶三四个小时，所以我的母乳没有奶粉好

这句话的前半段的确是事实，但是得出的结论却恰恰是反的。

奶类里面有两种蛋白，酪蛋白和乳清蛋白。其中酪蛋白遇胃酸变成凝块或凝乳，不容易消化，而乳清蛋白在胃中会呈絮状的液态，更容易被消化。母乳中大概60%的蛋白质都是乳清，而牛奶的蛋白里，乳清蛋白质只占18%，绝大多数都是难以消化的酪蛋白，配方奶工艺可以调整牛奶蛋白的比例，却没办法改变牛奶蛋白的种类，所以，配方奶是要比母乳难消化得多。

所以，奶粉之所以能顶的时间特别长，恰恰是它不够好的证据。因为它特别不容易消化，同样数量的奶粉要比母乳消化多花许多力气和时间，所以看起来好像“顶很久” 。

事实上，新生婴儿的确是需要很频繁地哺乳吮吸，这样才能让妈妈的身体可以接收到宝宝饥饿的信号，尽快下奶和提高产量。新生儿每天吃奶的次数就应该是8~12次，少于这个频率，就不利于妈妈的产量。

母乳不那么顶饿，才是对的。

迷思三：我的奶看起来稀得像米汤，没有其他妈妈的奶或者配方奶浓郁，所以不够好

那请问，你是怎样观察到自己的奶“稀得像米汤”的？挤出来或者泵出来的是不是？但是，你并不知道，那挤出来或者泵出来的奶的样子，是不是你的奶真实的样子。

人奶其实分两部分，前奶富含乳糖，脂肪和蛋白质含量少，所以看起来像米

汤一样清寡，是宝宝用来解渴的。后奶富含脂肪和蛋白质，看起来会非常浓郁，是宝宝用来顶饿的。

要知道，很多妈妈，用泵或者用手挤，是挤不出来后面的奶阵的，尤其是平时特别习惯母乳亲喂的妈妈，乳房会不适应机器的刺激，后面的奶阵死活都不出来，这种情况我也经常遇到。越到后面，奶就越浓郁，如果你有三个奶阵，只刺激出两个，那看起来会感觉有点“稀”，如果只刺激出一个奶阵，那看起来确实像米汤一样，因为“硬货”都在后面嘛！实际上你看到的奶和宝宝吃到的奶是不太一样的，亲喂的宝宝会把乳房中所有的奶都吸空，比吸奶器还要多吸到1.5倍，什么有营养的东西都可以吃得到了。

当然，每个母乳妈妈产出的母乳质量确实有所区别，有些妈妈的奶确实是脂肪含量特别的高，一静置分层，1/4都是漂在上面的“油”，看起来羡煞旁人。但是这么浓郁的奶其实是完全没有必要的（小声说，奶太浓的妈妈更容易受堵奶之苦），你的奶并不需要多么浓郁，就可以把宝宝喂养得很好。

所以，你的母乳没有必要“特别浓”，一般水平也是完全够用的。

迷思四：如果我喝很多汤，吃很多有营养的东西，我母乳就会变“浓”，吃得不好，母乳就会变“淡”

说句实话，这是个想当然的幻觉，虽然很多人都会这么认为。研究发现，虽然每个妈妈的母乳成分会有一些差异，但是如果是单就某一个母乳妈妈来说，她的母乳成分会是相对比较稳定的，无论她吃得是有多好，或者有多糟。通过对非洲和印度一些贫困地区的调查也发现，即便是那些本身已经营养不良的妈妈，依然会生产出合格的奶水，让宝宝可以健康成长。

世界上大部分地区的母乳妈妈，只能吃到一些粗粮、少量的蔬菜，一年到头也吃不到肉，依然会制造出优质的母乳。

这是因为，制造母乳的机制，是从妈妈的身体储藏里供给，而不是从妈妈刚刚吃的东西里分出一部分制造，怀孕的时候大多妈妈特别能吃而且容易发胖，就是身体为了产奶而做准备。

饮食对奶水一点影响都没有吗？

还是有一些的，调查研究发现，给那些营养不良的母亲多吃有营养的食物，她们的奶水数量会变多那么一些些，但是质量和成分保持不变。而给营养本身已经很好的母亲多吃有营养的食物，则对奶水的质量和数量都没有太大的影响。

所以呢，就不要再执着于喝那些油油的汤了，那只对过去营养不良的妈妈有用，现代普遍营养过剩的人，再怎么摄入脂肪也不会影响母乳里脂肪的含量，吃多了只会吃到自己身上变肥肉而已。

综上所述，其实什么“奶水不够好”“奶水不够营养”，本身就是伪命题。几百万年来，原始人类的母亲，面对过各种各样恶劣的环境和差劲的营养，依然成功地养育了孩子，我们人类能进化存活至今，本身就是对母乳的肯定与赞美，你又在疑虑什么呢？

好吧，如果你依然心存焦虑，总觉得应该为自己的奶水质量做些什么，那橙子就再提供一套最科学的母乳妈妈饮食方案。

母乳妈妈想要“好奶水”，应该怎样吃？

首先明确一个概念，什么样的奶水，才是“好奶水”。

并不是很多人想象中，蛋白质和脂肪含量越高的奶水，才是好奶水。事实上，人类这种生长最慢的哺乳动物，是用不着多么浓郁的奶水的，脂肪和蛋白质太多，只是负担而已。

奶水主要成分对比

	脂肪	蛋白质	乳糖
人类	3.8%	1%	7%
牛	3.7%	3.4%	4.8%
老鼠	10.3%	8.4%	2.6%
狗	12.9%	7.9%	3.1%
兔子	18.3%	13.9%	2.6%

上表是人类、牛、老鼠、狗，还有兔子的奶水主要成分对比。

你会发现，就算是耗子的奶，也比人类的浓得多得多。你总不会因此认为老鼠的奶比人类的奶更好吧。无论什么营养，都不是越多越好，而是越适合越好。

所以，“好奶水”应该是各种营养成分比例最适合宝宝的奶水。

1. 摄入足够的水分

其实也不必喝汤，喝水喝奶喝果汁，只要是液体，都是有益于母乳生产的。你自己会发现，喂奶的时候特别容易口渴，所以，只要响应身体的召唤，渴了就及时喝水，足矣。没有必要因为喂奶，明明不渴还硬灌自己各种汤水。你不渴说明身体并不需要那些额外的水。

2. 多吃植物

这里的植物包括新鲜的水果蔬菜，和未经过深加工的谷物，也就是粗粮，白米白面这种属于营养不全面的谷物。食用植物富含各种维生素和微量元素，比效果成迷的小药片要好吸收消化得多。母乳里会含有足够的各种维生素和微量元素（只缺乏维生素D），这些都要靠你身体里的存货，平时要多补充才好。有些地方的习俗，月子里不让产妇吃水果蔬菜，这是非常非常不科学的。

3. 补充适量蛋白质

各种肉类、海鲜、坚果、鸡蛋、豆腐，都是非常好的蛋白质，最好一日三餐每顿都有。但是一顿也不需要吃特别多，100克左右（大概不到两个鸡蛋那么重）就足够了，再多也没必要。

4. 吃“好”的脂肪

妈妈的饮食确实不会影响奶水中的脂肪含量，但是会影响奶水中各种脂肪的配比。有一种非常不好的脂肪，叫作“反式脂肪”，这种脂肪人体无法消化吸收，是人体的垃圾，也会出现在母乳中，会占用好脂肪的份额，所以母乳妈妈要尽量少吃或者不吃反式脂肪。

有反式脂肪的常见食物包括：方便面、酥类点心、油炸类快餐、甜甜圈。

所有从天然食物里摄取的脂肪都是好的脂肪。这一点中国妈妈做得普遍比欧美妈妈要好得多。好的脂肪酸里比较出名的成分包括DHA、omega-3脂肪酸，都是有助于宝宝大脑和视力发育的脂肪酸，多存在于各种鱼类中。母乳妈妈可以多吃些鱼，会让宝宝的大脑发育更好，当然，摄入鱼类也要注意重金属的问题。

综上所述，其实只要你平时饮食均衡，什么都吃，你的奶水质量就是没问题的，退一万步，即使不太均衡，其实也没有什么问题。

在欧美，有许多纯素食主义的妈妈，医生只是建议补充一些维生素B_{12}就可以，素食妈妈的母乳质量同样不会差劲。

再怎么看，中国的妈妈都绝对不会因为吃得不好而母乳质量不好。

母乳质量根本就是一个不是问题的问题。所以，就请别再妄自菲薄了，你的奶看起来再怎么稀薄，都是最适合你家宝宝的食物。

03 别再被母乳禁忌绑架了

由于许多家庭极度缺乏婴儿养育方面的知识，导致看不懂宝宝哭闹，完全不知道胀气、肠绞痛、食物不耐受的概念，各种婴儿皮肤问题、发育问题也搞不明白。宝宝出现问题不知道怎么办，最后这些锅全部都让母乳妈妈去背，还振振有词地说，“宝宝只吃母乳，那出了问题一定是你母乳的问题”，搞得母乳妈妈战战兢兢，什么都不敢吃不敢做。

食物

首先来扫盲一下我们的母乳生成机制：母乳是乳腺通过血液输送的各种养料制造的。所以，母乳和血液一样，属于人体内环境的制造物，一定是无菌的而且是恒温的（和身体同样温度）。

所以母乳不会因为任何原因变“脏”，或变“凉”。即便母乳妈妈吃了不卫生或者很冷的食物，顶多导致妈妈自己的肠胃问题，而消化道属于人体外环境，和人体内环境是完全隔离开的。所以母乳妈妈吃生的、冷的食物是没有问题的，你只需要考虑的是你自己的肠胃是不是能受得了，不需要担心会影响宝宝。

当然，美国这边也是有一些母乳妈妈需要考虑禁忌的食物的，大概分以下几大类：

- 因为可能会过敏：包括花生、鸡蛋、海鲜等易过敏食物。
- 因为可能引起胀气或吐奶：奶制品（牛奶、冰激凌等）、含咖啡因的食物（咖啡、巧克力、可乐）、花椰菜等十字花科蔬菜、辛辣食品、柑橘类水果。

• 因为可能会导致不耐受：包括奶制品、小麦、玉米、鸡蛋、豆制品。

• 因为会导致母乳减产：薄荷、香菜、韭菜、大麦茶等。

• 其他：鱼类（深海肉食鱼含汞较多，如金枪鱼）、大蒜（奶里会有气味，有的宝宝不喜欢）。

一般来说，新生儿时期的宝宝可能会对奶水中的物质更加敏感一些，需要多注意一些，待到宝宝长大一点，禁忌是应该随之减少的。

唯一算是禁忌的就是深海鱼类和富含咖啡因的东西不能吃太多。深海肉食鱼类每天要控制在12oz（340g）以下，咖啡和可乐每天需要控制在3杯以下，茶和巧克力咖啡因含量更少，比咖啡多吃点也没问题。

酒精这种被视为洪水猛兽一定不能喝的东西，在美国却是有争议的，一部分的专业观点认为，饭后小酌一下没有什么问题，因为少量的酒精会迅速地被肝脏分解掉，基本不会进入奶水。相信母乳妈妈基本不会去喝酒，但是至少做菜放料酒，或者吃个酒酿圆子、酒心巧克力什么的，是不需要有任何压力的。

总而言之，理论上没有一样东西是母乳妈妈一定不能沾的，只要宝宝和妈妈没有任何明显的不良反应，就可以吃。

补牙/拔牙

局部麻醉对哺乳的妈妈是完全无害的，因为是非常少剂量的麻醉剂，属于皮下注射，只麻醉附近的神经，药物进入血液的量微乎其微，基本不可能到乳汁里面。即便是全身麻醉的手术，只要妈妈清醒过来并且有足够力气抱着宝宝，就说明血液中已经几乎不含麻醉剂了，就可以继续哺乳了。我有一个朋友在宝宝一个月的时候做了一个妇科的小手术，需要全麻，醒来之后医生就让喂奶了。最谨慎的做法，就是把手术过程中分泌出来的乳汁泵出来扔掉。

所以母乳妈妈完全可以在哺乳期间补个牙或者拔个智齿，没有必要为此戒奶或者忍着牙痛。拔智齿唯一需要注意的就是，术后使用消炎药和止痛药要注意使用对母乳妈妈相对安全的种类。

化妆/染发

答案是，请母乳妈妈尽情地去美吧！只要你不是去吃化妆品、喝染发剂。染发制剂根本不会被皮肤吸收，化妆品就算效果再好也只是被表皮吸收而已，真皮层都没到达，更何况是血液吸收呢？都没到达血液，又谈何对乳汁的影响？如果想让宝宝规避一切哪怕一星半点的有害物质，那就不要生活了。

母乳妈妈也有爱美的权利！不要纠结了，该美赶紧去美！

运动

最近听到一种奇葩的说法叫作什么运动过后的奶就有毒，宝宝不能吃。人类已经进化几十万年了，99.9%的时间里，人类体力消耗都很严重的，原始人妈妈几乎要时刻准备好抱着娃跑路吧！

运动确实会产生乳酸，乳酸也确实会进入母乳，但是乳酸有毒吗？没毒啊！顶多会让奶的味道变得稍稍不太一样而已，对宝宝没有任何伤害！

母乳妈妈当然可以运动，而且据我自己的经验，运动因为加快血液循环，对增长奶量是有帮助的呢！

生病

这个世界上通过母乳传播的疾病非常非常少，可以确定一定会产生母婴感染的病毒只有两种：艾滋病毒（HIV）和人类嗜T细胞病毒(HTLV-1)。其他的疾病都基本不会通过乳汁来传染。即便是乙肝病毒，大多数情况也不会传染（具体也很复杂，不在这里讨论了）。至于平常常见的各种感冒和流感病毒，都可以确定不会通过乳汁传播导致感染，所以，母乳妈妈常见疾病，包括感冒、咳嗽、发烧，乃至便秘、腹泻甚至食物中毒，都可以继续对婴儿哺乳。

生病的妈妈喂奶不但没坏处，反而有好处，母乳妈妈会把自身免疫系统抗击病毒而产生的最新的抗体通过乳汁传递给宝宝，反而会让宝宝不容易生病。

唯一需要注意的是哺乳期的用药，需要注意选择一下。最好还是咨询专业医生和药剂师。

04 拯救不吃奶瓶的倔强宝宝

很多妈妈问，我要上班了，可是宝宝宁可饿着也不吃奶瓶，这可怎么办？

首先要说明的是，这是个比较普遍的问题，你不是一个人在战斗。奶瓶的口感和吸吮方式与母乳亲喂的完全不一样，尤其是对从来没接触过奶瓶的宝宝来说，刚接触肯定是需要一段时间学习和适应的。橙子建议对于以后要上班的妈妈来说，要尽早地引入奶瓶，引入越早宝宝的可塑性就越大，也就越容易适应。一般母乳亲喂成功一个月以后就基本不会发生乳头混淆了，可以每天喂一两次奶瓶让宝宝熟悉。

最慢的也要在上班前半个月开始引入奶瓶，最糟糕的就是宝宝一直母乳从未接触过奶瓶，妈妈上了班突然就给奶瓶，宝宝不但要面对妈妈离开的分离焦虑，还要适应新的喂养方式，过程很可能会非常惨烈。希望以后有计划去工作的母乳妈妈一定要未雨绸缪，早做准备。

引入奶瓶的一些小技巧

1. 尝试在傍晚睡前母乳差不多喂完之后引入奶瓶

这个时候宝宝累了一天，懒洋洋的，昏昏欲睡，是最没防备、最容易妥协的时候，用奶瓶装大概15ml的母乳喂给宝宝，如果可以接受，慢慢地再加量加频率。

2. 试试用流速慢一些的奶嘴

对于有些习惯亲喂的婴儿来说，普通流速的奶瓶实在太急了，如果你的宝宝吃奶瓶一副噎到的样子，就尝试换个流速慢一些的奶嘴。当然不排除有些喜欢流速快的奇葩娃，妈妈们可以观察一下自己母乳的流速如何。

3. 让除了妈妈以外的其他人来喂奶瓶

如果是妈妈来喂奶瓶，宝宝可能会很困惑，为啥不能吃胸了，从而产生抵抗。很可能换个不是妈妈的人来，宝宝就容易接受了。

4. 尝试在室外喂奶瓶

对于宝宝来说，屋子里会弥漫着妈妈的奶香，让他欲罢不能，所以，很可能出去喂奶瓶的效果会更好一些。

5. 当然，你可能需要尝试各种形状、软硬度、流速的奶嘴

看看哪种宝宝会比较喜欢，但是注意不要频繁更换，一种用个一周左右，实在是没进展再换。

如果妈妈上班一天不在家，宝宝可能吃奶瓶吃得很少（因为心情不好了啊，可以理解），等妈妈晚上回来了，又闹着一直吃母乳，甚至夜里多醒好几次，这也是正常的，宝宝想念妈妈了呀！从一刻不离到分开大半天还是需要时间适应的，新上班的妈妈要在宝宝醒的时候多陪伴他，抚摸他，拥抱他，宝宝和妈妈的亲情联系得到一些补偿，会成功度过这一段难过的时间的。

如果我的宝宝拒绝吃奶瓶怎么办？

有些宝宝脾气好，很容易就能引入奶瓶，有些宝宝脾气就倔啦，可能大哭，打挺，用小手把奶瓶推走打翻，各种方式抗拒奶瓶，这个时候，就尝试以下做法吧！

• 如果你的宝宝吃安慰奶嘴，就找一个和安慰奶嘴同样材质和形状的奶瓶奶嘴。硅胶和乳胶的质感是不太一样的，圆嘴和扁嘴的也差得蛮多。

• 喂奶瓶之前将奶嘴弄温暖一些，会让宝宝容易接受。

• 在奶嘴上涂一些母乳，宝宝尝到了母乳的味道，可能就会想要更多了（注意一定不要涂蜂蜜）。

• 如果宝宝只是咬着奶嘴玩，在刚开始引入奶瓶的阶段，不妨让他玩一阵，很可能熟悉了就会开始吸吮了。

• 换一个不同于亲喂的姿势来用奶瓶喂宝宝。你可以把宝宝放在婴儿摇椅

里，或者让宝宝坐在你的大腿上，背靠着你来吃奶瓶。你也可以探索更多的姿势。如果是其他人喂奶瓶，可以尝试用腋下夹着奶瓶，模拟一种亲喂的姿势，宝宝可能会接受（妈妈这样做反而不行）。

• 尝试改变奶的温度。可能宝宝会嫌奶瓶里的奶太热或者太凉。其实36℃左右的液体感觉并不非常温热，很多妈妈怕宝宝吃得凉了，容易把奶弄得过热。

上面所有的我都做了，宝宝还是拒绝奶瓶怎么办？

耐心尝试，给宝宝足够的时间和机会去适应，注意避免强迫的行为。注意，避免宝宝饿得太狠或者太累的时候喂奶瓶，很有可能更会大发脾气。

试了一个来月了，宝宝就是无论如何都不吃奶瓶怎么办？首先，不要自责。有些妈妈会觉得，宝宝之所以不吃奶瓶都是怪自己，没有注意一开始引入奶瓶给宝宝。这样想大可不必。这真的和宝宝天生的脾性有关系，确实有些宝宝就是不吃奶瓶，哪怕从新生儿时期就引入依然如此。

有些人可能会建议让宝宝饿着，饿急了就吃奶瓶了。这个话看要怎么听了，饿一点固然对有些宝宝是个可行的办法，但是要避免用这种方式强迫宝宝。还是尽量要让吃奶在相对愉快的环境下进行，切莫把喂奶瓶当成一场你死我活的战争。宝宝如果反抗太强烈，该投降还是要投降。

真要是遇到这种怎么都不吃奶瓶的死硬派，也只能认命，用杯子喂（普通杯子、吸管杯、鸭嘴杯……）、勺子喂、滴管喂（喂药的那种），各种搞吧！

但是注意，有一种方法是绝对绝对不可以的，就是把奶粉冲得很浓很浓，甚至让宝宝吃干奶粉，这样会容易电解质紊乱，扰乱宝宝体液平衡，伤害宝宝的肾脏。再怎么着急，也千万不可以改变配方奶的配比。

不过宝宝6个月之后，可以吃一些固体食物来做奶制品的补充，酸奶、奶酪（少盐少钠），用母乳或配方奶来拌米糊、蒸鸡蛋、和面等等，都和喝奶有同样的效果，聪明的妈妈发挥想象力吧。

断奶会有助于成功转换奶瓶吗？

答案是，不一定。

确实有些宝宝贪恋母乳亲喂的感觉，在断奶之后，逐渐忘记了母乳的感觉，奶瓶越喝越好了。但是前面也提到了，也确实有极少数的死硬派宝宝，永远都不会接受奶瓶，哪怕面临生命威胁，最严重的案例必须要鼻饲管才能进食。遇到如此倔强的宝宝也是醉了，那妈妈还不如能多喂一点是一点。

所以，不要轻易地因为训练奶瓶而断奶。坚持用奶泵泵出母乳保持产量，关注宝宝的进展，万一摊上了小奇葩，那至少还有条退路。

最后，想对出去工作的妈妈表达一下敬意，你们千万不必因为出去工作，导致宝宝不适应而自责。努力工作也是爱宝宝的一种方式啊，宝宝吃奶也就一两年的事，但是还需要很多年才能长大，足够的经济的支持，也会随着宝宝的长大越来越重要。上班的妈妈也是伟大的妈妈！加油吧！

05 宝宝厌奶的12个原因

小宝宝除了睡觉，不爱吃奶也是非常折磨妈妈们的一件事情，有的时候真是跪下求他吃的心都有了。每个宝宝的饭量、新陈代谢的程度是不一样的。生物之所以能够不断进化，就是因为有多样性，有吃得多的宝宝，自然就有吃得少的宝宝，怎么可能像工厂里生产线上下来似的，每一个都是一样的？！不一定吃得少就是厌奶，有一些只不过是“妈妈觉得你吃得少”而已。

所以，你的宝宝到底有没有吃够，不要盯着奶瓶子的刻度线，而是要看他的体重增长情况，宏观来看，4个月体重翻倍，1年体重3倍，就算是正常了，不必过于担心。有胖宝宝，就有瘦宝宝，瘦了不代表不健康，也不代表吃得不够。

那么，如果宝宝确实是抗拒吃奶严重，而且体重的百分比出现剧烈下滑的问题，那就一定要重视一下，好好分析一下宝宝厌奶的原因了。

厌奶的12个原因

1. 脏器休息说

这个说法来自日本育儿泰斗松田道雄的书《育儿百科》，里面提到过：吃奶粉的宝宝，在吃了3个月的奶粉之后，由于消化比母乳费劲，他们的肾脏和肝脏会负担过重，需要调整休息，所以产生了厌奶现象。但是除了不爱吃奶之外，宝宝的精神表现很好。10天至半个月之后，厌奶现象会逐渐自行消失。

但是松田道雄提出的解决办法非常不靠谱——稀释奶粉，或者喂宝宝喝水或者果汁。

有点育儿常识的妈妈都知道，只吃奶的宝宝不可以喝正常奶粉配比的多余的水，会增加宝宝肾脏的负担，还会引起体内电解质紊乱。喝果汁就更扯，毫无营养价值的果糖过多，引起血糖过高，还会引起腹泻。而且果汁中没有任何的宝宝生长非常需要的蛋白质和脂肪，还会导致宝宝嗜甜的口味，喝多了果汁反而会更加影响吃奶的食欲……

不管怎样，这也是一派说法，抛去解决办法而言，原因分析还是蛮有道理的。我个人也强烈地观察到，无论是胖宝还是瘦宝，食欲都是有周期的，就算没生病，他们也会一阵子特别爱吃，一阵子又特别不爱吃。这其实是身体自我调整的一种表现，不停地左右摇摆，矫枉过正，保持一种动态的平衡。

刚出生那一段时期的新生宝宝，一般都会吃得多长得快，但是他们不可能一直保持这样的趋势，月满则亏，一定会有一段时间长得不那么快，所以就不需要吃那么多。

2. 强迫进食

我个人觉得，很多宝宝的长期的厌奶问题都是这个原因，其实本来没有什么问题，家长关心则乱，反而关心出了问题。

强迫进食是每一个新手父母都特别容易犯的错误。总是有一种“多吃一口是一口，少吃一口就亏了”的心理，甚至每顿定量，规定宝宝必须吃完，就算宝宝明确地表现出不想吃了，依然使劲地灌，骗着哄着也要让宝宝多吃几口。尤其是瓶喂的宝宝，是重灾区，因为奶嘴比较硬，可以使劲地往宝宝嘴里塞，这对宝宝来说，是一种非常难受的进食体验。

最好就是一口都不要逼，千万别指望着娃打扫瓶底儿。一看娃不想吃了，二话不说立马就撤，毫无留恋。上赶的不是买卖。你越是求着娃吃，娃越是烦，你让娃觉得你若即若离，有点小傲娇，有点小稀缺，反而会引起他的兴趣哦！

3. 流速过急或者过慢

每个娃的个性不同，有的娃口味重，喜欢猛的，一嘬一大口他才爽；有的娃就比较敏感，嗓子眼儿细，多了他咽不过来，会呛，就算不呛，每次吃奶和赶场似的不停地咽也是很烦的，久而久之，就会连吃奶这件事也讨厌起来。

当宝宝两三个月大的时候，就会开始对流速这种细节注意了，有的亲喂宝宝还会出现喜欢吃一边奶，拒绝吃另一边奶的情况，都是因为流速的问题。

所以，对于厌奶的宝宝，喂奶的流速是需要尝试排查的一个因素。

亲喂的宝宝改变流速有点困难，一般都是奶太急的问题，唯一比较有效的办法就是先挤掉一些再喂，或者在感觉到奶阵喷涌厉害的时候拔出来，放过这一段最猛的几秒，后面的就会缓和很多。瓶喂的宝宝不要拘泥于规定的奶嘴号适合的月龄，如果宝宝出现厌奶的问题，就换大一号或者小一号的奶嘴试试看，谁知道小祖宗的偏好是喜欢小口细品，还是大口畅饮呢！

一般来说，流速问题也是阶段性的，大多数宝宝也只是一个阶段对这个问题比较敏感。当然，你也可以换一种姿势喂奶，也就是橄榄球姿势，夹在胳肢窝下面喂，譬如当年，我家毛头不喜欢吃左边奶，我就经常用这种姿势喂他，让他误以为是在吃右边的奶。

4. 食道反流

大概有1/4的婴儿，食道与胃之间的贲门发育比较不好，所以胃中的奶液特别容易回流到食道中，天长日久，比较严重的，就会烧伤喉咙或者食道，让宝宝在吃奶的时候异常疼痛，从而严重厌奶。

5. 挑剔喂养方式

瓶喂和亲喂的转换，也会导致宝宝厌奶。有些宝宝甚至白天一天都不太吃奶，只等着妈妈回家来喂他。

另一些宝宝，本来是瓶喂和亲喂都可以的，像我家毛头就是这样，一直是80%瓶喂，只有夜里是亲喂，也不知道哪根筋搭错了，3个月的时候，突然就白天不吃奶了，只夜里吃，本来就食道反流，白天吃得也不多，可急坏我了。就这么饿了好几天，我才发现，这小子只是讨厌瓶子了，白天亲喂他就吃得还不错，从此开启了全亲喂的时代，彻底绑在了一起。就是这么突然就任性了，让人措手不及。

6. 分心

3~4个月的宝宝，突然开始“耳聪目明”起来，他们对看到和听到的东西都更加敏感，这对他们来说，好像是打开了新世界的大门，到处都是新鲜和热闹，哪里还顾得上吃奶。很多宝宝吃奶是“一口真气不断”，一断了就立马失去食欲不吃了，这也是我们需要大号奶瓶的原因。有时候娃正吃得香呢，娃他爹老远冲了个厕所，娃一探头，得，这顿又歇了。

所以呢，遇到吃奶开小差情况严重的宝宝，那就尽量保持安静不受打扰的喂奶环境吧。当然，这种情况也是暂时的，也不必过度保护，一般5个月左右，宝宝对各种视觉和听觉的刺激就没有那么敏感了，可以训练让宝宝逐渐适应在稍微复杂一些的环境吃奶。

7. 喂养敏感

有一些早产宝宝，因为刚出生的时候在NICU里，嘴里长期插着一根管子，让他们在生命的初期，就对嘴里的异物没有好印象，会造成他们的嘴巴超级敏感。表现就是拒绝外来的任何异物，塞任何东西都很容易干呕。一般超早产有长期住院经历的宝宝这种情况非常高发。

办法就是每天尽量多次地按摩宝宝的嘴巴，用柔软的纱布清洁宝宝的口腔，鼓励他啃咬各种东西，奶瓶、奶嘴、各种小玩具等等，让他们的嘴巴有更好的体验，从而慢慢“脱敏”。

一般这种嘴巴超级敏感的情况会一直持续到吃辅食的阶段，这种宝宝的父母要有非常的耐心和坚持才行。

8. 贫血

贫血的表现有三点：脸色苍白，不活泼容易累，胃口不好。足月的宝宝，一般在6个月前不会缺铁，6个月之后需要吃强化铁的食物，譬如加铁的米粉或者肉类。如果没吃，也会容易缺铁。

早产的宝宝，由于没有从母体得到足够的铁的储备，尤其容易缺铁，所以一般美国的早产宝宝都是出生开始就要补充铁的。所以如果你的宝宝有早产的情况，也要格外注意宝宝是不是有缺铁的问题。

9. 辅食

国内一些地方依然有3个月就给宝宝吃辅食的习惯，喜欢把蛋黄、米汤等食物放在奶瓶里让宝宝喝掉。其实这是在缺乏营养的时代的一种做法，已经不适用于今天。有些宝宝一旦厌奶，家长担心宝宝不够营养，也容易过早地添加辅食。

其实过早添加辅食对厌奶更是有害无益的。首先，宝宝的胃肠并不能有效地吸收固体食物的营养，固体食物不易消化，就是俗话说的“吃顶着了”，会影响宝宝的食欲。其次，奶的营养效率，要比米饭、蛋黄等固体食物的营养效率高很多，吃了辅食，反而是占了肚子，没有空间去吃更有营养的奶水了。

所以宝宝越是厌奶，就越是应该想办法让他多吃奶，而不是让他改吃辅食。

另外，4~6个月以后正常添加辅食的宝宝，也会有奶量下降的现象，这个是正常的，宝宝需要这样的过渡。6个月以上奶量保持在600ml以上就好，还可以吃一些酸奶和奶酪来补充，不必太过焦虑。

10. 生病

宝宝感冒发烧，食欲也会下降，有些宝宝甚至在生病期间基本绝食，因为身体需要集中力量来对抗细菌和病毒，要尽量减少消化和吸收带来的负担。

必要的时候需要喂一些电解质水，保持宝宝不要脱水就好，如果宝宝不想吃奶，也不要强迫他吃奶。

记得前面的第二条吗？不愉快的吃奶经历会成为难以磨灭的记忆，影响病好之后的食欲哦，既然宝宝的消化系统需要休息，就让它休息吧。

生病之后会有几天的恢复期，同样是胃口不好，不要着急，耐心等待，终会有一天，宝宝奋起直追狼吞虎咽，吃得让你直害怕他们的小肚子会不会被撑破。

11. 奶睡依赖

有些因为宝宝厌奶而向我求助的妈妈会提出这样的问题：我家宝宝厌奶很奇怪，只有迷糊才吃，清醒的时候绝对不吃，白天的时候只有小睡的时候才吃几口，夜里总起来吃，因为他白天厌奶，又不敢不给吃，整个颠倒了，这可怎么办？其实这个不叫厌奶，而是睡眠障碍的一种，可以叫作奶睡依赖，也可以叫作吃睡联想。

吃奶成为睡觉的必要条件，如果不睡，就坚决不吃。天长日久就习惯夜间进食，白天想要喂奶必须又摇又哄弄迷糊了才能喂进去。这种孩子其实未必吃得少，因为夜里啃了一宿，其实吃得已经过多了，胃肠负担非常重，所以产生了白天厌奶状况，有的时候肚子太胀吃不下了，夜里还会醒来玩一玩消化一下。

12. 周围环境的巨大改变

宝宝经历了比较大的变化，包括换了监护人、搬了家这类的事情，或者环境改变太大，尤其是抱宝宝回家过年这样的事情，一下子变了环境，又要见许许多多不认识的人，过于嘈杂刺激的环境，这些都会让比较敏感的宝宝失去安全感。

刚领回来的小猫小狗还要绝食好几天呢，何况是个人类的娃。

不要着急，平时多抱宝宝，别把他丢给不熟悉的人，等宝宝过了几天适应了，找回安全感，就会恢复食欲了。如果出门在外，带一些宝宝平时熟悉喜欢的小毯子、小被子、小玩具，也会让他安全感提升哦！

能有的原因应该都在这里了，你的宝宝厌奶，可能是其中一种，也可能兼而有之。回想起来，我家毛头当年1、4、5、6、11都有占过（真是伤不起的奇葩娃），有些原因随着时间的推移可以不药而愈，有些原因则不能自愈，需要一些干预，不能坐视不理。

到底是什么原因，还需要你逐一仔细地排查，这需要一定的时间。

在找不到原因的期间，要如何尽量保持宝宝的奶量呢？

1. 适当拉长喂奶时间，不吃零食奶

4个月的宝宝标准作息是4小时吃—玩—睡一循环，新生宝宝原来两三个小时一吃奶的频率对于4个月的宝宝来说就比较密集了。如果感觉不到饿，就很难有食欲，如果宝宝哭闹，也不要总是妄想他是饿了，企图给他塞奶。可以尝试逗他玩玩，试试看是不是困了需要哄睡。

总之，尽量往后拖，让宝宝能够感受到饿，饿一下没有坏处，宝宝只有感受到饿了，才会发现吃奶的感觉有多美妙，也会更积极地吃，那要比不饿的时候，总是哄着吃一点点，还要多吃一些。

需要注意的是，这个方法不适合食道反流宝宝，食道反流的宝宝需要少食多餐。

2. 加大消耗量

想象一下，宝宝整天躺在那里，动弹不得，每三四个小时就有人劝他喝一瓶子奶，也是蛮委屈的，基本没什么消耗，哪里还吃得进去呀。

所以，要增加宝宝的消耗，才会让他有食欲。对于不太会动的小娃娃，有两个方法：一个是带出去看风景，新鲜事物的刺激对宝宝来说，也是非常累的，尤其是在户外，什么都是新奇刺激的，宝宝消耗会非常大，只要天气没有特别恶劣，就多带宝宝出去转吧。第二是让宝宝多趴着，这个是对宝宝最好的室内运动，运动方式也有很多，这里不详细说了。

3. 不妨让宝宝渴一些

夏天的时候带出去玩一身汗，水分散失比较大，宝宝会喝奶更积极一点。

毛头当年厌奶期的时候，有一次带他出去玩，回来的时候堵在了路上，没办法喂他吃母乳，抱着试试看的心情试了试奶瓶，奇迹般地吃掉了180ml，其实也只是饿了不到5个小时，依他以前的性子，饿7个小时也吃不了几口，唯一的可能就是那天一直在户外，天又热，他出汗比较多，太渴了。哈哈！

4. 迷糊奶

迷糊奶这件事，可以说是有点副作用的，可能会影响好的睡眠习惯。但是我们也别放弃使用这种方法，有些食道反流的宝宝，如果不吃迷糊奶，那就真是吃不进去多少了。如果你的宝宝无论如何就是不吃奶，而且生长曲线已经掉下去很多，影响健康了，那就别管太多，迷糊着吃就迷糊吃吧，能吃进去是正经。

5. 带到户外吃

不知道为什么，户外的自然环境对宝宝好像有某种神奇的治愈功效，治哭闹，治厌奶，治不睡觉，好像没什么不能治的。

在家不吃，那就出去试试看吧。

家有厌奶娃，确实很闹心，但是要保持冷静，逐个问题分析排查，这需要一个过程。在找到真正的原因之前，还是要控制住自己，不要违背宝宝的意愿，不要让他有不开心不愉快的感受，越焦虑越逼迫情况只可能越糟糕。

尽可能地让宝宝感受到吃奶的快乐，宝宝的食欲，才可能回来哦！

06 如何温柔有效地断奶

断奶，对于很多妈妈来说，是个很沉重的字眼儿，一想起来就仿佛听见了娃那无休无止的哭号，让人不寒而栗。每一个发愁断奶的妈妈，几乎都有一个喜欢用人肉安慰奶嘴的娃，无聊了要吃，心情不好要吃，摔痛了要吃，困了想睡更要吃，最要命的是半夜醒来睡不回去也要吃，往往都一两岁了，甚至快3岁，依然还要夜奶两三次。还会导致因为奶吃得太多，极端影响正常吃饭的现象。

对于这样的恋奶娃兼睡眠困难户，断奶无疑是一件充满挑战的事。这种情况下，断的其实不是奶，是一种安慰方式和入睡习惯。

绝大多数妈妈纠结断奶，一方面觉得自己的睡眠太过糟糕，身体吃不消，一方面又怕宝宝断奶的过程太惨烈，自己心疼到受不了。对1岁以上的大月龄宝宝，因为恋奶而极端影响睡眠和食欲的情况，如何更加温柔有效地断奶，是本文要讨论的内容。

在决定断奶之前需要注意的问题

1. 请不要因为觉得母乳没营养给宝宝断奶

永远不要怀疑，母乳无论何时都是对宝宝最适合的乳制品。只要你觉得喂奶这件事你和宝宝都很享受，随便你喂到几岁都没有问题。

2. 对于1岁以前因为奶睡依赖严重而睡眠糟糕的宝宝，建议去做睡眠训练戒奶睡，而不是断奶

因为1岁以前的宝宝营养的大多数来源是奶，突然断奶不光会让宝宝面对缺

乏安慰的巨大压力，还会导致很长一段时间奶量不足而面临营养缺乏的问题。

3. 断奶之前，需要确定宝宝已经具备用杯子喝奶的能力了

最好是可以用杯子喝到最低奶量的一半，避免宝宝断奶后奶量下降太厉害。

4. 断奶期间，妈妈尽量不要离开宝宝

如果离开宝宝，宝宝不光会因为失去了习惯的安慰方式而倍感压力，还会陷入妈妈不见了的恐惧当中，导致缺乏安全感，哭闹的时间会变长，严重的还会产生心理问题。

5. 不要用欺骗和恐吓的方式让宝宝断奶

包括把乳头画上口红，说坏了，或者涂上难吃的东西等方式。这些都是欺骗和恐吓。真正倔强的恋奶娃不会吃你这一套，无论如何都要试一下，最后会发现你在骗他，影响他的信任，以后断起来更难。而胆小和温和的宝宝虽然会被哄住，但他们会对“妈妈受伤了”“妈妈坏掉了”这件事感到非常惊恐，会害怕妈妈其他的地方也会坏掉。这也是得不偿失的。

具体要如何断奶呢？

逐渐减顿断奶法

对于性格比较温和，恋奶不是特别严重的宝宝，推荐此法。就是按照吃奶对宝宝重要的程度，由弱到强依次逐渐断掉。性格温和的宝宝本身反抗就不会过于强烈，改变又比较分散，很可能都不怎么哭闹就断掉了。

首先断掉无关紧要的晨奶，用杯子喝奶来代替。因为这顿奶是醒来喝的，几乎没有安慰作用，所以宝宝不会特别在乎，而且睡了一夜宝宝会比较饥渴，早上也是引入杯子喝奶的好时机。

然后断掉除了睡觉之外的安慰奶，也就是平时无聊了心情不好了，不要用奶来安慰，用其他安慰方式替代。一两岁之间，转移注意力的方法还是非常好用的。

然后逐渐断掉白天的哄睡奶。一般大月龄的宝宝，白天一个午睡，晚上睡眠质量本来就糟糕，白天玩累一点，午睡不用奶就可以睡得不错。

最后，白天的奶都断掉之后，就可以执行断掉夜晚睡前奶和夜奶了，这个时候一般来说你的奶量也会下降很多，吃起来也没那么爽了，相对会更容易些。

如果妈妈陪睡宝宝闹腾得太厉害无法安抚，考虑让其他和宝宝比较亲密的人来陪，宝宝知道这个人没奶会更容易屈服。但是妈妈白天一定要在场，并且要增加和宝宝的互动，消除宝宝的担心，巩固安全感才好。

快速断奶法

对于性格比较倔强，恋奶严重，稍不如意就大哭大闹的宝宝，推荐此法。这种宝宝断奶无论如何都是要哭闹一番的，那么就长痛不如短痛，集中几天解决战斗。处理得当的话，三四天就会有成效。这和睡眠训练的过程是差不多一样的。在开始断奶的这几天里，最好都能安排外出游玩，但是不要打乱平时作息时间，这样让宝宝分散注意力，白天就没那么想吃奶了。另外出去玩也会消耗体力，这样在睡前就算哭闹，也撑不了太久就会睡着。

只要坚持过三四天，宝宝就会忘记吃奶是什么滋味，至少不会太惦记奶了。但是形成自我安慰的能力要因人而异了，很多断奶的宝宝完全断掉母乳之后，每天入睡前依然要哭哭啼啼一下，可能一个月之后才能做到完全不哭。

断奶过程中需要特别注意的几点

不要用其他形式的帮助，替代吃奶吸吮安慰

有些宝宝因为半夜吃不到奶睡不回去而大哭大闹，家长就会用抱起来摇晃的方式安慰。岂不知，这种运动安慰和吸吮安慰对宝宝来说是同一级别的安慰，都属于过度帮助，容易形成依赖。很可能宝宝倒是不想着吃奶了，但是一旦不爽了就要求你抱起来使劲摇晃，夜里依然睡不好，而且你会比喂奶还累，很容易断奶失败。

断奶就是让宝宝形成自我安慰的能力，你的所有过度帮助，都是捣乱行为。恋奶的娃断奶，不适应哭闹是一定的，你越是怕娃哭，单纯地把哭闹压下来，越是逃避根本问题，反而会引起断奶失败。

尽量降低断奶引起的哭闹程度

最好在断奶之前就有固定的睡前程序和入睡时间，睡前听固定的音乐，让宝宝增加安全感。如果平时宝宝格外喜欢什么玩具，可以鼓励他睡觉的时候拿着，引入安慰物。这样，尽量让宝宝入睡的时候，有许多事物可以安慰他，吃奶只是安慰的其中一种，断掉他也不会觉得太过难受。

另外，转移注意力，转移注意力，转移注意力！重要的事情说三遍。可以安慰宝宝的不光是母乳，还有许多，亲亲抱抱，吃个水果或者零食，念一本好看的书，做个游戏，出门溜达，都是宝宝喜欢的事情。宝宝哭闹起来，你脑子里想的是，如何用其他方式有效安慰，而不是纠结要不要喂一下。

避免玻璃心，不要轻易放弃

成长不光是快乐，还有很多痛苦，成长之痛是你无法回避的，即使现在没有，只是把任务堆积到了未来。宝宝因为断奶而哭闹，并没有很可怜，他只是经历了成长而已。如果你今天连宝宝断奶的痛苦都受不了，那试问以后你要怎么给宝宝立规矩？怎么让宝宝适应幼儿园？怎么培养他独立和自理的能力？

当宝宝哭闹的时候，不要纠结，不要自责，不要焦躁，告诉自己，这只是成长必经的过程，和生病发烧一样，熬过去了就好了。要么就别断，如果想好要断，那就坚持到底。反反复复的，大人孩子都白折腾。

关于断奶之后的妈妈

断奶之后，一开始你会觉得乳房非常涨，不必担心会涨坏。喂了这么久乳腺都是通的，不太会堵奶发炎了。如果过涨，奶水会自己流出来，注意戴上溢乳垫就好。

如果你觉得实在疼痛，可以适当挤出来一些，注意不要贪图舒服挤太多，挤得越多，回奶回得就越慢。

回奶需要的时间不太一样，我这只草牛第二天就不涨了。奶水很充沛的妈妈可能会需要一周。但是只要你坚持尽量少挤出来，奶水早早晚晚会憋回去的。听说吃韭菜、喝大麦茶会有助于回奶，可以试试看。

留在乳房里的奶水会被身体自然吸收掉，不需要挤出来，更不必打什么针吃什么药，回奶是身体很自然的过程。

断奶后一段时间胸部会干瘪下垂得很厉害，那是因为乳腺急剧萎缩。妈妈们不要太伤心，积极锻炼胸部肌肉，过一阵子还会恢复很多的。当然，想回到少女是不太可能的，肯定是比以前垂，但是至少罩杯不会少。

很多妈妈形容，断奶让人感觉撕心裂肺、对不起宝宝什么的。其实大可不必，只要你用各种方式让宝宝知道，妈妈还是那个爱你疼你的妈妈，只是不能喂你奶了，你需要改变一下习惯而已，他会比你想象的更坚强。孩子的适应能力都是很强的，相信他们，也肯定自己，不要有愧疚感。

断了奶不代表你狠心，因为睡了整觉，精力充沛，你将会是一个比原来更好的妈妈。

07 吸奶器，给力的母乳小帮手

什么时候才有必要使用吸奶器？

吸奶器有很多优点，但也有许多弊端，最好不要过于依赖吸奶器，拐杖用多了，就真的变成瘸子了。在能坚持的情况下，还是尽量不要用吸奶器。

橙子建议，在以下情况下才需要使用吸奶器：

- 急需催奶增产，增加吸奶频率。
- 宝宝吃奶太慢，妈妈太累需要休息一下。
- 实在太涨，有堵奶的风险。

有人说每次宝宝吃了之后还要再泵空一次，要不然就会得乳腺炎，那是纯粹扯淡。宝宝吃过之后要不要泵空，这个是因人而异的。有的宝宝吸力太差，吃不到多少，吃完之后还明显地觉得很涨，那是应该泵一泵防止堵奶或者回奶。其余的就不必泵了，哪怕只是吃了一半，也可以留着下顿再吃。宝宝吸力越差，越应该多锻炼，管他到底吸到多少，每3个小时就让他吸半个小时，然后再上奶瓶，甚至激进一点，让宝宝多饿一阵，下次就会吃得凶一些。不要图简单省事，总是依赖吸奶器来帮他吸。

经常锻炼亲喂的宝宝，嘴巴很快就会有力气，而且那个力气比最好的吸奶器大得多，全方位立体化的刺激，可以吸到空空瘪瘪，达到吸奶器无法企及的效果。

我家毛头就是新生儿时期奶瓶用得多，结果到了3个月吸力还是不如吸奶器，所幸后来他因为食道反流厌奶瓶，只喜欢亲喂，练习了半个月才能有力气把我吸空。

吸力好的宝宝，嘴巴肌肉更有力，以后对练习咀嚼，练习说话，都是有优势的。

所以不要觉得孩子小，就总是代替他做事，他得不到锻炼，就永远都不会。如果吃奶都不想花力气，那以后还能做好什么呢?

储奶是个巨大的系统工程

如果你是全职妈妈，在宝宝断奶前一直待在家里，是没有什么必要储奶的，也没有必要屯储奶的袋子。当年作为草牛的橙子，缺奶缺怕了，后来奶多了总是舍不得扔掉，买了一堆储奶的袋子存到冰箱里。结果没有用，只是占空间，化冻了有一股肥皂味儿，我家那个敏感龟毛的娃吃惯了新鲜的，会吃才有鬼了。后来还幻想用来做母乳皂，原料买来了发现巨麻烦，还有可能弄失败，一直拖到最后也没做成，搬家的时候只好全部扔掉。

所以，如果你有多余的奶，该倒就倒，该扔就扔，浇花也行，别为这点鸡肋的东西浪费自己的宝贵时间。

当然，有些妈妈情况特殊，需要上班背奶，或者需要离开宝宝一段时间，那存奶还是非常有必要的。

母乳存储的基本知识

1. 新鲜母乳挤出来之后，盖上盖子，25℃左右的室内，可以放6~8个小时

因为从妈妈身体里出来，是完全无菌的，又有活的抗体在里面，室温储存时间比泡好的奶粉时间长得多，奶粉放1个小时就不可以再用了。

注意，不包括被宝宝舔过的情况，只要被宝宝舔过，理论上就不应该再吃了。虽然橙子本人当年珍惜母乳也曾经二次利用过，但是不提倡!

2. 放在有冰的冰盒里（零下15℃~零下4℃），可以储存24小时

一般每个吸奶器会赠送一个小型的冰盒，让上班妈妈可以将在工作的时候吸出来的奶存在冰盒里。背回家喂给宝宝吃是没问题的，不需要工作的地方有冰箱，只是注意将奶放进去冰盒就尽量不要再打开了。

3. 放在0~4℃的冰箱，可以储存5天

一般的冰箱冷藏在10℃左右，只能储存24小时。

放在冰箱的后面深处，会更冷一些。

注意，这里指刚挤出来就放进冰箱的，如果被宝宝吃过的或者放在外面一段时间的，储存时间会减少许多，具体多长时间安全，就只有天知道了。放在冷藏冰箱里的奶会因为冷凝的作用出现分层，脂肪会漂浮在上面，这个是很正常的现象，并不是奶坏了，拿出来给宝宝喝的时候注意摇匀即可。

4. 如果放在冷冻柜里，还要分情况：

零下1℃的小冰箱，只能存两周。

零下5℃的冰箱（一般家庭冰箱的冷冻层可以达到这个标准），能存3~4个月。

零下19℃的高级冷冻柜，至少能存半年。

因为无论放在那里，母乳的存储时间都有限，所以如果你存得多，就得搞个系统工程，免得过期了还不知道，也好及时整理，将过期的扔掉。

5. 为了让冰柜可以更有效地利用，储存母乳的时候掌握两个要点：

压扁了冻上，比较省地方；做好标签，按顺序存放，及时处理。

很多奶牛妈妈会专门买个冰箱来存奶还存不下，也是让我无限地羡慕。不过在倒腾你家冰柜之前，你得确认你家宝宝能喝冻奶才行，宝宝需要从小就得熟悉冻奶的味道，要不然总喝新鲜的习惯了，很多宝宝是不接受冻奶的。

一些常见问题

为什么吸奶器泵不空乳房？

有些妈妈说泵奶的时候不知道什么时候算泵空了，感觉泵完了，一挤总是还有。这个其实很正常啊，一边泵，你的奶也一边在源源不断地生产啊，其实根本没有完全泵完的时候，更何况吸奶器的泵空效率确实没有宝宝的嘴巴强，有些残留是很正常的。

就不要纠结“有没有泵空”的问题啦！泵20分钟，两三个奶阵之后，只要不是喷涌状态，就算还滴滴答答的，其实已经没有什么货了，果断收工休息。

长期使用吸奶器会对身体有危害吗?

吸奶器确实没有宝宝的嘴巴吸得干净，但这件事并不会影响你的身体健康，事实上宝宝也并不是每次都能把你吸得很干净是不是？乳房里存一点奶其实也没什么要紧，下一次就吃掉了，不会长期淤积。

有的时候，如果你吸得很频繁，或者时间太久，或者用得强度过大，有可能会出现乳腺隐隐作痛的现象。这个也不必担心，只是你的乳腺感到有点累了，也没有什么损伤，不要太拼，适度地使用就会感觉好很多。

事实上在北美，长期使用吸奶器的妈妈比比皆是，很多职场妈妈在宝宝出生6周就上班了，她们有的会一直坚持背奶到宝宝1岁以上，这种情况不是一年两年，已经是二十几年了，并没有任何证据表明吸奶器有损乳房健康。

泵出来储存过的奶会比直接亲喂的没有营养吗?

大家都知道，母乳里的成分非常多样和复杂，甚至有许多活的抗体，我们又是冷藏又是冷冻的，会让母乳变得不太一样吗?

事实上，其实不太会影响母乳的质量，虽然冷冻之后再化冻味道口感会差一点。母乳最有价值的营养物质莫过于蛋白质、脂肪、碳水化合物、多种微量元素和各种抗体蛋白，但是这些东西都有一个特点，它们遇热才会变质变性，遇冷只会变得很稳定，等到解冻之后又会恢复活性。

大家知道，活的器官冷冻数小时之后还可以顺利移植到其他人身上呢，母乳在冷冻之后也不会丧失主要的营养成分。

需要注意的是，加热母乳的时候，不要过热，避免杀死过多抗体，最好是水浴缓缓加热。冷冻的奶最好也是缓缓解冻，味道会更好一些。

Part 3

睡眠大作战

01 0~3个月新生宝宝睡眠问题解决方案

0~3个月是新生宝宝适应新世界并且快速成长的一个阶段，容易出现的问题也非常多，加之新手妈妈没经验，又容易受一些道听途说观念的误导，很容易给宝宝养成抱睡、奶睡的坏习惯。

新妈妈也多少都知道这些习惯不好，但真的遇到宝宝哭闹，又不知道如何应对，难免总是掉到坑里。橙子虽然是哭泣法睡眠训练的支持者，但是也不赞成让3个月以内的宝宝哭得太多。3个月内的宝宝的智力还没发展到用哭声来要挟人的程度，所以他们的哭闹必定是有原因的，他们在用哭声说话，只不过新妈妈听不懂，只好统统都用摇或者奶的方式来安慰，其实未必是宝宝真正需要的应对方法。

新生宝宝为何哭闹不止？

1. 没吃饱

无论是母乳妈妈还是瓶喂妈妈，都有可能有宝宝没吃饱而哭闹的情况，因为一开始你不太知道宝宝所需要的奶量，每个宝宝所需要的量相差都非常大，有的新生儿吃个50ml就够了，有的可能需要150ml才能吃饱。但是很多宝宝吃奶不是一口气就能吃饱，需要吃一会儿歇一歇，多吃几次才能吃饱；有的宝宝没力气，吃着吃着就睡了，但是没吃饱，所以不一会儿就饿醒；有的宝宝容易吃进去空气，必须在吃奶过程中多拍几次嗝，才能吃到足够的奶。母乳妈妈不必太教条坚持全母乳，亲喂过后，如果宝宝依然坚持不睡，试试看提供瓶子，会不会吃得很多。

新生儿猛长期很密集，7~10天，2~3周，4~6周，3个月左右，都可能出现。他会比原来想吃得更多一些，奶量噌一下上了一个台阶，你不知道，还喂原来那些量，不够了就会大哭。

2. 累了想睡

很多新手妈妈只知道宝宝饿了会哭，却不知道，宝宝累了困了同样会哭闹得很厉害。如果你没有察觉到宝宝困了的信号，等到宝宝大哭了才开始哄睡，就已经太晚了，哄睡会特别困难而且很容易醒。如果小宝宝接受了太多的逗弄，受到刺激太多，情绪激动，很累却又睡不着，也会大哭不止难以安慰。

还有一种就是起床气的情况，睡到一半，因为惊跳反射，被自己惊醒，然后没睡饱，还想接着睡又无法自己睡着，所以会大哭。

3. 胀气

这种情况一般会发生在半个月到一个月之间，首先是抻、扭、满脸憋通红、往下使劲、哼哼唧唧，变严重了就更简单——突然使劲地哭，如果严重到每天固定时间连续哭3个小时才消停，就升级为肠绞痛了。

关于胀气的成因和缓解方式，前面章节已经单独讲过，这里不重说一遍了。

无论胀气还是肠绞痛，仔细观察，都会有发作比较有规律的特点，有的宝宝是黄昏，有的是深夜，有的是凌晨，有那么一段时间，不好好吃也不好好睡，轻者哼哼唧唧，重者大哭大闹，折腾两三个小时才能平静下来。有时候，也会在某次吃奶之后发作。

其他譬如，冷了，热了，尿了，被衣服线头缠住了，都不是很常见的原因，并且只有非常敏感的宝宝才会因为这些小细节哭闹。

基本上新生宝宝哭闹或者烦躁不安，90%以上都是因为那三大原因，解决这三大原因并不是问题，问题是，你很难搞清楚，宝宝哭闹，到底是因为哪一个原因，也无法正确地应对。所以，这也是为什么一定要形成规律作息的原因，只要宝宝有了规律，你就知道他什么时候是饿了需要喂，什么时候是困了需要哄睡，又不饿又不困无缘无故地哭，那就是肚子不舒服。见招拆招，有的放矢，才能更好地解决问题。

可能存在的睡眠问题

如果不研究宝宝哭闹的原因，不建立作息规律，你就会非常被动，只能一味用抱哄或喂奶来压下哭闹，就会出现很多问题。

安慰零食奶

只要一哭闹，就马上喂奶，久而久之，喂奶就变成了安慰。小婴儿的吃和睡是紧密相连的，如果养成了吃安慰奶的习惯，无论困了还是胀气不舒服就要嘬两口，就造成了肚子一直不饿，每一次都吃不多的情况，这样没办法睡长觉，吃和睡都变得零零碎碎，把大人累得半死，娃依然不开心，因为吃也没吃好，睡也没睡好。

另外，如果总是零碎着吃母乳，会一直吃到的都是前奶，母乳的前奶很稀，是解渴的，富含乳糖，后奶才是有营养并且顶饿的脂肪和蛋白质。如果吃零食奶，就会一直没有吃到后奶，虽然总吃仍然缺乏营养，富含乳糖的前奶还会引起肚子更加不舒服，肚子不舒服又要吃奶安慰，如此形成恶性循环，还会引起饥饿性的绿色便便。

胀气宝宝如果吃奶安慰，会雪上加霜，本来就肚子里有气，吃奶会造成肚子更多的气，更加难受不舒服。

解决办法：尽量执行3小时左右喂一次的原则。

摇晃着睡

如果不让喂奶安慰，很多新手妈妈会选择抱着摇晃着宝宝入睡。这也是要尽量避免的。抱着摇晃哄睡有一个问题，就是一放下就醒，因为宝宝是在抱着摇晃的环境中入睡的，一旦放下不久，他一个睡眠循环结束（一般是半个小时），就会发现，现在的环境和刚才的不一样了，肯定是要醒来哭的。这个可以理解，如果你在床上入睡，迷迷糊糊发现睡地板上了，当然要跳起来了。

而且抱着摇晃入睡还有另一个问题，就是摇晃的方式和时间都会逐渐升级。摇晃本身是转移宝宝注意力的方式，让他平静下来后不知不觉地入睡。问题是，转移注意力的方式是会免疫的，就像再好笑的笑话，你多读几遍都会索然无味一样。人都需要接受新鲜的刺激才会有相应的应激反应。今天颠一颠就睡了，明天就需要晃一晃，后天就需要来回走，再往后可能就需要你加速跑才管用，试问你能发明出多少种运动哄睡的方式呢？

解决办法：从一开始就尽量放在床上哄睡。

看到这里有人要说了，橙子你这个纸上谈兵啊，臣妾做不到啊，娃使劲哭啊怎么办？

如何平复宝宝的哭闹？

第一步：包裹包裹包裹——重要的事情说三遍

3个月之内的宝宝睡觉，包裹紧了是非常重要的，很多小月龄宝宝的睡眠问题，其实包裹紧了就可以解决。因为宝宝神经发育还不完善，手脚会不受控制地乱动，所以不打包的宝宝很容易被自己惊醒，而且宝宝刚从妈妈肚子里出来，熟悉被紧紧包裹的感觉，虽然包宝宝的时候他看起来好像很不高兴，但是他慢慢就会习惯而且喜欢了。

注意，只需要把手臂包裹紧了就可以了，不需要像传统方式那样，把腿也捆直了，两条腿保持自然弯曲的状态最好。

第二步：嘘拍法

包紧了之后，到昏暗的房间里，可以含着安慰奶嘴，放在床上，口中一直发出“嘘嘘”的声音（比较考验肺活量，练多了就习惯了），一边拍宝宝胳膊或者肩膀，据我的经验，拍肚皮比较难入睡。

“嘘嘘”是模拟子宫里的噪声让宝宝平静，拍拍是转移宝宝的注意力。这是两种比较轻微的干预，不太会产生依赖，如果宝宝哼哼唧唧，不要理，继续，很快就会睡着的。

如果是大哭，并且越哭越厉害，那么说明放下的时机不太对（不困或者太困了），或者已经有了睡眠依赖的坏习惯，可以执行第三步。

第三步：抱起放下法

可以先抱着哄哄，平静了之后，在没完全睡着的时候放下，并且立刻“嘘嘘”拍拍。10分钟之后依然无法平静，再抱起来，重复上述动作。

总而言之，坚决地放下，尽量让宝宝在床上睡着。如果你执行以上三步超过半个小时依然没有成功，也很正常，可能宝宝身体不舒服，也可能这次时机很不好，宝宝过于疲劳难以入睡，可以试试看用第四步。

第四步：抱着不摇晃

打好包裹紧紧抱在怀里，让宝宝听到你的心跳声，不走动摇晃，有节奏地拍屁股，继续在宝宝耳边发出“嘘嘘”的声音，这样一般会哭个10分钟左右突然沉沉睡去。

当然如果这样再哭了15分钟也睡不着，那也只好用摇的了，但是每次哄睡之前，都要给宝宝一个机会，让他尝试在比较少的帮助下自行入睡。养娃没有灵丹妙药，好的习惯不是一天养成的，只要你坚持下去，就会看到效果。

基本上，所有的坑果果都掉进去过，又被我及时地捞出来，一切都循序渐进，没有激烈地大哭大闹过，但是小哭小哼唧还是很多次的。所以要培养好的睡眠习惯，从新生儿时期开始，防患于未然，是最佳方案。不要觉得是小宝宝就一直宠着随波逐流，到了睡眠问题严重到难以忍受再训练，那个过程就痛苦得多啦。对的事，要从头做起。

02 规律科学的作息是良好睡眠的基础

橙子之所以能一个人独自带两个娃，外加做家务写公号，也不是因为我有多能干（事实上我好懒的），主要是因为两个娃作息十分规律。作息规律的娃，一人带四个也没问题，作息混乱的娃，四个人带一个也要崩溃。

所以我一定要详细地讲一下培养宝宝作息规律的问题。所有觉得带娃累带娃难的妈妈，应该都需要这方面的知识。

为什么要给婴儿建立规律作息？

天使娃乖得总是那么相似，而难搞娃却各有各的难搞。爱哭闹，脾气差，特难哄，总要抱，睡不好……三四个人伺候依然累得人仰马翻之后，很多妈妈得出结论：我家娃就是难搞，没办法，认倒霉吧！天天抱着吧！其实，即使是天生高需求难搞的娃，你一样有能力让他每天乐呵呵的，只要搞懂他的需求，满足他的需求，他自然就不闹了嘛！

有妈妈会说，我家娃的需求就是要抱要哄！其实并不一定哦！抱着哄着只是一种转移注意力的方法，让宝宝暂时忘记刚才的需求，但是只要需求没被满足，他依然会继续闹下去。

那要如何搞清楚，这个不会说话只会发出噪声的小东西到底是想要啥呢？

答案是，建立符合婴儿习性的规律作息，你就自然知道了。什么时间做什么，都有清楚的安排，可执行的程序，宝宝哭了，你一看时间，就知道他想要什么，及时满足他的需求，这就会让你的带娃生涯轻松愉快很多了。

所以只有把作息规律建立好了，真的很饿了才有的吃，所以能吃饱，刚想睡还没疲劳过度就有的睡，所以能睡好。宝宝做这件事的时候，会知道接下来会发生什么，会由内而外充满安全感，自然快乐而满足。

婴儿科学的作息规律是怎样的?

下面是1岁以内婴儿作息时间表。

这张表来自婴儿作息神书《超级育儿通》，妈妈们也可以买来看看，里面也讲了关于如何调整作息的细节。这本书的精华部分就在于这张表，它展示的是一种最科学理想的情况，是调整宝宝作息很好的参考工具。不过这个作息虽然很精确完美，实践起来却很难，因为规定得过于死板苛刻，不太利于执行。不过对于宝宝的作息规律终归有一个大概的方向。

另一本好书《实时程序育儿法》提供了一种比较容易执行的作息规律，总结起来比较简单：

- 4个月以内，3小时一循环，每天7:00、10:00、13:00、16:00、19:00喂奶。
- 4个月以后，4小时一循环，每天7:00、11:00、15:00、19:00喂奶。
- 每次循环按照吃—玩—睡的顺序。

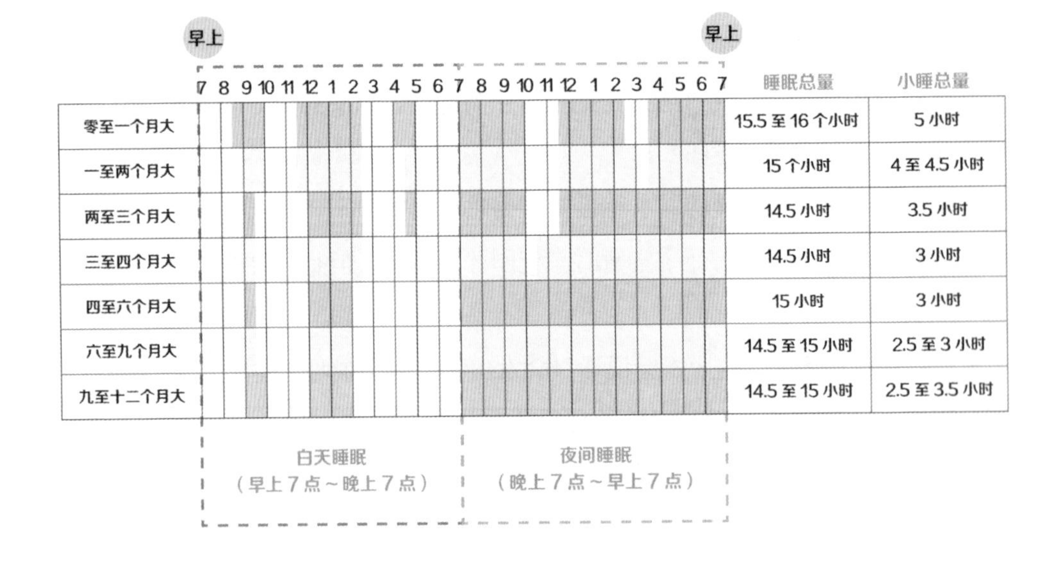

注意：夜晚时间（19:00—次日7:00）不执行这个循环，让宝宝醒了就吃，但是两顿奶不可以比白天循环的时间还短很多。

其实这两本书的作息规律并不非常矛盾，不过是一个严格，一个松散罢了。可以先从松散的后者入手，稍微形成习惯了，再渐渐向严格精确过渡。

越是高需求宝宝，越是需要更精确的作息时间。因为他们的睡眠窗口期会很短，前一刻还完全看不出困，没多久就已经过度疲劳难以哄睡了，所以容错率比较低。高需求宝宝形成相对精确一些的作息时间，也有利于找准他们入睡的最好时机。天使娃性格比较温和，困了累了也不容易发脾气，作息反而可以随便一点。

宝宝现在作息差劲，应该如何调整？

第一步：调整夜里入睡的时间

一般作息混乱的宝宝睡得都很晚，你需要先建立一个固定的入睡前程序，从洗澡开始，然后抚触按摩，穿好衣服，吃奶，抱着听听音乐，然后带到黑暗的屋子里去哄睡。这一套事情做下来，顺序最好每天都不变（可以根据自己的情况改变顺序），1周左右宝宝就会熟悉这套固定程序，知道这套做完就要睡觉了。

然后，每两三天把这一套前推15分钟左右，宝宝也会觉得很自然，不会有什么反抗。睡眠时间成功往前推1个小时的时候，可以固定几天，巩固成果。然后再这样一点一点地往前挪，直到入睡时间提前到19点左右。注意千万不可以直接从23点提前到19点哦，这样会变成一个小睡，睡饱了醒了就再难入睡了。一定要小步前进，神不知鬼不觉的才好。

第二步：贯彻吃—玩—睡顺序的循环

之所以要坚持这种顺序，而不是先玩再吃再睡，是为了避免奶着睡着的情况发生，吃着奶睡着会导致没吃饱，并且无法有效把嗝拍出来所以会很快就睡醒，整个作息就乱了。

另外，吃奶睡着会造成另外一个恶果就是吃奶的睡眠依赖，也是导致夜间频繁醒的最大原因。

第三步：将循环有倾向地调整成固定时间

譬如睡了半个小时就醒了，那就想办法重新哄回去，睡到理想时间再让宝宝醒。一开始可能循环会比较短，一个多小时就循环了，不要紧，尽量拖长这个循环时间，向着理想的方向努力，慢慢地你就会发现，宝宝的作息规律越来越好了。

3个月之前的宝宝多少会有胀气症状，喜欢被抱睡，也可以利用这个特点，形成一个比较好的作息习惯。3个月之后胀气症状消失，作息习惯已经形成，到了时间就困倦，再适当训练自己在床上入睡的能力，就比较容易了。

调整作息并非一夕之功，需要循序渐进，坚持不懈地努力，只要你向理想方向努力，就真的会越来越接近完美。

作息规律是睡眠好的前提条件

许多妈妈被宝宝的睡眠问题困扰，包括哄睡难、放下醒、小睡短、夜里频繁醒、醒来玩一阵再睡等等。这些都是睡眠障碍的表现。所谓睡眠障碍，指的是婴儿没有形成自己入睡的能力，依赖大人的帮助才能入睡的问题。因为现在养娃条件实在太好，人手又多，有条件总是抱着，没有机会让宝宝练习如何自行安慰入睡，所以现在的小婴儿特别容易有睡眠障碍。

要解决睡眠障碍，总体就一句话，让宝宝形成自己入睡的能力。但是，无论你是用温柔的方式，还是激烈的方式训练宝宝的入睡能力，都有一个前提，就是宝宝自己要知道，“现在我需要睡觉了，我要努力去睡”。如果没有一个规律的作息，被睡眠训练的宝宝很长一段时间会很困惑，不知道扔下我不抱是为了啥，很可能哭很长时间不能领悟，训练也容易失败。

不要以为所谓睡眠训练，就是狠下心让宝宝哭，这需要前面培养作息这一系列的铺垫，睡眠训练才可能水到渠成。

所以，被宝宝糟糕的睡眠问题折磨的妈妈们，请一定先花工夫下力气去调整宝宝的规律作息。没什么好习惯是一夕之间养成的，都需要付出耐心和毅力。

03 宝宝白天的小睡足够了吗

首先澄清一个重大的误区，就是，有些新手父母会想当然地认为，宝宝白天要尽量少睡，夜里才能多睡、睡大觉。这个想法是大错特错的，所有的关于婴儿睡眠的研究都表明，1岁以内的婴儿，白天小睡的质量，会明显影响到夜里睡眠的质量，白天睡得不好不足，神经会过于紧张不能放松，夜里会频繁惊醒，睡得更加糟糕。

很多新生婴儿都会有黄昏闹的现象，一到了日落时分就大哭特哭很难安慰，很大一部分是因为各种原因导致白天的小睡差劲，没有得到充分的休息，积累了一天的疲劳和刺激无法承受，于是在傍晚时刻爆发，需要大哭大闹来发泄情绪。

充足且高质量的小睡会让宝宝得到快速充电，恢复体力，精神放松，睡足的宝宝都是笑着醒来的，可以说每一个快乐不黏人的宝宝，都是小睡充足的宝宝。所以，保证宝宝白天能够睡好睡足，不会太少而让神经过于紧张，也不会太多而影响夜里睡眠质量，也是一件非常重要的事情。

当然，这同时也是一件蛮难掌握的事情，因为每当你觉得已经掌握了宝宝的小睡规律，他就很快又变了，要重新调整适应。虽然每个宝宝的小睡习惯都不太一样，但是绝大多数还是有规律可循。这篇橙子就先按时间顺序说一下每个阶段宝宝小睡的大体规律，再说一些非常典型的关于小睡的问题。

注意，以下月龄描述是大体月龄阶段，因为每个宝宝都不一样，有些宝宝要明显地超前或者滞后，要根据宝宝的表现来，不要拘泥于这个时间表。

宝宝的小睡时间

刚出生几天的婴儿：吃吃睡睡

妈妈把宝宝生出来很辛苦，宝宝被生出来也同样很辛苦，所以刚出生几天的宝宝会非常疲劳，每天除了迫不得已要醒来填饱肚子，其他的时间都要睡觉。这个阶段要注意两件事：

要每顿让宝宝吃饱：新生宝宝的睡眠长度和吃奶多少是紧密相关的，所以，要让宝宝能睡足，一定要保证他每次都吃饱。很多新生宝宝力气小，吃母乳容易睡着，千万别由着他睡，一定要弄醒了接着吃，如果扒衣服、换尿布、揪耳朵、挠脚心都没办法解决他边吃边睡的问题，那就上奶瓶吃饱了踏实睡吧。

不要哺乳超过半个小时，超过半个小时都是在充当安慰奶嘴了。母乳充足的话，每边有效吸吮达到15分钟，是绝对可以吃饱的。如果母乳不足，每3个小时吸吮半个小时，刺激也足够了。不要陷入不停地喂不停地睡，每顿都吃不饱每顿都睡不好的恶性循环。

预防昼夜颠倒：在新生宝宝不分昼夜的时候，就要开始让宝宝注意到白天黑夜的区别，白天3个小时拉起来吃一次，夜里尽量不叫醒（黄疸宝宝除外）。白天（7:00—19:00）保持周围环境嘈杂一些，光线明亮一些；夜里（19:00—7:00）保持黑暗保持安静，即便开灯也要开光线微弱一些的灯。如果你从一开始就刻意去做这些，宝宝是不会昼夜颠倒的。

如果不小心昼夜颠倒了怎么办，后面会有说明。

新生儿时期（0~3个月）：试图形成规律

你会发现突然有一天（不一定是哪一天，有的宝宝只需要两三天，有的宝宝要吃吃睡睡两个月），你原本吃吃睡睡的新生宝宝“醒了”，他吃完奶拍完嗝不再急着要睡，而是瞪着双眼四处打量，他就已经开始正式地分开白天和晚上，开始真正意义的小睡。

这个月龄阶段总体感觉就是乱乱乱，因为这一阶段发生的事情特别多，宝宝不光要真正开始适应这个不熟悉的充满刺激的世界，还要有两三个猛长期，要经历或多或少的胀气或者肠绞痛。无论是宝宝还是新妈妈都蛮辛苦的。

尽管很乱，依然要为形成规律做出努力，尽最大的努力进行吃—玩—睡3小时循环，如果某天失败了也不要紧，再一天依然坚持，不要无规则地疲于应付，你的坚持总会有回报。

0~3个月宝宝的小睡一天可能会有4~5个，具体要看他睡得有多长，两次之间醒多长时间。总而言之，这个月龄的宝宝白天需要的睡眠还是蛮多的（7小时左右），如果你的宝宝白天很难睡觉，那么考虑以下三个问题：

- 是否打了包裹。
- 是否错过了宝宝的入睡信号。
- 是否进行了行之有效的哄睡。

3~4个月：3~4个小睡，规律趋于明显

这个月龄的宝宝的胃肠问题慢慢消失了，惊跳反射也减轻很多，他的小睡规律就逐渐显现出来了。

- 他可能上午、中午、下午各睡一觉，傍晚再稍微眯个猫觉。
- 也可能上午、中午、下午各睡一觉。
- 也可能上午、下午各睡一觉，傍晚一个猫觉。

这取决于他每个小睡睡了多长时间。

一般来说，这个月龄的宝宝醒的时间在半个小时到一个小时之间。

这个月龄的宝宝可以开始正式训练在床上入睡。3个月内的宝宝小睡多半会有睡半个小时就醒的问题，那个时候为了养成规律，可以帮宝宝接觉，也就是中途醒了，再重新哄睡。但是在3~4个月规律已经逐渐形成，夜里睡得也比较好的情况下，可以考虑慢慢撤掉人为的哄睡接觉，让宝宝练习自己睡回去的能力。

5~8个月：固定在3个小睡

- 小睡比较短的宝宝，会上午、中午、下午各睡一觉。
- 小睡比较长的宝宝，会上午、下午各睡一觉，傍晚一个猫觉。
- 每觉之间醒的时间大概是1~2个小时。

这个月龄的宝宝，很少肯睡第4个小睡了，即便他非常的困倦，你再怎么

哄，小睡也只会停留在3个，如果他的小睡睡不了1个小时以上，剩下的时间会大多数都在闹觉。

如果你家宝宝有严重的抱睡和奶睡的问题，这个月龄阶段也是最痛苦的，夜里白天都会睡成渣，宝宝休息不好脾气也会非常大，妈妈也会非常疲劳。

8~18个月：2个小睡

- 傍晚觉逐渐消失，上午和下午各睡一觉。
- 两觉之间醒的时间大概是2~3个小时。

一开始可能会上午下午睡得一样长，但是逐渐就有侧重，变成一个长觉一个短觉。这个月龄，在小睡之间适度的锻炼是重要的。让他们累一点，小睡会更好。

如何从2个小睡过渡为1个小睡

过渡到1个小睡的时间不等，有的孩子刚过1岁就只有1个小睡了，有的孩子需要到一岁半或者更大，才能准备好只有1个小睡。

从2个小睡过渡到1个可以有两种方式：上午觉逐渐变短并消失，只剩下午觉；或者上下午两个小睡集体逐渐后移，然后下午觉逐渐变短，变成傍晚猫觉，并且逐渐消失。

但是请注意，这个过程很可能不是一次到位的，偶尔宝宝外出特别累，或者生了一场病，都会让本来1个的小睡又变成2个。这个过程可能要拖两三个月才能逐渐完成。尤其对于像毛头这样的性情宝宝，会特别容易因为困倦发脾气，不要给他定特别死的规矩，按照他当天的状态决定他到底要睡1个还是2个小睡。

一般来说，在调整小睡过渡的时候，要遵循以下原则：

- 白天每次小睡不可以超过2个小时，如果有2个小睡不要超过3个小时。
- 如果下午3点以后才第2个小睡，不要超过1个小时。
- 如果四五点钟困得非要睡一下，不要超过20分钟。
- 2岁之后，小睡的时间要控制在一个半小时之内。
- 晚上入睡的最佳时间，是8点以前。

不做到这5点，会非常影响夜间的睡眠。

什么时候小睡完全消失？

这个真的要因人而异了，不同的孩子差得非常多。我见过有的孩子一岁半的时候，就可以完全不用小睡整天精力充沛。有些孩子5岁的时候依然需要白天眯一下，譬如毛头。大多数的孩子会在3~4岁的时候停止午睡。如果你的孩子看起来神采奕奕，不必强迫他们午睡，晚上早些睡就好了。额外的午睡不但会引起战争，也会影响夜里的睡眠质量。

下面着重说一下关于小睡的常见问题。

昼夜颠倒怎么办？

曾经见过有的妈妈打趣说，我家娃睡整觉了，早7点睡到晚7点怎么晃都不醒，夜里瞪着眼睛起来嗨。这个就是昼夜颠倒，你需要帮娃倒时差了。除了前面说的，白天尽量吵闹明亮，晚上尽量安静黑暗之外，你还要付出一些努力，白天每睡2个小时就把宝宝拉起来玩。我相信，只要你有足够的决心，娃终究会被你闹醒的，就算是喂奶换尿布不醒，洗个澡总会醒的。

夜里无论多精神也要保持周边安静黑暗，尽量无聊，尽量哄睡，不要和娃有眼神接触。只要是白天能多醒5分钟，晚上就会多睡5分钟；只要是夜里能多睡5分钟，白天就能多醒5分钟。这是相互促进的，要一点一点地帮娃调整过来。

万不可以由着娃白天睡，晚上醒来你撑着眼皮陪他玩，因为随着娃慢慢长大，你会发现，他白天晚上全都睡不好了。

如何让宝宝顺利进入小睡？

有些新手妈妈会说，宝宝白天特别不爱睡，很难哄。很多原因是家长没有观察到宝宝的入睡信号，或者把宝宝逗弄得过于兴奋，错过了最好的入睡时机。

参照我前面说的每个月龄宝宝应该醒着的时间，结合自己宝宝的情况，及时哄睡，切勿让宝宝出现过于兴奋疲劳的情况，因为这样宝宝不光会难以哄睡，而且就算睡着也会因为睡前过于兴奋紧张而很难睡长。首先观察宝宝的入睡信号，打哈欠、揉眼睛、抓耳朵、挠脑袋、脾气变大、尖叫、烦躁不安，这都是困倦的信号，发现这些信号的时候，就应该停止激烈的活动，安静下来并且准备哄睡。千万不要等到宝宝困得大哭的时候再哄睡，这个时候已经太迟了。

掌握这个“已经困了，但是没有太困”的时机是有点技巧的，每个宝宝都不一样，但是只要你注意观察，多尝试，你会越来越了解你的宝宝困倦的状态。小睡也需要睡眠程序，可以换个尿布，安静下来，带到光线比较暗的房间，打包裹（看月龄），抱着听音乐或者白噪声，大了可以讲个故事，然后开始睡觉。

每次都坚持一定的顺序，宝宝会领会做这些之后就是要睡觉了，时间长了也会开始自动合作的。

怎样判断你的宝宝白天是否睡得足够？

如果他大哭着醒来，睡不回去之后总是哼哼唧唧，腻腻歪歪，要哄要抱，都是睡眠不足的表现。小睡睡饱的宝宝醒来的时候会心情很好，看到大人出现会微笑，并且可以自己玩一会儿。

黏在大人身上落地就哭的宝宝，大多会有小睡糟糕的问题。

可以自己入睡，但是半个小时就醒怎么办？

说明宝宝缺乏自我安抚能力，睡到一半转入浅睡眠的时候需要人为帮助才能重新转为深睡眠。建议3~4个月有明显的睡眠规律以后，开始逐渐撤掉接觉的帮助，在宝宝大哭醒来的时候，停留10~15分钟不要理，看看他能不能睡回去。如果睡不回去，就直接起床。

即便你的宝宝已经很大了，如果他有自我入睡能力，夜里也睡得比较好了，只是白天睡觉太短，那么就是时候开始不帮他接觉了。我的经验是，一开始你撤掉帮助会混乱一阵，但是1~2个月之后，宝宝的小睡就自然变得越来越长了。

有时候最好的帮助就是不帮助。

注意，训练接觉要在宝宝有一些自我入睡能力的前提下，千万不可以在宝宝还没有形成入睡能力的时候，贸然地单独训练接觉，一定会失败的。

另外，有些宝宝小睡时只需要有大人陪着睡，他就会自动接觉睡很长时间，当然如果你有时间的话，陪着小睡也是一种很甜蜜的方式。

当你发现你的宝宝白天小睡开始有抵抗行为，或者本来晚上睡觉很好，突然莫名其妙地入睡难，入睡晚，夜里醒来玩，就要考虑减掉一个小睡了。

要不要形成严格的小睡时间？

严不严格其实都可以，主要看你自己的养娃风格。如果你严格规定时间，要注意宝宝的睡眠质量，及时更改作息时间，适应宝宝不断变化的小睡需要。严格规定时间的好处是作息比较规律，缺点是机动性很差，万一某一天比较特殊，需要出门什么的，宝宝会比较闹。如果你不严格规定时间，那就要辛苦点，时刻注意宝宝的困倦信号，对你家宝宝大概多长时间就会困倦心里有数，在他困倦的时候能够及时哄睡。宝宝身体状态如何，今天运动量是否大，是否出门，都会影响困倦的时间。

一般来说小月龄的宝宝可以比较严格一点，越大就可以越宽松一些；脾气大的宝宝需要严格一点，脾气温和的宝宝可以宽松一些。

04 如何爬出奶睡的大坑

不夸张地说，几乎每一个哭闹不休、脾气巨大、作息混乱、睡眠糟糕的宝宝都有一个人肉安慰奶嘴的妈妈。当然，母乳中有镇定成分，吸吮有安慰效果，小娃很容易就吃着吃着睡过去了，偶尔为之，不影响宝宝睡眠能力的情况下，当然没什么问题。

橙子在这里讨论的是，喂奶成为唯一的安慰和哄睡方式，让宝宝形成强烈的依赖性，严重影响喂养和睡眠的情况，是应该让新手妈妈们警惕并且尽量避免的。如果你的宝宝睡前吃几口平静下来就吐出奶头，可以在床上入睡，并且夜醒3次之内的话，当然可以维持现状。

但是如果你的宝宝，一吃就睡，一拔出来就醒，不睡长觉，总是惦记嘬两口，完全不接受其他安慰方式，那么你就非常有必要改变一下这个习惯了。因为长此以往，后果会很严重的。

奶睡依赖会有多么严重的后果？

诚然，给宝宝吮吸乳头可能是最简单自然的安慰宝宝的方式了，完全不必费神分辨宝宝哭闹的原因，喂养安慰哄睡三合一的神技啊！但是，出来混迟早要还的，这样做一开始是很爽，但基本上是饮鸩止渴后患无穷。

• 奶睡让宝宝容易过于依赖妈妈提供的安慰，难以发展自我安抚的能力，更加难以形成自我入睡的能力。

• 没有入睡能力的宝宝，在一个睡眠循环结束之后，就会要求吃奶安慰重新入睡，造成夜奶频繁。

• 过多的夜奶使肠胃负担过重，腹胀尿多，导致更加频繁地夜醒，并且在白天厌奶。

• 奶睡习惯的宝宝会把吃和睡紧密联系在一起，清醒状态下会拒绝吃奶，肚子不饿就不睡觉，吃和睡互相牵制，吃也吃不好，睡也睡不好。

• 长期睡不好的宝宝，会脾气暴躁，心情糟糕，毫无耐心，没有情绪适应能力。大脑休息不足，还会影响智力发展。

• 奶睡习惯的宝宝吃奶过多，容易不喜欢接受固体食物，甚至1岁之后对固体食物都兴趣缺缺。

• 奶睡的宝宝断奶会非常困难，因为对他们来说，断的不是食物，而是长期的入睡习惯。

• 奶睡的宝宝经常含着奶水入睡，对牙齿腐蚀非常严重。

其实奶睡的最大坏处还不是以上这些，而是对宝妈身心健康的摧残。没整觉睡，没有一刻放松休息，几乎完全没有个人空间的日子，几个月过下来，精神状态可想而知。脾气暴躁、毫无耐心、神经衰弱都是轻的，严重的直接抑郁症了。

一个身心状态糟糕的妈妈，是没办法养育好宝宝的。所以杜绝和解除奶睡依赖，无论是对妈妈还是对宝宝，都是十分必要的。

分月龄断奶的方法

橙子下面介绍一些经验和方法，供大家参考。不过请注意，如果你容忍不了孩子哭几声，如果你想要几天之内就看到立竿见影的效果，那还是不要浪费时间看下去了。

0~3个月

新生宝宝力气小，吸力弱，很容易就会吃睡着，新手妈妈会不忍心叫醒宝宝，放任宝宝吃睡着。但是因为宝宝吃到的很少，没拍嗝肚子里又有气，会很快地醒来哭闹，然后又接着吃奶，又吃睡着，循环往复，好像一天都在吃，却也没吃多少，好像一天都想睡，却每觉都睡不长。

这种模式就是无规则喂养的开始，很多宝宝的奶睡习惯，就是从这个时候开始养成的。

第一个难关是喂了没几口就睡，怎么都弄不醒。

脱掉衣服换尿布，坐起来拍嗝，还不醒就放床上躺平，不可能不醒的。很多宝妈其实是没有其他哄睡办法，怕宝宝醒了又很难哄睡，所以下不了决心弄醒。其实除了吃奶睡觉，还有许多哄睡方式的，虽然嘘拍哄睡要费时费力，但是在将来会显现出好处。吃饱吃足，拍嗝排气之后，再哄睡，才可能睡得长久。

第二个难关是循环时间无法撑到3个小时。

这个主要是因为新手妈妈误以为宝宝哭了就是因为饿，其实并不是，很多宝宝哭闹是因为困倦或者烦躁，这个时候给他吃奶，就是安慰的奶，容易吃睡着。

所以如果宝宝在吃完没多久就开始烦躁哭闹，那么试着用其他方法哄睡或者安抚他，多少会哭闹，但是哭闹的过程也正是他们逐渐形成入睡能力的过程。避免哭闹，就是剥夺他们形成安慰自己的能力。

如果宝宝已经有了奶睡的习惯，不奶就不肯睡，那也要打包裹、小黑屋、白噪声、嘘嘘拍拍全都试一遍，20分钟后如果依然不睡，再来奶睡。不要一哭起来就忙不迭地去奶睡。要给宝宝尝试自我安慰的机会。相信我，只要你坚持尝试，成功的时候总会越来越多的。

这里我要特别推荐一下安慰奶嘴。安慰奶嘴是一种非常好的锻炼自我安慰能力的方式，非常适合新生儿使用。影响嘴巴形状是无稽之谈，2岁之前也不会让牙齿变形，就算一直嘬着睡也没什么问题，戒除奶嘴要比戒奶睡、戒吃手容易。

4~6个月

这个月龄的宝宝，胀气问题已经大大缓解，如果依然是哄睡困难，放下就醒，夜醒频繁，基本就是睡眠障碍的问题了。对于这个月龄的宝宝，力气小，坏习惯刚刚形成，哭得少也容易改变，尤其是4~6个月的宝宝，进行激烈的睡眠训练来戒除奶睡，其实是最好的选择。

如果你无论如何接受不了让宝宝哭着入睡，橙子在这里介绍一种相对比较温柔的戒奶睡方式。优点是哭闹比较少，缺点是花费的时间比较长，而且需要很大的毅力和决心。

执行的原则其实很简单——哭闹了就吃奶，一旦吃得迷糊了就拔出来。循环往复，直到宝宝终于扛不住困倦而睡去。每一次的入睡，都要执行这个原则，包括夜晚入睡。

但是这个方法对宝妈的坚持度要求很高，尤其在深夜困得要命的情况下，很容易投降。所以执行这个方法的宝妈需要很大的毅力啊。无论多么困难，一定要坚持下去。这个月龄也可以试着引入安慰毯子、毛绒玩具，甚至于妈妈的衣服，都可能起到安慰的作用，配合睡眠训练使用，可以达到事半功倍的效果。

7~12个月

这个月龄阶段，大运动可以说是大幅度发展，还可能经历长牙或者生病等挑战，很多宝宝会经历睡眠倒退，本来有自我入睡能力的宝宝也会开始奶睡依赖。对于睡眠倒退而产生奶睡依赖的宝宝，其实改正起来要比你想象的容易。只需要妈妈不在身边，换一个人哄睡，效果会令你惊讶。

睡眠倒退的宝宝其实是有自我入睡能力的，只不过他们发现可以依赖帮助的时候，就不想费事地安慰自己了。你只需要给宝宝一个自己尝试的机会，他们会很快想起来如何安慰自己的。

如果你家的宝宝这个月龄，奶睡的问题依然很严重，依然可以考虑激烈的哭泣免疫法睡眠训练，不过对于大运动发展比较早的宝宝，会坐起来站起来，哭泣免疫法可能就不太容易成功。

1岁以后

基本上，断奶睡这件事，越大就会越难。对于奶睡依赖严重的宝宝，1岁多还要夜里醒两三次的，橙子还是鼓励尽早断奶，越早就越容易。早日恢复正常的生活，对于妈妈的身心健康乃至整个家庭的和谐，都有好处。

奶睡依赖严重的宝宝，基本是很难指望宝宝自己变好的，2岁多半夜起来喝奶的依然大有人在。1岁的宝宝断奶可能闹个三五天，2岁多的宝宝断奶可能就得闹小半个月了。能断就别拖着。拖到最后，依然还是要哭，躲不掉的。

每个人肉安慰奶嘴妈妈都非常痛苦，因为她们内心里不相信宝宝可以有能力自行入睡，她们觉得宝宝需要自己，如果不满足宝宝，就会心生愧疚感。

爱宝宝，也爱自己，人肉安慰奶嘴的日子，是时候结束了。

05 如何摆脱痛苦的夜奶

断夜奶这件事，其实是母亲和孩子之间的一场对峙，断与不断都有充分的理由。即使在美国儿医界，也有公开的争论，大概分两大派：

一方是以费伯为首的规律育儿派，宣称不必要的夜奶会导致婴儿严重的睡眠障碍，如果夜奶次数多，会导致消化不良和过多的夜尿，从而让宝宝更加频繁地醒来，要求更频繁的夜奶，然后陷入恶性循环。

另一方是以西尔斯为首的亲密育儿派，主张夜奶是增进亲子关系的行为，宝宝会在及时响应的夜奶中获得更多的亲密感和安全感，并且鼓励母亲尽量地坚持夜奶，直到宝宝主动离乳。

专业人士意见都这么相左，而且双方都很有道理，妈妈们自然是更加充满纠结，往往嘴上喊着要断要断，做的时候又于心不忍，因为一定会遭到宝宝的强烈反抗，然后会感觉自己不是一个好妈妈，在自责与羞愧中放弃。

橙子一直以来强调一个观点——当妈妈的能够保证自己的身心健康，是养育好宝宝的前提条件。妈妈状态不好，比断夜奶本身还会伤害到宝宝。如果患上产后抑郁，天天想着自杀或杀死孩子，岂不是更加可怕？

所以要不要断夜奶，请妈妈们一定要跟随自己的内心。如果已经觉得每天都很崩溃，那就一定毫不犹豫地断，如果你觉得还可以接受，那就不要断，想喂多久都可以，千万不要受周围言论的左右。断夜奶这件事，是你和宝宝之间的私事，任何人都无权干涉。

做好足够的心理建设，下面橙子来讨论一下技术细节。

如果不管，宝宝会自断夜奶吗？

答案是很乐观的，我家二宝果果就是完全顺其自然，自己断的夜奶：3个月时3次夜奶，4个月变2次，6个月之后只吃1次，而且这一次的时间会逐渐地往后推，8个月的时候只是凌晨5点钟吃1回，9个月就睡整夜，完全不用吃了。虽然时间上比较晚，但是这个过程非常舒服，我也完全可以接受，所以并没有主动训练过她断夜奶。

我也建议4个月之后可以把夜奶次数控制在3次以内的宝宝，不必刻意断夜奶。前面我也说过西尔斯的观点了，适当的夜奶是对宝宝很有益处的，只要没有对你造成太多困扰，那留着一两次无妨，也会有效地保持妈妈的奶量，未尝不是件甜蜜温馨的事。只要宝宝没有依赖吃奶入睡的问题，断夜奶是一件水到渠成的事，不必心急规定要在何时断掉。

什么时候可以断夜奶？

虽然你可能听说别人家的天使娃不到2个月就睡了整夜，那并不代表你家的宝宝同样可以做到。每个孩子都是不同的，都有自己的节奏，并没有一刀切的标准。3个月内是婴儿形成安全感的重要时期，对于宝宝的哭闹要及时响应，所以尽量不要在这段时期尝试主动断夜奶。

但是可以尝试调整作息时间，尽量形成吃—玩—睡顺序循环模式。如果你的宝宝夜奶频繁到你无法忍受，4~6个月是一个睡眠训练的黄金时期，力气小，不会爬也不会站，坚持的时间不会太长，也更容易成功。如果你的宝宝夜奶在3次以内，却总是保持夜里定时定点一定醒来吃，也可以考虑在9个月以后主动帮助他改变这个习惯。

另外需要注意的是，不要选择在生病、出牙痛或者周边环境发生一些大的改变（譬如妈妈上班、搬家、旅行归来）这类比较特殊的时间断夜奶。

奶睡娃夜奶的实质

奶睡其实是一种睡眠障碍，也就是必须依赖吮吸乳头这个动作，才能安慰自己睡着。

别的宝宝早早地学会了用吸手指、啃毯子、抚摸床单等方式安慰自己重新睡着，只有真正饿了的时候才会醒来要吃。而依赖吃奶才能入睡的宝宝每一次睡眠循环结束，他都没有办法安慰自己，必须要借助吸吮的方式来帮助他平静下来，从而重新入睡。

婴儿睡眠循环是比较短的，白天在30~45分钟，夜里在2个小时左右。有奶睡依赖问题的宝宝，一般夜里会醒5次左右，白天的小睡也会非常短。这样的宝宝夜里醒来喝奶，其实完全不是因为饿——恰恰相反，有时候他们是因为太饱了才会频繁醒——而是因为睡不着，需要你的人肉安慰奶嘴来安慰他，帮助他睡回去。

所以要想让奶睡宝宝断夜奶，其实要解决的是，如何让他形成自己入睡能力的问题。如果一直没有这个能力，频繁的夜奶会一直持续到真正断奶为止，并不会因为长大就有所好转。

瓶喂宝宝如何断夜奶？

如果你的宝宝已经9个月以上了，是瓶子喂的，依然要夜里起来吃，他可能是形成了夜间进食的习惯，这个月龄的宝宝在营养上肯定是不需要夜里吃奶的。所以这个时候你可以帮助他改掉夜间吃奶的习惯：可以循序渐进地，把奶瓶里的奶减量，减到大概平时的一半，再慢慢地掺水进去，然后慢慢增加水的比例。

瓶喂宝宝夜里起来要吃主要是因为一到夜里某个时间，胃肠开始习惯性地蠕动，造成饥饿的感觉，所以只要坚持每天摄入的奶量越来越少，胃肠发现没有什么实质性的东西需要消化，也就懒得夜里起来再开工蠕动一下了，宝宝自然会夜里睡整觉。

一些补充说明

对于辛苦的上班妈妈，宝宝在夜里可能起来得格外频繁一些，因为他会希望用这种方式和妈妈多一些发生联系，从而增加安全感。

所以上班妈妈如果想要断夜奶，就要尽量在宝宝清醒的时候，增加陪伴宝宝的时间，并能够有质量地多多互动，断夜奶也会更容易一些。

有些家长会觉得，马无夜草不肥，宝宝夜里断了夜奶就会少吃很多奶。这其实是一个误解。宝宝无论是白天吃还是晚上吃，他一天的奶量都是差不多固定的，晚上吃了，白天就吃得少了，很多夜奶频繁的宝宝会同时有白天厌奶的情况发生，就是这个道理。断了夜奶，白天的奶量肯定会增加回来。宝宝无论如何不会亏待自己的。

9个月之后的宝宝无论心理上或者生理上都完完全全不需要吃夜奶了，妈妈们在这之后断夜奶不要产生心理压力，怕宝宝夜里饿醒没吃饱之类的。其实9个月之后的小孩子和大人一样，睡觉的时候能量消耗极少，是不会感到饿的。也不必为了夜里不醒，而对孩子晚餐有没有吃好太过焦虑。大宝宝无论晚餐有没有吃饱，夜里也都不需要醒来吃夜宵。

断夜奶这件事不是一蹴而就的，不同的孩子也不一样。凡是改变一个习惯都需要一个过程和一些时间，想要断夜奶就要持续努力，反复尝试，没有什么灵丹妙药可以立竿见影。

06 哭得少但是战线长的温柔睡眠训练

先来看看宝宝的睡眠坏习惯吧，无非两大类，运动依赖和吮吸依赖，反正需要大人伺候着才能睡着，而且要你一直连续不停地伺候，一旦停止伺候被小主子发觉了，那一定是要醒来给你闹出点花样的。

怎么破？别伺候了呗，他既然知道以后没待遇了，就不会频繁地醒来要求待遇了啊。就俺家那娃还不得号破天？你不是不哭温柔训练法吗？咱别一下子取消待遇，一点一点搞渗透啊，以不被他察觉的方式，让他一点一点丧失土地，咱们最后终于夺回主权，千里长堤，溃于蚁穴嘛！

如果坏习惯是运动依赖，非要抱着边走边摇，放到床上又会醒，怎么办？

第一步，从走着摇睡，到站着晃睡。

第二步，从站着晃睡，到坐着静止抱睡。

第三步，从坐着静止抱睡，到放床上挨着睡。

第四步，从放床上挨着睡，到完全自己睡。到此，大功告成。

如果是奶睡依赖，步骤就稍微简单些，就是从含奶头睡到不含奶头睡，这一步，就可以啦。不过奶睡娃要比晃睡娃醒得勤快得多，在深夜迷迷糊糊的困得要晕过去的状态下依然要遵循训练原则，还是件比较艰苦的事情。

以上只是举例说明，每个娃千差万别，步骤计划你可以自己琢磨，执行细节也不必拘泥，自己的娃只有自己了解，反正要旨就是哄睡方式激烈程度的逐渐降级，并循序渐进地让娃接受这一改变，顺利的话，一个多月可以初见成效。

你说这也太漫长了，累死人了，坚持不下来啊，不是让你准备好耐心、毅力和体力吗……

如果你后妈指数稍微高那么一点，可以接受娃哭一下下的，可以参考我下面介绍的稍微激烈一点的方法，叫作抱起放下法。其实说白了，就是把我上面说的那四步给合并了，直接从抱着摇的状态，到床上睡的状态，放下哭，就抱起来，不哭了或者哭得弱了，就再放下，直到把娃给熬睡过去，一开始可能得抱起来个百八十次，后来需要的次数会越来越少，顺利的话半个月左右，应该就可以大功告成。不过这个除了耐心、毅力和体力之外，还需要强壮的腰，最好爸爸能参与进来，四五个月的娃都不轻了。

不管哪种方法，都要注意一件事情，就是宝宝哄睡的状态，不能不困，但也不能太困，太困了会导致娃神经非常亢奋，全力哄都未必哄睡，更何况让他接受降级待遇了。

最后我要很丧气地说一句话，以上两种方法很好很强大，也确实训练好了一些娃，但是未必适合你家的那一只，据我观察，比较适合脾气好一点的娃，尤其女娃。我家老大毛头那个脾气暴躁的小恶魔，任凭我快累断了腰，依然不屈不挠哭声震天，坚决不接受待遇一丝一毫的降级。

07 哭得多但是见效快的激烈睡眠训练

一提到睡眠训练，就会让人想起那篇当年被疯传的所谓美国妈妈带娃多少招的文章，简单地认为是“哭了不抱，不哭才抱”就是训练宝宝睡觉，这实在是大大的冤枉。其实睡眠训练包含非常丰富的内容，也有深厚的理论基础和科学实验结果佐证，“哭睡”只是水到渠成的最后一步。如果你以为只要狠狠心，随便找个时间，让宝宝哭上个把小时，他的睡眠就会变好，那不叫睡眠训练，那叫不负责任。不系统学习睡眠理论知识，不付出努力做好各种理论准备、心理准备和实践准备，就草率地让宝宝哭睡，是不可能成功的。就是因为总有这种草率的父母，宣称自己进行了睡眠训练，所以才抹黑了睡眠训练的名声。

接下来，橙子就要详细谈谈，怎样的睡眠训练才是科学的、正确的、负责任的方式。内容可能有点长，但是求求各位被娃睡眠问题困扰的父母，一定要仔细地读，别心血来潮把宝宝扔到那里哭！

以下内容皆来自马克·维斯布朗的《婴幼儿睡眠圣经》、理查德·法伯的《法伯睡眠宝典》，还有特蕾西·霍格的《实用程序育儿法》，想要更详细地了解睡眠理论的父母们，可以买书来看，你会看到更详细更全面的论述，橙子在这里根据一些自己的实践经验提取干货。

首先，要回答几个影响你决定是否进行睡眠训练的问题。

为什么需要对宝宝进行睡眠训练？

反对睡眠训练的人会说：睡觉是本能，困了就睡，哪里还用得着训练，不是折腾孩子吗？长大自然就睡好了。

事实是，即便是本能，也需要在不断地练习的过程中领悟。就像吃妈妈的奶是本能吧，但是哪个宝宝不是经过练习许多次才能够正确衔乳，又练习了好久才能使吸吮力量足够，如果你不给新生儿练习吃母乳的机会，直接上奶瓶，不用过多久，宝宝就会丧失掉吃母乳的本能，再训练他吃母乳反而会大哭大闹。这样的例子还少吗？

对于睡眠问题也是一样，很多时候，父母其实从来没有给宝宝练习的机会，而是更倾向于用各种方式代劳和帮助，看起来好像是为了宝宝好，但事实上，这种做法是让宝宝逐渐丧失了自我安抚的能力，过度地依赖来自外界的帮助才能顺利让自己平静和入睡。一旦形成了这种过度依赖外界安慰的习惯，再要改变回来，当然是需要付出艰苦的努力和惨重的代价。这和戒烟戒酒或者减肥的痛苦程度也类似了。

没有自我安抚能力而导致缺乏足够睡眠的宝宝是不快乐的，甚至是时刻紧张的，他们的专注力会很差，脾气会非常暴躁，无法有镇定平和的精神状态来更好地发展自己，更何况他们的大脑正处于快速生长的时期，一直无法得到连续几个小时的深度睡眠，大脑也无法得到良好的休息，这对他们的生长发育所造成的影响可想而知。

所以，睡眠训练，其实是矫正不正确的睡眠习惯，让宝宝回归正常睡眠的科学手段，而并不是像我之前想象的那样，只是出于父母想睡整觉。真正经过系统学习、慎重考虑并坚持睡眠训练的父母，都是有理性、有智慧的父母，不但不应该责备，反而值得钦佩。毕竟，比起艰难的改变，得过且过其实更容易些。

我的宝宝可以进行哭泣免疫法吗？

睡眠训练其实有很多种方法，固然有激烈的哭泣免疫法和哭泣控制法，也有相对温柔的抱起放下法以及“无泪法”。这些方法适合不同月龄、不同脾性的宝宝，并不是哪一种方法都可以包治百病。父母需要根据自己宝宝的特点进行综合考虑，并且实践尝试之后，才能找到最适合自己宝宝的方法。

一般来说，温柔的睡眠训练，更适合小月龄宝宝（2~4个月）或者睡眠问题不是很严重的宝宝。因为温柔的训练方法，虽然会让宝宝哭得比较少，但是干预更多，所以见效很慢，父母需要更多的耐心和更大的毅力。短期内看不到非常明显的进步，容易让父母丧失信心半途而废。

所以，对于睡眠障碍严重的宝宝，尤其是有奶睡依赖的宝宝，我一般会更推荐激烈的训练方式，这也是本文主要讨论的。虽然一开始会哭得非常厉害，但是见效很快，只要方法得当，三天就可以看到明显效果，父母也会更有信心坚持下去。

但是下面三种情况，不可以采用哭泣的训睡方式。

3个月以内的婴儿。因为3个月内的新生儿正是形成安全感的关键时期，他们的哭闹需要及时响应。另外3个月内宝宝多半会有不同程度的胀气和肠绞痛问题，无法分清宝宝哭闹是因为困倦还是因为肚子不舒服。所以绝对不可以草率地让3个月内的小宝宝哭睡。

宝宝饥饿、不舒服、长牙痛、生病、分离焦虑、改变环境、改变监护人的情况。因为上述情况已经给宝宝带来许多压力，再要改变睡眠习惯，会导致他承受的压力过大，哭得过久，也很难成功。

会自行扶着站起来的宝宝。站着哭会很难睡着，而且有些宝宝一旦站起来就不知道如何坐下，会哭得筋疲力尽也睡不着。如果你的宝宝一直缺乏自己入睡的能力，现在可以扶站了，就不建议再使用这种激烈的训睡方式。

除非你的宝宝本来有自行入睡的能力，只是因为某些原因睡眠倒退，需要重新训练，可以让能够站起来的宝宝哭睡。

综上，实施哭泣训睡方式的最佳时间是4个月直到宝宝会扶着站起来之前，只要符合这个时间，其实是越早越好，越早，宝宝的力气就越小，哭得也会越短。7个月左右，宝宝可能会有分离焦虑的问题，分离焦虑比较严重的时候也不是训睡的好时机。

让宝宝哭很长时间，会对他心理和生理有伤害吗？

这应该是想要训练宝宝睡觉的父母们最关心的问题了。

从理论上来说，宝宝哭泣并不是一件坏事，更多的其实是对家长的折磨。很多时候，宝宝其实是需要一些适当的哭泣，排出体内化学的活化紧张的荷尔蒙。就像我们成人有时候心情郁闷了，大哭一场之后反而会觉得轻松很多一样。当宝宝很疲倦，很想睡，很烦躁，却又无法睡着的时候，他其实需要一些适当的哭泣，来缓解自己的压力。

所以，哭泣训睡法，在英语里叫作cry it out——全都哭出来！哭出来了，就舒服了。从实践上来说，并没有任何确凿证据表明，哭泣的训睡方法会让宝宝产生任何心理问题。婴儿睡眠训练在美国已经是非常成形而且被普遍承认的理论，婴儿睡眠训练师是一个正经的职业，是需要考取相关执照的。试问我们小时候，父母几乎都是双职工，都是把没出生几个月的孩子扔到托儿所了事，一两个阿姨要照料三四十个婴儿，你觉得这些托儿所里的婴儿是怎么睡着的呢？阿姨一个一个晃着睡的？其实从前几乎所有的婴儿都经历过哭泣免疫法，只不过那时候不那么说而已。至于生理伤害，顶多就是嗓子可能会哑个几天（更多可能是不会哑），其实哑了是声带的自我保护，不再过度使用了很快就会恢复，并不会一直哑。

只有解决了心头的疑虑，你才会更加有信心，也更加坚定地贯彻睡眠训练的内容。

睡眠训练的具体内容

心理准备

你一定要慎重做出这个决定，而不是心血来潮一时起意。因为你要面对的，是为人父母的酷刑，宝宝哭的每一秒，对你来说都漫长得不可思议。即使你都想好了，下定决心了，过程依旧会比你想象中艰难很多。

所以有一个问题你必须回答一下：你可以忍受宝宝哭多久？一定要把这个数字具体下来。心理有了这个底线，在训练的过程中就不必纠结和煎熬。无论你觉得多么难以忍受，到了时间再做下一个决定。

环境准备

首先，给宝宝一个安全的训练环境，一定要在婴儿床里，即使不会翻身的宝宝，也会轻微地移动自己，大床上会很不安全。婴儿床里要有挺实的床围，避免宝宝手脚卡在栏杆里。

最好可以有一个婴儿监视器，可以方便你随时查看状况。

另外一个环境是舆论环境。这点也非常非常重要。我不赞成在有家人反对的情况下进行睡眠训练。如果全家人不目标一致，齐心协力，互相鼓励，很难撑过去。在这个过程中，尤其是当妈妈的承受的压力会非常大，一点点家人的不理解，也会导致精神上的崩溃，难以坚持下去。争取到家人的支持，是非常重要的前提条件。希望所有妈妈都能尽力地取得家人的支持再开始训练。可以约定一下，三天看不到成果，就结束训练。

程序准备

首先，一定一定一定，要有比较规律的作息，如果不能掌控白天，至少晚上睡觉的时间是大概一致的，并且一定不可以太晚，晚上7~8点才是最符合婴儿节律的入睡时间。如果你家宝宝没有好的作息，一定要把作息先调整好才能进行训练。

其次，一定要有睡前固定程序，每天如此，至少固定一周的时间。有了这套程序，宝宝会知道接下来要做的事情是睡觉，而不是很困惑“为什么把我放在这里哭”，这会大大缩短哭的时间。

最后，决定训练的次序。训练入睡的容易程度是这个排序：夜间入睡，夜间接觉，白天入睡，白天接觉。白天接觉是最难的，所以应该放在最后训练。

所以，无论如何，第一次哭，一定从夜间入睡开始，这个时间是最容易的，因为累了一天了，很容易投降，第一次如果可以领悟如何入睡，就会有了一个突破口，第二次也会相对容易。

哭泣法的实施

以上所有的准备都好了，就差最后一步了——哭。

1. 哭有两种哭法，分别叫作哭泣控制法和哭泣免疫法

控制法就是每隔5、10、15分钟（第一次隔5分钟，第二次隔10分钟，这样渐

次拉长时间），进去看看，并且稍加安抚，但是绝对不可以抱起来。

免疫法就是不进去查看，直接让宝宝哭着直到睡着。

这两种方法并没有谁比谁更好一些，主要看你家宝宝的个性更适合哪一个。有的宝宝只要大人在旁边适当安抚，就会稍显平静一些，适合控制法。有的宝宝只要看到大人在旁边，就会使劲地表演，越哭越厉害，适合免疫法。

有很多宝宝睡眠训练失败，就是因为父母总不放心，宝宝在床上哭，他们在旁边哄，结果越哄哭得越厉害。很可能父母出去关上门，宝宝看不到大人了，他发现哭起来很没意思，还怪累的，很快就停下来睡着了。我家毛头就是这样的一个娃。如果看到我，他可以哭一个小时也不睡还越来越大声，如果没有人，哭个十几分钟就睡着了。

2. 放下的时机也很重要

头几天训练的时候，最好是先抱一下宝宝，感觉他全身发软，昏昏欲睡，但是还没睡着的时候，再放下让他哭，过程会更快一点。当训练有初步进展，宝宝哭睡不需要很长时间之后，就需要渐渐改成在宝宝看起来还比较精神的情况下放进小床。

你要仔细地听宝宝的哭声，来判断他的状态。

第一阶段，是不间歇的连续大哭，说明宝宝在发泄情绪，这段时间也是最难熬的。

第二阶段，会变成大哭一阵，再小哭几声，这说明他已经累了，有点撑不住了，但依然抱希望你会去安慰他。这个时候你要忍住，已经有进展了。

第三阶段，变成哭一阵停一阵。宝宝已经领悟到了太累需要休息一下，曙光就在眼前，很快就会完全停下哭声睡着。

第一次哭睡非常重要，如果第一次哭了太久，依然无法入睡的话，很可能是放下的时机问题（不困或者是太困），也可以先今天放弃训睡，明天掌握好时机，再继续训练。 第一次成功哭睡之后，你会觉得奇迹发生了，但是不要高兴得太早，更大的考验还在后面。

第一晚，宝宝依然会按照原来的睡眠节律，一个睡眠循环之后就醒来，哭着要安慰。这个时候无论你是控制法还是免疫法，都要坚持原来入睡的原则，让宝宝自行入睡。

如果你家宝宝原本每晚醒来七八次，训睡的第一晚，大概也要醒个七八次哭，有时会很快地就睡回去了，有时可能要哭哭停停磨很久。如果一个小时了，依然感觉睡不回去，也可以适当抱一抱宝宝，坐着抱就可以了，宝宝会很累，很可能你一抱就睡过去了，放下也基本不会容易醒。

夜晚接觉的训练过程中很可能会出现偶尔失败的现象，这是正常的，不要灰心丧气，偶尔的失败并不会影响最终的训练成果。但也不要让这种失败发生得太多。家长注定是无眠的一夜。到了五六点钟的时候，如果很难哭睡回去了，也可以直接起床。

很多妈妈可能纠结，宝宝哭会不会是因为饿。我在这里给一个标准，4~6个月，最多可以喂两顿，6~9个月，最多只可以喂一顿。再多就不需要了。喂的时候要注意，千万不要喂睡着，感到喂得有些昏昏欲睡了，就赶紧拔出来，把宝宝竖起来拍拍嗝，稍微弄醒一点，并且动作稍微大一些放进小床里，依然让宝宝自行入睡。这些动作主要是把奶和睡分开，让奶不会成为安慰的手段，从而影响训练成果。

第二晚的过程会和第一晚差不多，很有可能比第一晚还要难熬，一定要坚持住，黎明之前是最黑暗的。

第三晚的情况会比第二晚好很多，入睡时间会变短，醒的次数也会明显变少，甚至直接睡了整觉也有可能。训睡的成果会初见成效。

这三天，如果你能坚持下来，你会发现宝宝睡眠有一个明显的改善。

但是也不要以为这就一劳永逸了。接下来的几天之内，宝宝的睡眠会有某种程度的反复。譬如，原来可以到晚上7点入睡，早上5点钟吃一次奶，继续睡到7点这种程度。然后有一天，夜里12点钟又突然醒来了。这一次的多出来的醒来就是反复。或者原来不太哭就入睡了，但是今天入睡又哭了挺长时间。

反复的本质，有点像宝宝在试探你的底线，如果这次你让步，宝宝的睡眠会再次倒退，并且逐渐恢复到以前糟糕的样子。所以，只要确定宝宝没有任何不舒服的情况，一定要守住底线，不响应多余的夜醒和夜奶。

试探不成之后，宝宝的睡眠依然会恢复到训练好了的样子。这种阶段性的反复，可能隔一段时间就出现一次，只要你能坚持原则，就会很快消失。

还有另外一种回到解放前的情况，就是其他的突发事件：生病、疫苗、环境改变等等。当这种情况发生，不得不宠一宠宝宝，但很可能突然事件过去之后，宝宝的好睡眠也一去不复返了。

没关系，在你确定宝宝没有不舒服的情况下，可以进行第二次哭泣训练法。

不要被吓到。第二次会比第一次容易很多很多很多。因为宝宝已经学会过如何自己入睡，是不会那么轻易就忘记的。只要他意识到，你不再会提供帮助和依赖，训练一两天之后，他就会恢复原来的好睡眠的。

白天的训睡和夜里是差不多的，唯一的区别是，接觉的成功率会很低。没办法，白天的接觉是最难的，学会依然需要一个缓慢的过程。很多宝宝尽管夜里可以睡整夜，白天的小觉依然很短。可以先训练白天入睡，白天入睡比较容易，不太哭了，再训练白天小睡的接觉。

在宝宝小睡很短就醒来的时候，不要立即响应，更不要帮助宝宝接觉，宁可牺牲规律作息，也不可以过度干预这个过程。宝宝过早醒来之后，等15~30分钟再来抱。大概一两个月过后，宝宝会领悟如何在白天接觉的。

睡眠训练大概就是这个过程，由于每个孩子性格不同，过程也不尽相同。有些宝宝两天之后就睡整觉了，有些宝宝可能会需要六七天。但只要你看到了宝宝的进步，那他的趋势就会真的越来越好。

一旦开始，无论如何坚持三天。三天坚持下来，会看到明显的效果。

很多家长训睡失败，并不是因为方法不对，而是差了“坚持”二字。

08 大月龄宝宝睡眠障碍解决方案

大月龄的宝宝其实比小月龄的婴儿更加难搞，需要你付出更多努力。小宝宝力气小，行动能力差，需要的睡眠更多，哭睡训练法会见效很快，只要时机掌握好，最多也不会哭超过1个小时，两三天就会有改善，接下来就有信心坚持了。

大月龄的宝宝就不一样了，不单力气大，会哭很久都不累，还可以表达自己各种要求，完全不理的做法虽然理论上可行，但实际操作起来不现实，所以就多多少少需要大人的干预，干预得越多，战线就会拉得越长，见效就越慢，容易让家长们丧失信心。

尤其是那种从婴儿时期，就各种睡眠依赖，没有自我入睡能力的孩子。虽然随着月龄变大，睡眠循环时间变长，情况会比婴儿时期稍微好一点，但是这个入睡能力的问题，如果大人不做出长期而坚持的改变，是不会自己消失的，会转变成其他形式一直保留，包括睡得非常晚、必须要一直陪着、夜里必醒两三次需要各种形式的安抚、早上很早就醒了，凡此种种，都属于大月龄宝宝的常见睡眠障碍。

搞定作息

即便是大宝宝了，作息习惯不至于特别严格，但依然非常重要。1岁以后到一岁半之间，要开始从两个小睡到一个小睡的过渡。不要小看这个白天的小睡调整，调整得不好，会非常影响夜间入睡的时间，如果你的孩子下午睡了两个小时，四五点才醒，你基本不要指望他能10点之前睡着了。

越是晚睡，越会导致过于兴奋，反而越是难入睡，夜里也会睡不踏实，并且容易早醒。第二天会没精神，导致睡更长时间的午觉，然后恶性循环。所以一定要控制好白天的小睡时间，无论你多么贪恋孩子睡觉的时光，到了时间也要坚决叫醒！白天小睡合理，夜间入睡规律才会有可能。

训练入睡

这一段主要讲有吮吸和运动依赖的宝宝如何训练他自己入睡的能力。所有的婴儿睡眠理论，以及一系列预前准备，即使对于大月龄的宝宝，依然是适用的，非常需要了解。在这里我不再多说一遍，直接进入实施训练的部分。

1. 哭泣免疫法

虽然说，这个方法对于能站起来的宝宝慎用，但并不是一定就不能用，对于性格比较温和的宝宝，就算是大月龄，依然有奏效的。曾经看到过一个真实的案例：10个月的宝宝，一直需要抱着睡。妈妈决定睡眠训练，本来做好准备哭一个多小时，结果这宝宝只站在小床里象征性地喊了三分钟，突然就倒在床上睡了。

当然这种情况比较极端，但是，不试试你怎么知道呢？至少试试看哭半个小时嘛，只要宝宝肯趴下，那八成就有戏了。尤其是对从前曾经睡得比较好，后来因为某些原因一直睡得很差的宝宝，这个方法成功的概率也会比较大。

具体操作过程，和小月龄宝宝训睡一样，不赘述了。不过这个方法，真的是月龄越小的宝宝，就越容易奏效，越大就越难，尤其当孩子有能力从小床里翻出来之后，基本上就没什么希望了。想别的辙吧。

2. 放倒法

顾名思义，就是不断地放倒，只要宝宝站起来，就把他放倒，直到睡着为止。就算夜醒也要坚持。第一次时间会比较长，大概1个小时，之后会越来越短，而且哭起来也是蛮受不了的，因为离得很近，直接看着娃鼻涕眼泪的，压力比较大，据《实用程序育儿法》的作者说，建议戴上耳塞训。

这种方法也确实有成功的，也有朋友告诉我，用这种方法训练1岁的宝宝，哭了1个小时左右睡了，第一天就直接断了夜奶和奶睡，睡了整觉，从此变成天使娃。如果频繁放倒让宝宝过于激动，也可以尝试哭泣控制法和放倒法综合起来，就是让宝宝先哭一阵，每隔5、10、15分钟进去，放倒了出来。如果某次放倒了没重新站起来，那就是差不多了，哭一阵就会睡着。

3. 陪睡装死法

母乳喂养的宝宝，如果装死效果不好，最好是让除妈妈以外的人来陪。妈妈身上的奶味，会让宝宝情难自禁欲罢不能。换个人陪，宝宝会知道这个人没奶，便不会闹腾得太久。也不必太教条完全装死，可以尽量找些能够安慰宝宝的方式，如果宝宝被你搂着拍着会比较安静，那就搂着拍着吧。

这个方法虽然过程可能会温和一些，但是有一个问题，宝宝很可能会依赖摸你的胳膊、耳朵，甚至胸部才能入睡，这也蛮要命的，你依然是没办法睡好。所以装死陪睡的同时，不要让宝宝养成抚摸你身体的习惯，给他毯子、毛绒玩具、妈妈的衣服或者他特别喜欢的物品让他抚摸。

就算没有上述问题，就是你的陪伴本身，也会成为宝宝的一种依赖方式。宝宝会害怕你走开，一旦你走，他就会醒来哭着让你陪。所以，如果你希望每天晚上拥有一些自己的时间，陪睡装死法奏效之后，需要进一步训练分床，乃至分房。接下来还有很长的路要走。

4. 循序渐进法

戒掉奶睡的另外一种方法，过程比较温柔，但也比较费劲，过程也要长很多，需要妈妈有足够的毅力。奶睡到迷糊了，乳头拔出来，如果哭就塞回去，迷糊了再拔出来，直到在不含奶的情况下睡着为止。

如果每次睡觉都可以坚持这样的过程，包括夜醒，一周左右会初见成效，当然一开始会拉锯很长时间才能睡着，继续坚持，这个入睡的时间会越来越短，最终可以达到不吃奶就睡觉的目的。只要奶和睡分开了，宝宝必定会探索新的入睡方式，睡眠状况也会改善。当然，这个方法依然存在装死陪睡法一样的问题。

5. 脑洞大开，发明你自己的方法

不排除有一些宝宝真的是十分特殊，十分倔强，尤其到可以站起来的时候，精力非常旺盛，一般的方法都消耗不完他的力气。

你可能需要自己想出一些更适合你家宝宝的方式，让他更容易平静下来，不把注意力集中在生气发脾气上。只要不是吃奶入睡，或者运动哄睡，其他所有的方式，都可以尝试。曾经见过一个妈妈是这样做的，也是蛮有创意，首先在睡前让恋奶的宝宝趴在自己胸前吃奶，这样的姿势，宝宝需要抬着头，非常的累，而且也不容易睡着，吃得差不多饱了，也就累得不行了，看着坚持不住了，就把宝宝放在旁边，哭一会儿就入睡了。

无论哪种方法，就算是初见成效了，也不是一劳永逸的，也会每隔一段时间出现不同程度的反复，都需要你把不帮助入睡的原则，一直延续下去。如果出现生病、出牙痛以及环境改变问题引起睡眠倒退，可能还需要重新来过。但一切的努力都是值得的，只要你能付出努力，宝宝的入睡能力就会越来越强。

应对晚睡

一般来说，婴儿时期比较缺乏入睡能力的大月龄孩子都会有习惯晚睡的问题，即使是困得摇摇晃晃，使劲地打哈欠揉眼睛，依然拒绝去睡，而且会恶性循环，越是晚睡，越是难以入睡，无论你威逼利诱还是讲道理，都不会奏效。

因为1岁以后的孩子，自我意识越来越强烈，他会希望尽可能地参与到家庭生活中来，因为父母或者祖辈都还没睡，还在做各自的事情，电视还开着，有好玩的画面和声音，他怎么可能甘心乖乖主动地去睡呢?

首先，形成一套睡前程序，对了，又是这个。这件事是如此的重要，从出生开始一直需要持续到孩子上小学。有睡前程序的宝宝，在训练入睡能力的时候，也是事半功倍的，这个习惯无论如何要养成并且每天坚决执行。

洗澡，吃奶，刷牙，读绘本（规定几本），进屋关灯，听一段音乐，然后睡觉。顺序和内容可以根据你家的情况自由调整。当程序完成之后，不再接受孩子的任何要赖和纠缠或者任何借口，要睡了就是要睡了，什么事都要到明天去做。当你学会拒绝，不需要几天，宝宝知道找借口没用，就不会继续找借口，也会在睡前程序之后，明白自己的命运，乖乖地进屋去睡。如果你是陪着孩子睡的，在躺在床上之后，不接受任何的谈话和互动，如果孩子一直问你话，你顶多说一句，睡觉时间了，不可以说话。

2岁左右的孩子，会希望对自己要做的事情有所掌控，可以适当地让他做出一些无关紧要的选择，满足他掌控的需求，譬如让他选择穿什么样的睡衣，让哪个玩具陪他睡，是现在睡，还是5分钟之后睡，等等。

应对夜醒

这部分讨论的是，入睡没有任何问题的宝宝，即使1岁甚至更大了，依然要保持1~3次的夜醒，有的需要哄抱，有的需要瓶喂，总而言之已经让夜醒成为习惯了。这种孩子，虽然有了夜晚入睡的能力，但是缺乏夜晚醒来继续睡回去的能力，需要继续睡眠训练。

这种情况里，“延迟满足”是一个关键词。很多时候，孩子很大了依然夜醒的原因，是因为平时家长响应得过于及时，一哭，马上就去安慰，去喂奶，这样就让孩子形成了家长来帮助的期待，更不可能自己睡回去了。

想要解决这个痛苦的问题，需要更加痛苦的方法，那就是如果孩子醒来哭，先不理，等上15分钟到半个小时，如果睡不回去，再安慰一下或者喝些水，15分钟过后，依然没有平复的迹象再喂奶或者抱哄。有时候这个过程会很容易，很多孩子会哭个十几二十分钟就睡回去了，因为毕竟已经有入睡能力了。也有一些比较特殊的情况，孩子会一直哭，一直哭到你抱哄他或者喂奶为止。第一天可能完全失败，还会导致哭精神了，半天才重新入睡，一夜睡得一团乱。但是不要气馁，第二天继续，不行第三天接着来。孩子不傻，他会发现他夜里醒来并不会有什么开心的舒服的事情等着自己，需要很累地哭个一阵才会有安慰，很快他就会觉得这非常不划算，最后终究会放弃夜醒的。

应对早醒

这部分讨论的是，可以自主入睡，并且基本不会夜醒的孩子，就是早上起来太早的问题。首先，排除白天睡太多。其次，排除晚上睡太晚的问题，孩子越是小，他睡得越晚，醒得反而会越早。譬如你家宝宝1岁多，习惯晚上9点或10点睡，很可能早上6点甚至更早就醒了。很多时候只要把入睡时间成功提前到晚上8点以前，早醒的问题自然就会消失。

如果宝宝晚上8点之前睡觉，依然早上5点就醒呢？那可能就是某次的偶然因素，导致了早醒的习惯。可以在作息上改正这个习惯：第一步，把入睡时间逐渐推后（每天推后15分钟），醒的时间也会相应推后。第二步，当醒的时间你可以接受之后，再慢慢地把入睡时间逐渐提前到合适的时间。

这就大功告成了，可能需要很长时间的调整，但这是一种兵不血刃的方式，比天明时分顶着沉重的眼皮和孩子斗争容易一些。

平时也需要注意，当你的孩子偶然有一天很早就醒来了，一定不可以纵容他起来玩，也不可以开灯，无论是睡是醒，无论用什么方法（只是不可以奶睡或抱睡），都要留在床上，直到再度睡着为止。哪怕是一直精神着到天亮，也会被传递到一个信息，太早起来不被接受，就不会让一次偶然事件成为一直的习惯了。

09 如何分床分房，戒掉陪睡

如果你现在感觉陪睡这件事对你没有任何困扰，不会影响你的睡眠质量，不会影响夫妻感情，宝宝也睡得很好的话，这篇文章就可以不用看下去了。搂着香喷喷软绵绵的小娃睡觉是件幸福的事情，好好享受吧，孩子上学以后有独立意愿了慢慢再分床也来得及，如果是母女之间，青春期再分也问题不大。

很可惜橙子不属于上面这种情况，本来橙子是个雷打不醒的主儿，可是自打有了娃之后，也不知道为啥就坐下了毛病，只要娃在旁边，我就睡不好，娃哼哼两声，说个梦话，甚至喘气声重了点我都会醒，甚至连我自己想要翻个身都要先醒来再翻。而且我家两只功夫不是盖的，一边睡一边满床乱滚，一宿都不带停的，手啊脚啊头啊都是重武器，睡着睡着就受到一万点重击，严重时甚至会发生流血事件。这些我都能忍，不能忍的是，我万般忍耐地陪睡，反倒让他们的睡眠质量变差了，越陪时间越长，因为他们会因为怕我走掉而不停地检查，困得不行也撑着不睡，我一离开就会叫。很多时候一不小心就陪睡过去，晚上一点个人时间都没有，毕竟还有碗盘要洗，房间要整理，邮件要回，要洗澡刷牙，还有一个寂寞的老公等着理，而且两个宝无论陪谁，对另外一个都不公平。

综合所有的考虑，戒掉陪睡是我能做出的最有利于整个家庭的选择。

不陪宝宝睡，会影响宝宝建立亲密感吗？

亲密感表示这个锅我们不背。建立亲密感有很多途径，陪睡并不是必需的，在宝宝清醒的时候及时回应他们的诉求，肌肤接触，和宝宝说话，高质量的陪伴，等等等等，都可以让宝宝有足够的亲密感。不一定要睡觉的时候腻在一起。

好像还流传这么一句话，叫作“谁陪孩子睡觉，孩子就跟谁亲”，好像只要陪睡觉就能解决所有亲密问题似的。如果你白天忙各种事情不理孩子，没有足够的亲子互动，没有高质量的陪伴，就算你夜夜陪孩子睡，他还是会缺乏亲密感。

不陪宝宝睡，他会害怕吗？

如果你总是要出差，孩子经常经历睡梦中的不告而别，那确实会有这种情况，宝宝需要你的陪伴确认你不会突然丢下他走掉。如果你的宝宝形成了一致的规律作息，平时有足够的陪伴和积极回应，知道妈妈会在他需要的时候出现，他的安全感是足够的，并不会因为自己睡而感到害怕。

一般2岁以上的孩子才会开始有想象力，面对黑暗可能会有恐惧，一个小夜灯或者开着房间门就可以解决问题。

多大的时候让宝宝独自睡合适？

最好能从婴儿时期就让宝宝形成自己睡的习惯，孩子越小就对分床分房这件事越没感觉。毛头和果果都是6个月开始在自己房间睡的，那个时候他们的入睡能力都已经不错了，自己滚一滚就睡着了，其实是不太在乎睡在哪里的。

当然，1岁以后再开始分房并非不可能，但是需要更多的耐心和步骤，我的经验就是，这件事还是越早越好，孩子越大，就越有花样和你斗智斗勇，也越不容易放弃。前两天还和一个朋友聊天，她闺女5岁了，想要训练分房睡，两个月过去了，小姑娘依然会半夜披头散发地站在父母床边闹鬼两三次，朋友现在也是无比头大。

如果你已经对陪睡这件事忍无可忍，与其各种纠结，还不如早点开始。

宝宝并没有想象的那么需要你的陪睡

很多孩子之所以要人陪，是因为妈妈变成了宝宝的安慰毯子，甚至需要抚摸妈妈的某个部位才能睡着。就和吃妈妈胸部、吃奶嘴才能入睡的孩子是一样的。

宝宝并不是多么需要陪睡，而是他养成了错误的自我安慰习惯，而这种习惯并非不能改正，你可以给宝宝戒奶、戒奶嘴，也同样可以戒陪睡。

首先在平时尝试引入新的陪伴物，积极寻找一些宝宝平时特别喜爱的东西（不一定是什么哦，有些男孩子甚至喜欢比较硬的玩具），在睡觉的时候陪伴他，当你发现宝宝对这件东西渐渐有了不一样的感情，那就是时候让这件东西慢慢代替你的陪伴了。

陪睡接觉何时了？

有的妈妈说，小宝宝接觉成问题，总是半个小时就醒，一定要及时地陪着拍拍，才能接觉睡回去。所以接觉这件事的问题就是，宝宝会对现有的接觉方式逐渐免疫，需要你加长安慰时间才能重新接觉，渐渐越来越依赖外界的帮助来接觉，自己安慰自己的能力就丧失了。

对于现在3个月以上的宝宝，总是陪着接觉的宝妈，可以开始训练宝宝形成自己入睡、自我接觉的能力了。可以先训练入睡的能力，当夜间和白天的入睡能力都比较好了之后，就开始放弃接觉吧。如果小睡醒了哭，就先不要管，等候15分钟，如果睡不回去了，就直接起床。作息乱一点就乱一点吧。

这样做一般一个月左右，宝宝会逐渐领会到自己该如何接觉，一开始会零星发生，慢慢就会变成普遍现象。有的时候忍住不帮，才是最好的帮助。

不同月龄如何对待陪睡？

0~3个月

有些资料会认为，陪睡新生儿不安全，这个具体要看家长了。有些家长睡觉很警醒，譬如橙子这样的，就绝对不会有安全问题。有的家长睡觉很死，或者有饮酒的问题（一般都不是当妈的），那就有危险了，要避免和宝宝睡在一起。

这么大的宝宝要不要单独睡也没有一定之规，有些宝宝只要贴着大人就会睡得很好，有些宝宝睡着的时候总是哼哼唧唧，虽然没醒也是非常吵，妈妈睡不好，这种情况还是建议和宝宝分房睡，可以买一个婴儿监视器便于随时查看。宝宝如果醒来会大声哭的，哼哼唧唧其实没有问题，可以不必理会。

4~6个月

这个阶段宝宝的小肚子会舒服很多，力气也比较小，是培养宝宝独立入睡的好时机，如果在这个月龄训练独立入睡、训睡分房就可以一步到位了。如果你睡眠比较轻，受不了一直陪睡下去，建议在这个月龄就行动起来，训练让宝宝自己入睡的习惯。

7~12个月

这个阶段训练宝宝独自入睡的能力依然不晚，但是这个阶段有些孩子运动能力变强了，可以爬或者扶着站，训练入睡能力可能需要家长更多的干预，譬如要陪着不停地把他按倒之类的。这个时候训练入睡就需要分两步走，先训练让宝宝在陪着的情况下能自己入睡，然后再慢慢戒掉陪睡。

所以这个阶段注意引入安慰物，不要让宝宝养成借助你身上某个部位才能入睡的习惯。如果你家宝宝已经有这种习惯了，那就尽快改掉，你可以用我前文说的，引入其他安慰物，或者找其他家人来代替你陪，和戒奶嘴也差不多。用各种方法，不要让宝宝接触到就好了，这个月龄的宝宝一般折腾个两三天也就忘了。

1~2岁

这么大的宝宝力气大了，用激烈的方式戒掉陪睡就比较难了，可以用循序渐进的方法，把这个分床或者分房，分成许多步骤：

- 让宝宝接受坐在床上陪睡。
- 接受坐在椅子上陪睡。
- 接受椅子离开床一段距离陪睡。
- 把椅子放在门口陪睡。
- 把椅子放在门外陪睡。
- 关上门自己睡，你每隔一段时间进去看看，最终做到不用看。

具体可以根据你家的情况调整，反正，分越多步骤，反抗程度就越低，当然，战线也拉得越长。一两岁的宝宝可以自己从小床上下来了，就算是一直自己睡，也很可能会半夜跑到父母房间要求挤在一张床上睡。这件事第一次发生你就要想好了，要不要接受？如果你第一次允许了，孩子明天还会再来的。如果你觉得半夜孩子跑过来很甜蜜，那一起睡未尝不可，但是如果你觉得这非常影响你的睡眠质量，那一开始就不要答应，可以抚慰几句，喝点水，再抱回小床，让安慰物陪着他。孩子尝试过几次发现是铁板一块，就安心睡整夜了。

2岁以后

这么大的宝宝对语言有理解能力了，也能做一些交流了，有两种戒掉陪睡的方法参考。

暂时离开法：和孩子说，妈妈有件事要做一下（洗碗、上厕所等等），离开5分钟，宝宝躺在这里等妈妈回来哦，然后5分钟你再回来，待两三分钟再找个什么事情去做，直到孩子在你不陪着的情况下睡着。

当然，这个过程也可以慢慢完成，可以先离开1分钟，然后过渡到离开的时间越来越长。只要孩子在你不在的时候睡着了，第二天就要大肆表扬他，说你真棒，像大人一样，不需要妈妈陪了。然后见着人就讲，宝宝昨天是自己睡的哦，让孩子骄傲自豪起来。渐渐晚上离开的时候越来越多，孩子就会发现，妈妈不陪着也不会有什么不好的事情发生，就会平稳过渡到自己睡了。

隆重仪式法：在日历上画下一个比较重要的日子，告诉孩子，到了这个日子，你就长大了，就可以有自己的房间和自己的床了，是很值得期待和骄傲的一件事。然后你可以带着孩子去商场，让孩子亲自挑选自己喜欢的各种寝具和被品。到了那一天，再送孩子一件他十分喜欢的礼物，庆祝他有了自己的房间和床。

在如此隆重的铺垫之下，孩子不自己睡就有点没面子了，一般逞强也要自己睡，有了第一次，以后就容易了。当然，如果你觉得孩子神情纠结，有点要反悔的意思，也可以答应他，妈妈过10分钟就过来看看你，并且信守承诺。

注意以上所有的这些有一个大前提，就是白天你要有足够的高质量陪伴，睡前有一定的入睡程序，宝宝的安全感和亲密感的需要足够，陪睡不陪睡才不是很重要的事情。

另外，别只想着陪宝宝，老公也是需要陪的！

10 安抚毯子，自主入睡的神器

最近看到一句话很有道理：婴儿之所以喜欢哭，是因为每一个小小的不如意，都可能是他们人生中经历的最糟糕的一件事。事实上，几乎所有孩子都会有一些安慰自己的小习惯，可能是吸安慰奶嘴、吸手指、咬嘴唇、咬指甲、摸妈妈身上的某个部位等等。想也知道，上述习惯都是蛮让人头痛的，所以我今天才会特别推荐一种相对而言比较不烦人的自我安抚习惯——安抚毯子。

当然，安抚物也可以是个毛绒玩具，甚至是一件衣物。基于我家果果的经验，这里拿安抚毯子举个例子。一开始，那可能只是条普通的小毯子，和千千万万条流水线上下来的其他毯子并没有什么不同，只不过天长日久地陪伴，宝宝熟悉了那条毯子特有的触感和气味，倾注了自己的情感，那条毯子就变得独一无二了。

如何选择安抚毯子？

只要很柔软舒服并且毛茸茸的小东西就好，毯子或者毛绒玩具，都可以。不推荐丝绸质感的，也不推荐上面挂着很多玩具过于花哨多功能的。有动物造型的毯子也没什么必要，不过是看起来更可爱些罢了。不一定越贵就越好，当然出于安全考虑，纯棉的毯子更好一些。

如何让宝宝喜欢上小毯子？

越早越好，最好从出生开始，就让这条毯子跟着宝宝，3个月内因为怕有窒息的风险，所以不建议让小毯子陪着睡觉，但是可以宝宝吃奶的时候一只手抓着毯子，清醒的时候用毯子逗宝宝玩，哄睡的时候放在宝宝脸旁边。宝宝会翻身之后，就可以让宝宝枕着或者抓着毯子睡觉。宝宝口欲期，也可以鼓励他啃毯子。总而言之，多创造机会，让他们两个在一起，时间长了自然就有感情啦。

使用小毯子的一些注意事项

可以准备两条毯子换洗，但不要有太大的不同，尽可能地保持一致。另外不要总是洗毯子，一周左右洗一次就好，要不然特殊的味道会不见。当宝宝会走路之后，平时最好不要让孩子习惯带着毯子到室外，很容易就会弄很脏或者丢失，这就很麻烦。安抚毯子对于宝宝是特殊的存在，不仅仅只是个毯子而已，更是一个虚拟的亲人，不要允许不相干的人玩弄或者带走宝宝的安抚毯子，这会损伤宝宝的安全感。

安抚毯子的戒断问题

安慰习惯都有戒断的问题，相对于吃手，戒断安抚毯子的压力就要小很多了，你尽可以容许宝宝抱着毯子睡到上小学甚至更大，如果只用来陪着睡觉，不带出门，不会受到社会压力，其实也并没有什么害处。我曾经认识一个美国的老太太，她笑着说她儿子带着安抚毯子去了大学。她儿子我见过，名牌大学毕业的大帅哥，工作很棒，小家庭也很美满，没有任何问题。

安抚毯子和恋物癖是两码事，后者是指用畸形方式寻求某种性满足的严重心理问题，和单纯的因为个人感情而喜欢某个物品，是完全不一样的。

所以家长们完全不必对于孩子喜欢小毯子的事情很担心，急着让他戒掉。随着年龄的增长自然而然地忘却就可以了。我家果果就有一条小毯子（好后悔没给毛头搞一个），一岁多的时候，困了就知道自己拿着毯子去卧室睡觉。半夜醒了，抓过毯子来揉一揉继续睡。外出旅游无论到哪里，都从来没有过因为认床而睡眠变差的问题，心情不好给她毯子揉一会儿又高兴了。见过的人都说很神奇。

让人感到非常幸福的一条小毯子，准妈妈和新妈妈们，赶快行动起来吧！

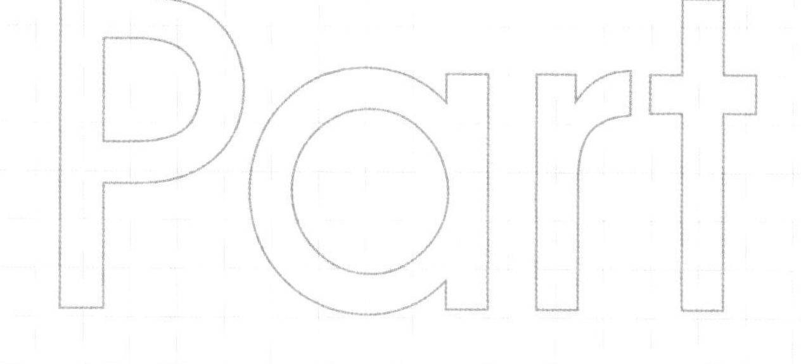

Part 4

辅食不复杂

01 最初添加辅食要注意什么

吃辅食就像打游戏，有一些主要任务是必须完成的，譬如要让人物拿到几个关键的道具，解锁情节进程，然后到关底干掉一个大BOSS，只要这几个点你做到了，这就算成功过关。

但是肯定还有一些旁支的游戏任务，可以让你在以后的关卡中能力更强的，譬如多找到几个装备啊，多捡点钱啊，多杀几个怪让自己升级啊之类的。这些小任务你完成了固然是很好，但是不完成也没有太大关系，别太贪心，纠结在小任务上面耗费精力，这会妨碍主要任务的完成。

我个人其实觉得吃辅食这件事有点被过度重视，信息过载了，知道得越多反而越纠结，知道得少一点未尝不是好事。那我就再说一说具体细节。

辅食第一阶段的主要任务

1. 让宝宝对固体食物感兴趣，喜欢吃，习惯用勺子

宝宝的食物从液体变成固体，是一个很大的转变，需要很多的学习，他需要了解如何把固体食物推到嗓子眼儿并且吞下去不噎到，也是压力蛮大的，保持兴趣才能让他更积极地探索吃饭的技巧。

吃的种类啊，数量啊，这些细枝末节就是游戏中的支线小任务，如果你想要实现主要任务，就不会做出强喂强塞，不想吃了还逼着吃“最后一口”这种“冒死捡金币”的行为。

2. 让宝宝养成良好的吃饭习惯，形成最初级的餐桌礼仪

从第一口辅食开始，就要形成习惯：坐在餐椅上吃，不哄逗，不看电视或者手机，不玩玩具。当然，现阶段可以玩餐具，让宝宝了解餐具，增加对餐具的兴趣。

形成这些习惯不只是为了让宝宝看起来更有教养，更是让宝宝知道，吃饭要集中注意力，感受和品尝食物的味道，明白吃的过程的美好之处，以后才能有个好胃口啊。

3. 在妈妈承受范围内的家务能力提升

养娃的过程也是学习当妈妈的过程，娃固然是第一次吃辅食，妈妈也是第一次做辅食，第一次喂辅食，第一次了解辅食方面的知识。这些都需要一定的时间精力，需要你去适应更高要求的家务和学习，一开始是需要练习和适应的。

如果你一开始对食材标准、加工过程、营养全面、色香味俱全这些东西太过痴迷，很容易用力过猛，让自己太累，导致太大的牺牲感，如果娃不喜欢吃，或者吃得少，你就会特别委屈乃至焦虑，容易动怒，这就是为了支线小任务跑偏了。所以在喂辅食的初期阶段，先做些最初级最简单的，辅食罐头也是可以接受的，如果都能轻松熟练地做好了，不是很累，再去考虑那些升级加分的版本吧。

什么时候开始？

现在比较公认的说法是6个月，这固然没错，但是也要考虑个体情况，每个宝宝都是不一样的，不可能一刀切。其实当宝宝满4个月，就可以考虑添加辅食了，不过你的宝宝需要达到以下几个条件：

- 体重比出生翻倍。
- 头可以自己竖起来。
- 可以独立靠着坐。
- 顶舌反射消失，就是当有东西进入嘴巴时不是反射一样地用舌头推出来。
- 对大人的食物感兴趣，看到大人吃东西的时候，显得有点“馋”的样子。

这些条件全部都达到了，就可以放心开始添加辅食。如果不能达到，那就等

到6个月再添加不迟。如果宝宝6个月了，但还是不能独自靠着坐，那也需要再等一等，因为如果他靠都靠不稳，注意力都在维持身体平衡上，是没办法发展咀嚼和吞咽这个精细动作的，喂了也等于白喂。

胖宝宝可以考虑早添加一些，因为奶是比辅食营养密度更高的食物，早添加辅食，肚子占了吃不到太多奶，可以达到适度节食减肥的效果。同理，如果是瘦宝宝，就不要太早添加辅食，晚一点，想办法多喝点奶才对。

有人觉得早吃辅食会让宝宝早睡整觉，这个属于拍脑袋想当然，无论是书本理论，还是我个人的养娃实践，都证明，添加辅食并不会让宝宝夜里少醒。宝宝是不是睡整夜，只和他们的自主入睡能力和夜晚进食习惯有关系，和具体吃什么没关系。

当然，辅食添加也不可以太晚，最晚不能超过8个月，不然宝宝就会过于习惯喝奶，排斥固体食物了。

按照什么顺序添加？

传统的辅食指导是先吃米粉，再吃蔬菜，再吃水果，蛋白质类8个月再加。但是最近AAP又改了，说不需要按照一定的顺序了，先吃哪个都可以，肉类和蛋类也可以6个月开始吃。所以你可以按照宝宝的喜好来。如果吃太多米粉容易便秘，也可以一开始就米粉和水果蔬菜搭配一起吃。如果觉得蔬菜太过寡淡，可以和肉泥搭配一起吃，味道更佳。

关于辅食的过敏和不耐受

添加新的种类的辅食，一般保守的做法是每添加一种食物等三天，没什么特别反应，就可以再添加新的。

花生酱、海鲜、鸡蛋白这种易过敏的物质，以前是让1岁前尽量不要吃的，但是最近AAP又改了，说最近的研究表明，太晚让宝宝吃反而会增加过敏风险，所以还是早点吃。

如果宝宝吃了某种食物有了红疹，不一定就是对这种食物过敏了，以后需要忌口。因为宝宝肠道内的消化菌群还不够成熟，所以对某些新的食物没办法充分消化，产生了一种“不耐受”的反应，会在食物进肚子消化一段时间之后（几个小时到一两天之内都有可能）出现症状，包括腹泻和红疹。这种情况可以停掉这种食物1~2周，然后少量再试，一般就不会再不耐受了，因为之前摄入的这种食物也起到了一个让胃肠适应的作用。如果依然不耐受，那就等一段时间再试。

如果过敏的反应是一个小时之内的很痒的荨麻疹，呕吐，甚至呼吸困难，反应会比较剧烈，那么导致过敏的食物以后千万不要再碰，接触多了容易有生命危险。

什么时候吃？

很多妈妈纠结到底奶前喂，还是奶后喂，还是两顿奶中间喂。答案是都可以，哪种都可能是对的，也可能是错的，以适合你的宝宝为准。有的宝宝对辅食偏好，不爱吃奶，那就吃奶之后吃辅食。有的宝宝对奶偏好，那就饿一点的时候先吃辅食再吃奶。如果你家宝宝两者一起吃必然受影响，那就两顿奶中间喂。

当然，一开始什么时候喂都可以，但是慢慢地最好向大人的三餐时间靠拢，让宝宝加入一家人一起吃饭的气氛当中。具体还是根据你家的情况来调整。

具体吃几顿？吃多少？

这两个问题的答案也不是固定的。总的宗旨就是，保持奶量600ml，保证大便通畅，能吃多少就吃多少。你可以一开始一天只喂一顿，也可以一开始就喂三顿。你一顿可以只喂一两口，也可以喂掉一小碗。只要宝宝状态很愉快，都没什么问题。不过大多数宝宝一开始肠胃不太适应固体食物，容易在刚接触辅食的时候便秘。

我个人建议是一开始可以少一点，从一顿开始，加一周大便没问题，就可以加到两顿了，再一周没什么问题就加到三顿。

黏稠程度应该如何？

其实在喂辅食之前考虑这个问题纯粹属于自作多情。实践出真知嘛，如果太稀了，你会发现很难喂进去，会特容易流出来，如果太干了，娃会呕，不接受。所以就按照你家娃的接受程度来调整就好。

大原则嘛，那当然是不太稀，黏稠一点为好，比较好喂，也比较能够锻炼宝宝的咀嚼吞咽能力。

纯吃泥的阶段要持续多长时间？

这件事还真是不一定，我家果果只吃了不到2个月的泥就已经不喜欢了，哭着喊着要吃米饭。

毛头吃泥吃到了1岁整，也不是没锻炼吃有颗粒的，无奈嗓子眼儿太细，悟性太差，一吃就呕，好不容易喂进去还不消化，过一阵都吐出来。他手指饼干什么的倒是能吃，可以在嘴里用口水弄化了再咽，但是颗粒的就是吃不进去，吃了半年多的泥他也不腻，一直很喜欢。结果等到过了1岁生日，生了一场大病，病好了之后突然就不喜欢吃泥了，粥啊面条啊什么的都能吃了。

所以虽然说要及时进阶食物的粗细度，锻炼咀嚼能力，但是具体这个第一阶段持续多久，还是要看宝宝的接受程度。一般过一个月可以尝试稍微有颗粒的辅食，如果吃着比较顺利，就可以进阶了，如果还是呕得很厉害，不接受，那就再等等吧。

02 给娃弄食要选easy模式

不知道妈妈们有多少时间是花在厨房里给娃做饭的，听说有每顿花费两三个小时的，还有做一年不重样的。

这不是某橙倡导的方式，这种花费很多精力的做饭行为，看似是在爱孩子，其实会导致三个很大的问题：第一，因为你花费太多精力，所以你会很期待孩子能喜欢并且都吃下去，而这种期待很难实现，容易导致喂食大战。第二，做饭大战和喂食大战完毕，没有精力也没有耐心更可能没有时间好好陪伴孩子了，孩子得到的是自己不一定喜欢的精致食物和一个坏脾气妈妈。第三，也是最要命的，使得孩子对饮食越发挑剔，你再好的厨艺也难以满足他更加刁钻的口味需求。

所以，一开始就不要养毛病，从吃辅食开始，就尽量降低标准，能懒则懒，选择easy模式，自己轻松，还培养娃的好习惯。勤劳能干的妈妈们，我知道你有很多的爱，用在别的地方吧，不要发挥在厨艺上。

4~12个月，辅食阶段

鉴于很多妈妈刚开始喂辅食摸不着头脑，不是喂太多就是喂太少，写个辅食的参考量吧。注意，宝宝可以吃辅食的标准是，4个月以后，体重是出生的2倍，可以靠着坐，对固体食物感兴趣，就可以开始了。国内的标准比较保守，都是6个月开始喂，也没有问题。

4~6个月

第一次吃米糊，5ml米粉兑4~5倍的奶，会很稀，之后观察便便情况可以慢慢变稠，最多一天吃两次，每次达到15ml的量。

7~8个月

• 水果泥：从5ml慢慢过渡到60~120ml（总量），每天喂2~3顿。

• 蔬菜泥：同水果泥的量。

• 米糊：慢慢过渡到45~115ml。

9~10个月

• 蔬菜泥水果泥如果已经到120ml可以不变，没到可以继续加，另外较软水果可以吃新鲜的了（香蕉、桃子）。

• 米糊量加到120ml。

• 另外加30~60ml肉泥和50ml左右蛋类或奶制品（酸奶或奶酪）。

• 这个月龄可以开始介绍手抓食物。

11~12个月

其他不变，另外可以再加30~60ml的稍有颗粒的混合食物（蔬菜面条、蔬菜粥、疙瘩汤之类的）。注意：以上数据是参考！千万别拿量杯量。你给准备大约这些量，吃多少娃做主，少了不着急，1岁之前你都有时间可以慢慢加，如果娃奶量不影响，还能多吃，那多吃也没问题。

懒养计划

如果有条件，把罐头进行到底

可能有妈妈担心防腐剂什么的，其实没有必要，罐头本身就是最好的防腐方式，高温杀毒再密封，没有任何细菌在里面了，根本用不着加防腐剂。防腐剂也是要钱的，没必要加为什么非得加呢？

而且罐头的婴儿辅食有个好处，更加适合刚刚添加辅食的宝宝，因为研磨得特别细，要比普通家用的打碎机打得细腻很多。

最大的优点是，罐头实在太方便了，拧开就喂，碗都不用刷，出门的话，可以带那种可以吸的果泥蔬菜泥，娃喜欢还不会洒得到处都是，爽得不要不要的。

实在看不起罐头，豪一点的，入个辅食机

土豪们表示，用过的都说好，有种一边塞活猪一边出香肠的感觉，一键搞定，有钱就是任性！不过这玩意儿实在是有点性价比太低，几百美元，就用几个月，如果你没有豪到买包包不看价的程度，就不要长草了，不值得！

自己做辅食，一周做一次就可以啦！

各种蔬菜、水果削皮，蒸熟，机器打碎，齐活。这个是最经济实用型的方法，把食物泥用冰盒冻成冰，再用密封袋存好，不会损失任何营养。一周做一次超多量的，一两个小时搞定。每次喂的时候，从冰箱拿出来几块微波炉转一转，也是很方便。

12~18个月，较软食物阶段

这么大的娃应该门牙都长了几颗了，虽然门牙不能咀嚼，但是你会发现娃的后槽牙龈很硬，可以磨烂很多东西了。这个时候步子可以迈得大一点，毕竟娃要开始以固体食物为主了。虽然刚开始依然要给娃开小灶，但是大人的食物都可以给他尝试一下，只要是娃没有吞咽困难的问题，就可以吃这种食物了，你会发现，他已经可以吃很多东西了。

- 粥：可以越来越稠逐渐变成白饭。
- 各种面食：面条、发面饼、馒头、包子、饺子。
- 蔬菜类：胡萝卜、菜花、南瓜、西红柿、茄子、豆角，煮软了都可以吃。
- 水果：基本这个时候全都可以新鲜吃，一开始苹果这种还比较硬，不过到了一岁半左右也能吃了。
- 还可以吃整颗鸡蛋、炖烂的猪肉和鸡肉。

18~24个月，成人食物阶段

这个不用多说了，和大人一起吃同样的食物，同样的时间一起进食。碗里放好适量各种种类的食物，把勺子给娃准备好，戴好围兜，随便他用什么方式把食物弄到嘴里去，随便他吃哪样不吃哪样，统统不要管，埋头吃你自己的饭，除非娃要求你帮助他。

直到发现娃开始玩食物，不往嘴里塞了，你可以试着喂几口，如果拒绝吃，立即撤掉桌子，给娃收拾好放下去玩。

这里推荐两样东西，让娃自己吃饭的神器，我以前推荐过——餐椅和塑料围兜，很少会撒到外面去哦！

有朋友会羡慕我有一对爱吃的娃，然后开始吐槽几千字自己家娃吃饭有多闹心。我要是说，“我家娃有时候也吃得很少，我懒得管而已”，对方会以为我谦虚，然后继续羡慕我。

看到这里的朋友们应该会知道，我根本没谦虚，我真的是不管他们两个，我连做个饭都极尽简化之能事，更没有闲心操心他们吃得怎么样。他们吃多了我也不会高兴，吃少了我也不会发愁，反正到点上桌吃饭，吃饱了下桌子。我从来不给他们规定饭量或者一定要吃什么种类，只提供我应该提供的足够营养的食物，我甚至想不起来他们今天吃了多少。

喂养是一种心态，你要是过分关注关心，就是自选hard模式，和食物斗争，和娃斗争，和各种数据斗争，包你心力交瘁。若是顺其自然，相信娃自己与生俱来的想把自己喂饱的能力，那就会举重若轻，easy模式从此开启。

03 辅食怎么吃才有营养

众所周知，婴幼儿的身体发育处于这辈子最快速的时期，所以，宝宝的营养问题一直备受父母们关注，大家都盼着宝宝吃饱吃好、长高长胖。

1岁之前主要是“学吃”阶段，主要营养来自于奶，吃得是否营养均衡还不是非常重要，但是当宝宝过了1岁，奶变成了辅助食品，固体食物变成主要的营养来源，这就对妈妈们的厨艺提出了新的要求，搞一些既好吃，又营养，又适合宝宝咀嚼能力的食物，那还真的是一件有技术含量的事情。

并不是“吃饱了”，营养就够了

很多父母特别注重孩子吃得是不是够多，却很少注意孩子吃的食物种类，是不是够全面。

人体所需要的营养主要有六大类：蛋白质、脂肪、碳水化合物、矿物质、维生素和水。近些年营养学界提出了人类还非常需要第七种营养——膳食纤维，虽然不能被人体消化吸收和利用，但是如果摄入很少，就容易便秘，也容易肥胖，所以食物中有充分的纤维也是很有必要的。这七种营养物质，基本不能互相替代，所以说缺一不可，宝宝日常膳食中无论少了其中哪一种，都是缺乏营养的。

这七种看起来比较复杂，但是因为蛋白质和脂肪普遍都凑在一起，膳食纤维和维生素也普遍凑在一起，矿物质更是散布在各种食物中，所以我们只需要摄取到以下四大种类的食物就好了：

- 猪牛羊肉、鱼肉海鲜、蛋类、坚果、豆类（蛋白质+脂肪）。

- 牛奶、奶酪、酸奶（六大营养物质都有，尤其富含钙质）
- 米饭、面条、面包、土豆、南瓜、地瓜（碳水化合物）
- 水果+蔬菜（膳食纤维+各种维生素）

注意哦，水果和蔬菜可是要占一小半的，恐怕很多孩子的膳食比例是达不到这个程度的：宝宝1岁以前，不必太严格，每天都能摄入到这四种就好；宝宝1岁以后，最好每餐都要有四类食物，才叫作营养全面。

知道这个概念，你就能分析出你家宝宝膳食中是否缺乏营养。如果孩子整天吃肉，或者整天只吃水果蔬菜，虽然也都是有营养的东西，都不是一件好事。是不是足够营养，不在于吃什么多不多，而在于吃得是否够“杂”，四类食品全都有，才够全面。

营养不是猎奇跟风

其实所有的食物，都跑不掉上面说的那七种营养物质，除了这七种营养物质，其他的人体也无法利用，我们只需要分析一下营养成分，你就知道它是不是真的很有营养，到底指的是哪方面的营养。

譬如最近都炒牛油果特有营养，虽然很贵，但是很多人还是买回来给宝宝吃。那它到底营养在哪里呢？分析一下牛油果的成分，15%以上都是脂肪，8%的碳水化合物和2%的蛋白质，要不是它纤维素很丰富，这个组成和肉类已经差不多了。虽然营养种类比较全，但是它的主要营养就是脂肪，虽然大都是“好脂肪”，但是吃多了会变肥这是一定的，对于超重的宝宝，这种营养就不宜多吃。当然，对于体重过轻的宝宝，这就是一种很好的营养食物。

朋友们可能注意到我没分析各种维生素和矿物质，事实上各种维生素和矿物质每种天然食物里多少都会有些，一般果蔬里含量是最多最全面的，犯不上非要用“特殊”的食物来补。

其实营养的东西并不在深山老林，或者大泽深海，或者异域他乡，营养就在我们身边，最最常吃的东西里就已经很全面了，没有什么食物拥有的营养是独此一份不能够被替代的。吃不成深海鱼，你用菜籽油炒个豆腐，也差不了太多，吃到肚子里同样都变成脂肪和各种氨基酸。

就算是有营养的好东西，也要看看自己宝宝适不适合，不是吃越多越好。如果是瘦宝宝，各种脂肪和蛋白质含量高的东西，对他就是有营养，但是对于超重的宝宝，多吃各种富含膳食纤维的果蔬，对他来讲，才是最好的营养。

别给孩子灌水饱

小孩子胃小，每次能吃到东西的数量是非常有限的，你再塞也就能塞那么多体积了，但是小孩子所需要的营养又要很多，所以你要多给孩子吃点“实诚”东西，别拿兑水的玩意儿给他灌了个假饱。不要说什么营养都在汤里，钙啊，铁啊这些矿物质是不溶于水的，你就算把骨头煮烂了，汤里也没有什么钙，咸盐调味料和动物油脂都溶在汤里倒是真的，喝多了只长肉。娃要长身体，得吃干货，可不能总拿汤灌饱了。

其实在娃比较小，嚼不动的时候，难免吃一些很稀很烂，严重兑水的食物，譬如：鸡蛋羹，兑水超过一半；煮面条，尤其是烂面条，那面条吸完水不知道粗了多少圈；肉泥菜泥，更是要加点水才能打碎。这也是没办法。

但是随着娃越来越大，就要有意识地锻炼他们的咀嚼能力，好早点摆脱营养密度低的食物，吃上实实在在的“干货”，才够营养啊！

04 如何培养宝宝自主进食习惯

如何解决吃饭技巧和咀嚼能力，这也是辅食阶段所要解决的终极问题，这两个问题解决了，所谓的“婴儿食品”阶段就结束了，宝宝正式进入成人化食品的阶段。如果不积极地解决这两个问题，宝宝就始终需要喂，只要宝宝无法自己掌控吃饭的过程，就会始终陷入和家长的权力争夺，吃饭不再只是吃饭，而是谁说了算的问题。随着宝宝的自我意识进一步觉醒，喂饭引发的鸡飞狗跳是迟早的。

所以妈妈们在宝宝10个月开始，务必把这两件事的训练提上日程，早点练会，娃早自由，咱们也早解脱啊!

如何练习咀嚼能力?

咀嚼能力，其实指的就是口腔咬合肌肉是否有足够力量。而肌肉的强壮，是需要锻炼的，如果不锻炼，很难自动自发地强壮起来，所以，妈妈们要勇敢地给宝宝升级食物的形状，让他们有机会锻炼嘴巴的肌肉。嘴巴的肌肉发达了，不光让宝宝对吃饭的积极性增加，而且他们以后能够学习早说话，吐字清晰，表达能力强，也是有巨大好处的。

那么如何练习呢?

宝宝不会咀嚼，主要卡在两个方面：一个是意识问题，也就是说，不知道食物需要嚼，这个就需要家长多示范了。别怕丑，只要你吃东西，就咧开你的嘴唇，夸张地嚼给宝宝看，可能一开始宝宝不明白，但是你多演示，他会明白的。

知道需要嚼了，嚼不嚼得烂就不一定了，这就是第二个问题——能力问题，这就需要妈妈们多创造机会让宝宝练习咬合能力。平时可以给宝宝切一块很硬的、肯定咬不下来的蔬菜，让宝宝磨牙练咬，体会咀嚼的那种“使劲”的感觉，练习嘴巴的肌肉。但是大人要在旁边照看，以防宝宝真的小宇宙爆发咬下来，导致误吞了。

噎到或者干呕怎么办？

经常看到有些妈妈说，宝宝吞到了东西会噎会呕，甚至带得肚子里的奶都吐出来一大堆。这个其实不必太担心，因为呕这个动作，是一个咽部的反射，其实是保护身体的，防止过大的东西被吞进食道。所以只要是宝宝能咽下去，那么食物的大小就是适合的，如果过大，宝宝咽不下去，自然就会通过呕的反射吐出来。宝宝也会意识到，哦，这么大咽不下去哦，那再回炉嚼一嚼好了，这也是一个学习的过程。

如果宝宝吃东西的时候，大多数没事，只是偶尔呕一两下，那么还是坚持锻炼，过些天自然就领会如何不呕了。

没出牙还能练习咀嚼能力吗？

宝宝咀嚼食物的能力，和出牙与否，出多少牙，一点关系都没有！因为宝宝都是先出门牙的，门牙只是用来切断食物，而不是为了咀嚼食物的，真要等宝宝磨牙全都出来才练习咀嚼，宝宝多半都两三岁了，总不可能吃那么长时间的泥。

你可以洗洗手，摸一摸宝宝的磨牙位置的牙龈，其实是硬硬的，宝宝完全可以用这种硬硬的牙龈，磨碎很多东西，磨到什么程度，完全看他嘴巴的力量够不够，而不在牙有多少颗。我家果果10个月的时候，门牙才有4颗，就可以吃鸡肉没问题了，炒的猪肉都能嚼烂六七成，不要低估宝宝牙龈的能力哦！

便便有残渣说明消化不好吗？

不是的，这是正常现象。就算是一个大人，吃饭细嚼慢咽的，也不太可能把所有的蔬菜水果嚼烂成泥糊状态，一定是有一些没嚼烂的颗粒被吞进肚子的，只不过，大人的肠道比较长，而且肚子里消化食物的菌群建立得比较完善，可以把这些颗粒的食物进一步消化吸收得看不出原样了。

但是宝宝的肠道短，而且因为之前的饮食单一，能消化其他食物的肠道菌群也没有建立起来，所以消化分解食物的能力很不好，即便你给他吃泥，他可能也会原照原地拉出来。

所以，看到宝宝便便中有食物残渣，那是很正常的，不代表宝宝吃进去的东西太大块（前面说了，太大块他会呕出来），或者肠胃不健康，吃辅食的宝宝都有这么个过程，不要太玻璃心哦！

如何练习自己吃饭的技巧？

咀嚼是练嘴巴，吃饭就是练习手指的精细技巧了。练习的第一步就是手指食物，一般用软烂的蔬菜水果，切成条提供给宝宝，如果宝宝咀嚼能力不错，面食和肉类也可以作为手指食物。这个技巧也需要练习，不是天生就会的，对于爱吃手，爱抓东西啃的宝宝，学习得会更快一些，很可能五六个月就会了。对于我家毛头这样，不喜欢啃东西的小奇葩，十个半月才终于学会抓食物喂自己吃，之前要么就没意识往嘴里塞，要么就是塞不到嘴里去。

所以，平时就要多提供手指食物，如果宝宝咀嚼能力有限，蔬菜水果这种手指食物他没法吃，也不感兴趣，也可以每天提供少量的泡芙或者酸奶豆，引诱宝宝练习自己抓着吃，宝宝对这两种东西一般是难以拒绝的，积极性会比较高。注意要少哦，这些东西都是含糖的，别觉得是个好玩意儿大把大把吃哦！

宝宝如果用手指抓着吃小星星泡芙很熟练了，你就可以给他出点难题，抓点滑溜的东西，譬如牛油果、梨子块儿、香蕉块儿这种，如果一开始抓不起来，可以沾一点米粉降低点难度。滑溜的东西能抓起来了，就再增加难度，把滑溜的切小块，让宝宝练习抓起来。连又小又滑的东西也能抓好，就可以练习用勺子了。

什么时候开始练用勺子比较好？

国内的孩子学习勺子的时间普遍比较晚，我见过有3岁才让自己用勺子的，但是实际上，宝宝很早很早就可以学习这个技能了。

粉丝宝宝小楷，16个月用勺子已经很熟练了

我在网上看到过9个月的宝宝用勺子就用得很好的。

平均来讲，1岁左右，开始练习使用勺子，是很符合宝宝的能力发展的，一点都不算早，妈妈们要胆子大一点，别用“宝宝还小”当借口。

如何练习用勺子？

这个问题的答案只有一句话——把勺子交给宝宝。吃饭的技巧，并不是“教”出来的，而是放手让宝宝练出来的。不怕脏，不怕乱，让娃和勺子食物相爱相杀去，你在旁边什么都别说，如果娃让喂，你就喂两口，不让喂就退下，别强迫症总要帮孩子清理，孩子学习得会比你想象的更快。搞得满脸满身满地满墙的崩溃场面不会持续太久，最多两三个月的时间，局面就在可以控制的范围内了。

一开始可以吃一些比较有黏性的、可以粘在勺子上的东西，譬如酸奶。难度升高就可以吃半粘不粘容易掉下来的东西，熬得比较黏稠的粥、牛奶泡麦片等。再升高难度就是吃米饭这种东西，需要加上舀的动作。最高难度就是喝汤啦，如果你娃能用勺子稳稳地盛汤喝，那勺子技艺就大成了。

宝宝一开始用勺子的姿势会很奇怪，那是因为他们力量不够的原因，不要纠正，他们愿意怎么用勺子就怎么用，长大了自然会改过来。

我不太赞成给宝宝买那种弯弯的特制勺子，并没有容易多少，真的练好了，回到直的勺子又要再改一遍，没有什么必要，从开始就给直的勺子就好。

玩食物、扔食物怎么办？

这也是学吃饭期间，家长比较火大的一个问题，不吃光祸害啊，看着就想挠墙。

据我观察，一般孩子如果玩食物或者扔食物，都是在不太饿的情况下，如果饿了，只会顾着吃，一般吃得肚子有底了，就开始搞破坏了。

1岁以前，为了宝宝对食物的体验，玩食物可以忍受一阵。但是如果宝宝玩太长时间，却不吃了，或者宝宝已经1岁以上了，就应该提出一点餐桌礼仪的要求——食物是用来吃的，不是用来玩的，如果你这么喜欢玩，看来是不饿了，那么下来我们玩别的吧。这个时候要坚决地，没有一丝犹豫地，给宝宝清理好，抱下去。注意，一定要真的抱下去，而不只是口头威胁。如果宝宝下去了之后要求回去继续吃，可以再给他两次机会，如果这两次机会他依然不珍惜，依然在玩在扔，那么第三次就坚决地结束吃饭。

坚持这样做，不用几次，宝宝就会明白规矩的。

总用手抓，不用勺子怎么办？

有些宝宝用手抓的技巧比较好，对用勺子的意愿就比较低，什么饭啊面啊，都用手抓着吃，也能吃不少，就是看着太狼狈。这个问题我也主张顺其自然，提供勺子，宝宝想用手就用手，想用勺子就用勺子，随便他怎么吃，能把食物搞到嘴里去就好。

等宝宝长大一些，2岁左右，会进入“秩序期”，会讨厌把自己弄脏，自然就开始用勺子了。我家果果就手抓饭抓到2岁，现在也是小强迫症一枚，一点点东西沾到手上嘴上都不乐意哦！

什么时候吃？

尽量靠近三餐，辅食和奶一起吃。

如果你娃胃口比较好，可以吃一些水果和少量的小饼干来作为点心。

一直都不爱吃辅食是怎么回事？

自打开了这个系列，收到了很多留言，绝大多数是说自己宝宝无论如何就是不喜欢吃辅食，各种不吃，给什么都不吃，招数用尽也没用，甚至快1岁了也是吃得很少，很是焦急。一般来说，短期几天甚至一两个星期不太爱吃，可以淡定地忽略之，小娃的胃口总是高高低低的，偶尔几天没胃口是可以理解的。但是如果持续一两个月都不爱吃，就需要引起重视了，可能是以下几个原因：

1. 缺铁

缺铁会让宝宝容易疲惫，脸色苍白，食欲下降。6个月之后的宝宝对铁的需要激增，摄入不足就容易缺铁。如果你家宝宝无论是奶还是辅食，都长时间没胃口，怀疑缺铁的问题，到医院确认一下，如果确实缺，那还是要补一下。

2. 曾经糟糕的进食体验

妈妈喂食的情绪会影响到宝宝，如果你一喂饭就满心焦虑，总是想要“多吃两口是两口”，急着想把配额塞完，即便你没有发脾气，唱歌跳舞逗着哄着，宝宝也一定会感到很大的压力。有压力就没食欲，这简直是一定的，长此以往宝宝会将“进食”和“不愉快”联系在一起，更加不爱吃了。

所以，喂饭的时候首先心态放平稳，不要在意吃多少，让宝宝慢慢忘掉不愉快的体验，食欲才会逐渐回来。

3. 恋奶娃

还有一种，就是对母乳亲喂有强烈执着的宝宝，他们通常会夜奶频繁，经常需要母乳抚慰，这种宝宝可能是因为太喜欢母乳了，或者母乳都吃饱了，会拒绝一切和母乳不一样的食物和进食方式，直到断奶为止。

如果宝宝1岁以后，依然无比恋奶，固体食物吃得很少，会很缺营养，我个人认为，两害相权取其轻，还是断母乳，让宝宝尽快适应固体食物为好。宝宝喝牛奶，吃些奶酪酸奶，同样可以补充奶制品。看到过好多例子，吃饭睡觉困难户的宝宝，一旦断了母乳，吃饭睡觉都变好了。

橙子强力支持母乳喂养，但是，也要分情况，要做对宝宝最好的事情。

4. 辅食的形态不适合宝宝

如果太激进，颗粒太大太硬，宝宝噎得太厉害，会很挫败，不愿意吃。如果太保守，总是吃泥糊糊，宝宝吃得腻烦了，也会不喜欢吃。要多做实验，及时地调整辅食的形态，适应宝宝的能力和要求。

05 婴儿主导辅食法

近几年欧美新兴的“婴儿主导辅食法（baby led weaning）”，简称BLW，和传统辅食添加完全不同，甚至是反着来的。我曾经看过一个让我目瞪口呆的视频。这个宝宝刚过6个月，就开始吃各种手指食物：在谈婴儿主导辅食法之前，我曾经看过一个让我目瞪口呆的视频。这个宝宝刚过6个月，就开始吃各种手指食物：蒸的红薯、梨子、香蕉、牛油果，全都切成块提供给宝宝。一开始连续很多天，宝宝都不停地噎到，甚至呕吐，一点都咽不下去，这个时候我们甚至要怀疑父母在虐待婴儿。但是宝宝看上去却并不以为意，她一次一次地噎，但是一次一次地把食物往嘴里塞，她的咀嚼、吞咽和手指的技巧也越来越好。直到10个月的时候，已经是一个十足的小吃货，可以把托盘上所有的细小食物都扫光光，而且对食物非常感兴趣，没有一点对抗情绪，看到吃的就两眼放光一副迫不及待的样子，即便对于不是很适应的味道，也勇于去品尝和接触，真的要羡煞一众辅食厌倦的宝妈了。

传统辅食添加，是先把食物打成泥，父母为主导用勺子喂食，宝宝先学习如何吞咽，然后从小的软的颗粒，根据宝宝的能力，慢慢地过渡到大的硬的颗粒，让宝宝慢慢领悟如何咀嚼。有的时候，这个过程漫长而艰难，有的宝宝1岁多也还不太会咀嚼。

而BLW的顺序却正好相反：完全不提供泥糊状食物，从6个月一开始就是块状的手指食物，辅食进程完全由宝宝主导，宝宝是首先学会咀嚼，然后学会吞咽，过程先难后易，只要过了咀嚼关，宝宝就瞬间变成了小吃货。

BLW的优点

这种不走寻常路的辅食添加方法，虽然看起来非常惊悚，却是优点多多。

1. 健康饮食

BLW让宝宝自己选择多吃还是少吃，食物摄入的节奏完全由宝宝来决定，有助于预防肥胖。而且允许宝宝探索不同食物的味道、质地、颜色、气味，增强对食物的兴趣，更喜欢尝试新鲜的味道，减少挑食的可能性。

2. 技能开发

BLW提倡让孩子自主抓取东西吃，在抓取的过程中，会非常好地锻炼手指精细技巧和手眼协调能力。接受BLW的婴儿咀嚼和吞咽能力也会更早地熟练，比纠结漫长烦琐的传统辅食添加过程简单快速很多。

3. 减轻父母的压力

制作泥糊状辅食要花费很多时间精力，尤其还要掌握颗粒大小、软硬等因素，实在很容易让做辅食的妈妈心力交瘁。BLW就不用纠结这些问题，更不必花费心思用勺子喂宝宝，把蒸熟的食物切块扔给宝宝让他自己奋战即可，宝宝和家人可以一起坐下用餐，气氛会非常轻松愉快。

4. 宝宝没有对抗情绪

在勺子喂食过程中，家长很难做到一点都不焦虑，经常会给孩子无形的压力。这导致宝宝会逐渐讨厌被喂的那种没有自由、被压迫的感觉，同时会连带着开始讨厌食物。BLW就完全解决了这个问题，因为一切都是宝宝自己选择的，自己选的食物，跪着也要吃完，他们只会对着食物较劲，而不会冲着家长较劲，亲子关系和吃饭积极性都得到了保护。

BLW的缺点

看起来是不是特别美好，是不是摩拳擦掌跃跃欲试？先别着急，BLW虽然各种先进，但也有许多不完美的地方。

1. BLW会让宝宝体重偏轻

BLW开始的几个月内，宝宝因为咀嚼能力没有突破，基本吃不进去多少，又因为BLW比较适合的食物大都是蔬菜和水果，都是低营养密度的东西，和减肥餐差不多，所以根据英国的一项调查来看，BLW的婴儿体重相对比传统添加辅食的婴儿体重偏轻。

2. BLW会让宝宝更容易缺铁

含铁的米粉难以抓握，不适合BLW，含铁的肉类和绿叶蔬菜，又比较难嚼，所以BLW的宝宝普遍对铁摄入量比较低，容易缺铁。所以，如果你想要遵循BLW喂养方式的话，要确保给孩子提供健康、营养全面的食物，注意观察体重，注重补充含铁的食物。

最重要的问题，BLW适合我的宝宝吗？

适合BLW的娃可能会有以下三个特点：

- 抓到什么东西都喜欢放在嘴里啃。
- 个性比较强，凡事不喜欢被安排，自主愿望强烈。
- 体质比较好，喝奶很好，肉多，比较抗折腾。

以下三种是不太适合BLW的娃：

- 一时没办法学会自己抓食物往嘴里放的宝宝。
- 早产宝宝。
- 有特殊需求，因为各种原因咀嚼有障碍的宝宝。

回想一下，我家毛头应该就不太适合BLW，他虽然个性很强，但是一直不太会自己抓东西吃，真要BLW估计会一直饿到十个半月才能入门，这个实在是不现实。果果应该就比较适合BLW，事实上她9个月之后，和BLW也没什么太大区别了，绝大多数都是自己抓着吃的。

妈妈们要具体评估自家宝宝的特点，来看看适不适合用这种方法。

宝宝频繁地噎到并且作呕要紧吗？

关于宝宝吞咽大块食物噎到甚至呕吐，橙子之前讲过，其实是一种很正常的咽喉保护机制，保护过大的食物不被吞进去，宝宝被噎到，导致呕吐，其实是对他的身体健康没有任何影响的，只是会觉得有点难过。

事实上就算是传统添加辅食方式的婴儿，同样也会作呕，只不过呕得比较分散，没有BLW的婴儿呕得那么密集。但即使是BLW初期，婴儿因为一直咽不下去食物而连续作呕，看着非常吓人，也不要紧。BLW理论告诉家长，这是一个必经的过程，只是暂时的，宝宝就是靠作呕来学习，咀嚼到什么程度咽不下去，咀嚼到什么程度能咽下去。慢慢地，宝宝作呕次数会越来越少，最终突破咀嚼关。比起食物卡在食道咽不下去导致的"噎到"，比较需要重视的是食物卡到气管而导致的窒息，这种情况是很危险的，需要父母做好区分。

噎到作呕的状态是这样的：宝宝会把舌头伸出来，一副很恶心要吐的样子，因为他正在试图通过这种运动将食物从喉咙推回到嘴里。他的眼睛可能会挤出泪水，也可能会剧烈咳嗽甚至呕吐，这些都没关系，可以让宝宝充分地咳嗽，把食物吐出来，很快就会恢复正常。

食物卡到气管导致的窒息的状态是这样的：他可能会张开嘴巴，发出古怪的声音，而且脸色会迅速变色，先是变紫然后变灰，他不能哭泣、咳嗽或喘气。这种情况需要赶紧施行海姆立克急救法。

BLW会增加婴儿窒息风险吗?

你可能觉得，BLW的宝宝噎到得这么频繁，食物卡在气管窒息的风险也会飙升吧。而事实并非如此，科学家最近做过实验，将206名婴儿分为两组，一组传统添加辅食，另一组BLW，发现两组都有35%的婴儿发生过chocking（对这个数字我也挺惊讶的，估计应该是比较轻微的呛到气管里一点食物也算上了吧），概率上不相上下，没有什么明显区别。说明宝宝的窒息风险并不会因为喂养方式而改变。

但是美国儿科协会的标准现阶段并没有改，还是建议婴儿刚刚开始接触辅食的时候，吃碾碎的柔软的食物是比较安全的。但美国儿科协会没有对BLW发表任何意见，没赞成也没反对。

所以整体来说，BLW算是个新生事物，它的效果还需要更多的实验佐证。父母还是尽量做好准备，万一窒息发生，一定要知道如何去做，这是最重要的。

什么时候可以开始BLW？

大多数婴儿可以在6个月开始BLW，当然有些婴儿可能需要更晚一些。

- 宝宝可以独立地坐着，而不需要腰背的任何支撑。
- 对大人的食物非常感兴趣，看大人吃东西的时候，也会模仿着吧嗒嘴。
- 能够拿着东西塞到嘴里啃。

你会发现，并不是所有的婴儿，都会在6个月的时候满足这些条件的，所以我们也可以走一个中间路线，在6个月的时候开始添加一些果泥，等宝宝满足这些条件了，再开始BLW。但是也有可能在喂泥的过程中，宝宝受到了压力，并且对食物失去兴趣，探索食物的积极性受挫，BLW就失去了一个很好的开端。而且吃泥的宝宝是先学会吞咽，却还不会咀嚼，突然从保守路线改到激进，他们可能会噎到更多次。

所以，一开始选择走哪条路线，还真是一件纠结的事情。每个娃都是不一样的，具体还需要你自己摸索尝试。

开始BLW的一些细节

让宝宝坐在餐椅上，确保他坐直，而不是躺靠着，避免穿得太厚，让他们的手和胳膊可以自由移动，方便在餐盘上抓取食物。

给宝宝提供手指食物，因为6个月左右的宝宝，只会用整个手掌大把抓东西，所以一开始，食物要大块一点，最好是棒状的，蒸过或煮过的很软的食物，注意，都要削皮哦！当他们再大一些，学会用拇指和食指拈起食物了，就可以给他们提供小条或者小块的食物了。添加食物种类也要遵循传统辅食的添加原则，单一种类添加，观察三天，没有反应之后再添加下一种。

把食物放在宝宝面前的托盘里，或者用手递给他们，让他们自己拿着食物吃，一定不要代替宝宝直接塞到他的嘴里。每次只放在托盘上两三块食物，如果吃光了再添加，避免食物太多给宝宝太多压力，让他们迷惑不知道该拿哪个。

给宝宝准备好一小杯水，他可能随时需要喝水来帮助吞咽食物。

让宝宝和家人一起吃饭，会更有吃饭的气氛，而且宝宝会在观摩大人吃饭的过程中学习到吃饭的方法。

BLW的方式想当然会搞得很乱，不过还好是块状食物，总比汤汤水水的好清理，让宝宝戴上围兜兜，地上铺块垫子，然后随便宝宝发挥吧。千万不要因为宝宝吃得不好，扔得到处都是责怪他，那是他在探索食物。

BLW的进食方式会比喂食要慢一些，宝宝需要许多时间来探索，很可能半天才啃上两口，不要催促他们快点吃，或者教他们怎样吃，这其实是一种打扰。静静地陪伴他就好，等他们失去探索食物的兴趣就结束吃饭好了。从宝宝开始BLW，到真正非常熟练地吃东西，可能需要两三个月的时间来学习、辨别、探索，这期间可能吃不进去什么。如果你确定要BLW，一定要有耐心，这很考验妈妈的心理承受能力，如果你内心犹豫，或者家人不支持，那么就不要开始这么激进的方法。

BLW的宝宝1岁之前仍然要以喝母乳或者配方奶为主，尤其在宝宝吃东西没有非常熟练的阶段，保证足够奶量的摄入。要密切跟踪宝宝的体重情况，如果生长曲线掉落得太厉害，还是考虑改变喂养方式。如果宝宝体重增长情况不错，即便你觉得他吃得少，也是不必担心的。

当然，也不必过于教条，可以通过你家宝宝的情况进行调整，不单单的BLW也可以，一顿勺子喂，一顿BLW，或者兼而有之也是可以的。总之，越多地保持宝宝主导，就越能激发他对食物的积极性。

什么样的食物适合BLW：

- 煮熟或者蒸熟的棒状蔬菜，譬如胡萝卜、西葫芦、红薯、南瓜等。
- 有趣的形状和纹理的食物，譬如西蓝花一小朵一小朵的，还有牛油果的块。
- 柔软、成熟的水果，譬如香蕉、软梨、猕猴桃、软桃和煮熟的苹果。
- 松散的肉丸子或者煮得比较烂的鸡肉。
- 粒状的意大利面或者比较小段的软烂面条，也可以抓着吃。
- 米饭握成小饭团。

- 发酵的面食，譬如发面饼、发糕、馒头等。
- 也可以把酸奶作为蘸酱，让宝宝用水果蘸着吃。
- 煮熟的豆子和牛油果也可以碾碎作为蘸酱让宝宝蘸着吃。

BLW提供了一个新的思路，一种新的可能。参观过BLW，你就知道，世界上还有那么多的小婴儿，可以完全不吃泥糊，完全靠自己喂自己，又噎又吐的，吃不到什么东西两三个月，这样跌跌撞撞的，也可以顺利度过辅食添加时期，你按部就班地用最传统最稳妥的辅食添加法，又有什么好战战兢兢的呢？

另外一个感悟就是：我们终于可以看到，“自主性”在宝宝接触食物的过程中，究竟起到了多大的作用！BLW只是把进食的主导权交还给了孩子而已，却能激发小小的宝宝那么大的能量，这难道不应该引起所有喂饭妈妈的警醒吗！

其实孩子本来就有热爱食物的天性，只要让他们自由发挥，个个都是食欲旺盛的。所以，无论你要不要接受BLW的辅食方式，都请一定要记住，不强迫、不哄骗孩子吃饭，让孩子发挥最大的主动性，才能保护他们对于食物的兴趣！

06 小朋友本就应该吃零食

这几天毛头终于上学前班了，学校发给家长的通知单上，明确要求家长给小朋友们带“健康的午餐和零食”。是的，已经5岁的毛头，依然每天吃零食，上了学以后依然在继续。这个习惯可能要延续到青春期。

一提到“零食”两个字，家长们脑子里立即浮现了各种甜食和油炸膨化食品，这个其实是商业误导的结果。

孩子吃零食的真正意义

“零食”这个词，其实指的是两餐之间的一顿小加餐，应该翻译作“间食”更为准确。因为小朋友们吃零食的状态并不像很多人想象的那样，走到哪儿吃到哪儿，嘴里一直不停的样子。作为正餐的一种补充，吃零食是对于小朋友非常健康而且更适合他们肠胃的饮食方式。

越小的孩子，胃容量越小，每顿其实吃不掉很多，他们的活动量又大，身体长得快，于是没两个小时又饿了。1岁以前主要是喝奶，辅食补充，1岁之后，奶量进一步下降，就需要用一顿健康的零食作为一顿“迷你正餐”来补充。

一日三餐，其实是更适合大人的进食方式，而并不适合小朋友。小朋友如果没有按时吃到零食，会血糖偏低，身体困乏，精神状态也不好，容易发脾气或者和人起争执。有一阵我发现毛头每天下午两点半接他放学之后，脾气会特别糟糕，一定要因为鸡毛蒜皮的事情和我大吵一架。后来我每次去接他的时候都直接带一点零食让他在车上吃，于是下午回家之后就一直高高兴兴的了。很多父母经常抱怨小朋友每餐吃得不多，然后没多久又喊饿，以为孩子是在无理取闹，其实是不懂得低龄孩子的饮食特点。

所以，两餐之间，给孩子加一顿健康的零食，无论是为了他们身体更好，还是让他们有个好情绪，都是非常重要的！2岁之前的孩子，甚至不需要严格区分正餐和零食，一天吃5顿，也是十分正常的。

给孩子加零食注意三点

1. 固定时间

既然是“迷你正餐”，就不要零零碎碎一直在吃，这样吃会非常影响下一顿的食欲，选一个每天两餐之间的固定时间，如果早饭是8点，中饭12点，那就10点钟来一顿。如果出门在外，记得给宝宝带着健康零食，在户外玩尤其容易饿，而且孩子容易玩得太投入，饿了还不知道自己饿，饿过了就会开始大发脾气了。所以到了时间就要招呼宝宝来吃一点。

2. 营养健康，不吃太饱

既然是零食，就不要像正餐一样，吃很多会感觉饱腹的食物，这样会影响正餐的食欲。最好大部分是水果和蔬菜，再加一小部分的淀粉或者蛋白质类即可。

另外注意最好不要吃过于精细的食物和甜品，譬如小蛋糕、甜饼干什么的。因为精细食物太好吸收，不顶饿，甜食又会引起多巴胺的分泌，让人兴奋，会让孩子吃了还想吃更多。所以你会发现美国小朋友基本都吃苏打饼干或粗粮面包。

我经常给毛头和果果吃的零食是下面这些食物，大家可以参考。

蛋白质类

- 酸奶（含糖越少越好，自制不加糖的最好）
- 奶酪条（strip cheese，小宝宝的话注意钠含量不要超标）
- 花生等坚果（3岁以下慎重）

淀粉类

- 一小截玉米
- 粗粮面包涂一点果酱或者花生酱

- 麦片（混一些干果，味道会格外好）
- 一小块红薯

蔬菜类

- 胡萝卜、西蓝花，煮熟切条、切块
- 豆角直接整根煮熟即可（可以看情况在煮的过程中加少许盐）
- 圣女果、黄瓜可以直接生吃

水果就不多说了，种类尽量多就好。

3. 吃零食一样要注意餐桌礼仪

如果在家里，也不要边看电视，边玩iPad边吃，和吃正餐一样，好好地坐在桌子旁边吃，确定不想吃了就下桌去玩，20分钟内务必结束。经常看到美国的游乐场地很多妈妈带了零食给孩子吃，但是孩子在吃零食的时候，都是规规矩矩地坐着认真吃。吃和玩一定要分开，吃的时候认真吃，玩的时候尽情玩，这是餐桌礼仪的延续，也是为了安全，边笑闹边吃东西，真的很容易呛到。

如何对待“不健康的零食”？

各种甜食，乃至于超市出售的各种标明“婴幼儿”零食，其实都属于不健康零食，看看配料表就知道了，一定是高糖、高盐、多种添加剂，肯定是不适合宝宝长期食用的。

所以我建议，对于孩子特别喜欢的零食，可以和孩子讲清楚道理，这个东西是很好吃，但是吃多了对身体不好，约定好，一天吃多少，或者一周吃几次。孩子知道可以吃到，反而就不会那么感兴趣了。我和毛头就约定好，他一天可以吃一块糖（是他万圣节自己要来的），糖罐子就在他手里，结果他自己经常忘，快一年过去了，去年的糖还没吃完。

不健康的小零食也不是洪水猛兽，每天吃一点点是没问题的，只要大部分吃的是健康食品，还是可以有营养保证的。不过这种小零食一般都对牙齿不好，尤其甜食或者薯片，会粘在牙上，腐蚀牙釉质，吃过之后要注意给孩子刷牙哦！

07 宝宝要喝多少水才算够

事实上，没吃辅食之前的纯吃奶娃，是完全不需要喝水的！无论天气有多热，宝宝喝的奶里面所含的水就足够了。除非生病了，奶量下降，可以喝些水。是的，虽然听起来和国内的那些老一辈传下来的经验完全不同，但这确实是经过美国儿医学会统一口径过的科学做法。

额外的纯水不单对吃奶婴儿完全没有好处，甚至是有很多坏处。对于新生儿，水会占用他们本来已经非常有限的肠胃容量，让他们不想喝奶，引起营养不良。如果婴儿摄入的大量的水稀释了体液，会导致钠离子浓度过低，破坏了体内电解质平衡，产生组织水肿。这种情况会严重到导致癫痫乃至昏迷的。

吃辅食以后的大宝宝们每天需要多少水呢？

正确答案是，不一定！这取决于你家娃今天的运动量，出汗量，温度如何，今天吃的辅食是比较稀还是比较干，有没有吃比较难消化的食物，等等。这么多外在影响因素也就罢了，内在的每个娃处理体内水的效率也不一样，所以根本无法得知你家娃一天要喝多少水。

这件事，只有你娃自己知道。渴了，他自然会喝，如果不喝，那就是他不需要，千万不要追着灌！很多吃辅食之后的宝宝，对喝水兴趣也不大，这很正常，因为辅食对他们来说毕竟量很小，只是饮食里的一小部分，而且无论是米糊，还是果泥蔬菜泥，里面本身就有很多水了，不吃盐也不需要很多水来代谢盐类，所以基本不必补充太多。

就算是宝宝长大吃饭了，也不一定需要很多的水，因为日常的食物里，含水也是很多的，且不说水果和蔬菜，米饭和面食里面也有大量的水——记得你是怎么煮饭和和面的吗？——即使是肉类，水的含量也达到60%~70%。所以天气凉爽的日子，你如果没什么特别大的体力支出，只要把饭吃饱了，可能一天都不会觉得想喝水。

口渴是身体最忠实的信号，渴了再喝完全来得及，这种很自然的事情跟随感觉就最健康啦。

“喝水少”问题背过的锅

皮肤干燥：婴儿的皮肤薄，容易流失水分，所以容易皮肤干燥甚至湿疹，正确的做法是勤用保湿霜。喝多少水和皮肤能否锁住水分是没有关系的。

便秘：引起便秘问题的原因主要是饮食里缺乏足够的膳食纤维，导致无法留住水分，便便太干，所以会便秘。就算喝再多水，到了肠道里都流失掉了，依然是便秘，所以，增加饮食里的膳食纤维才是正途。

尿黄：这根本就不是病症好吗？人的尿本身就是淡黄色的，至于有多黄，是很多因素决定的，包括是否有出汗，存在膀胱里多久，有没有吃药物维生素，等等。喝水多把尿液冲淡了，会变不黄一些，但是尿偏黄并不代表不健康，只有当尿色呈现非常异常的褐色或者红色时，才是病态的。

嘴巴很干、黏：2个月之前的新生儿，是不分泌唾液的，不是因为缺水，是因为唾液腺没发育好，等到2个月左右开始吐泡泡流口水了之后，自然就不干也不黏了。

有口气：口腔清洁工作没做好，很多家长不重视清洁婴儿的口腔，奶渍没有冲掉，挂在舌头上口腔里，时间长了都发酵了，那没味道才有鬼呢！

可能又有人要来说，我家那个孩子，就是特别讨厌喝水，渴到不行也只喝一点点，每天尿也尿一点点，这难道不应该让他多喝点水吗？

我承认是有这种情况存在，但是你要反过来想想啊：这个孩子身上到底发生了什么，居然让他渴了都不想喝水？那只能说明孩子对喝水极其厌恶，而厌恶的原因，你就得从自己身上找找了。

家长越重视孩子喝水，孩子就越不喜欢喝水，这基本是一个定律。

给宝宝喝水，要遵循什么原则呢？

没有吃辅食的吃奶宝宝，一点点水也不需要。

吃辅食之后，只需每天辅食后，提供宝宝一次水，用杯子勺子都可以。想喝就喝，表示拒绝就二话不说赶紧撤，千万别烦人！

1岁以后，固体食物占主导，可以每隔2个小时左右给宝宝提供一次水，想喝就随便他喝多少，如果表示不想喝，别磨叽！

3岁左右，可以适当提供一些便利条件，让孩子可以随时自己倒水给自己喝。学会了之后，喝水这件事你就别管了，顶多提醒一下。

渴一点，才能发现水有多好喝，适当地让宝宝有一些很渴的经历，不是坏事。不要为了让宝宝喝水，给宝宝的水里加甜的东西，这会让他继续要求有甜味的水，从此再也不喜欢喝无味的白水了。

Part 5

大运动发展

01 多趴的宝宝强壮又聪明

让宝宝变强壮、变聪明、变健康、变漂亮的方法就是——多趴着。让宝宝趴着照相，颜值效果可要比躺着好多啦！

多让宝宝趴着有哪些好处？

1. 变强壮

医学上将负责维持人体稳定的肌肉，叫作“核心肌肉”，包括颈部、背部、腰部、腹部和骨盆，如果这部分肌肉没有力量，人就会摇摇晃晃，无法维持稳定，没有安全感，那么抓握等精细动作就更没法发展了。趴着的姿势，正好能把所有的核心肌肉全都锻炼到，所以核心肌肉，也叫作“趴着肌肉”。

所以宝宝趴着的这个动作，其实是整个大运动发展的一个基础，如果这个基础不打好，平时几乎不趴着，核心肌肉不够强壮有力，盖在上面的楼就都是歪的，宝宝以后可能会翻身费劲，独坐不直，抓握不好，爬行晚或者不会爬，乃至学习站立和行走的时候，也会爱绷直膝盖，或者踮脚尖，只是因为试图补足核心肌肉不够的力量。

大人们总是急吼吼地想看见宝宝翻身、独坐、走路，却往往忽略了最基础的练习，这实在是不应该的。

2. 变聪明

对于婴幼儿来说，让大脑变聪明的最佳方式，就是让他每天受到足够多样的刺激。各种不同神经信号的刺激，才会导致大脑形成更多的突触，神经元才能够更多地连接。

另外，喜欢趴着的宝宝大运动发展都会更好，更好的运动能力就意味着更丰富的环境刺激，更多的感觉统合练习，这都可以促使大脑神经元建立更多的连接。有些脑瘫的宝宝，如果能及时地早期干预，系统地训练大运动，当他们运动能力变强，甚至能够修复一些他们大脑的损伤。

3. 更健康

新生的宝宝多半会有一阵子乱抻乱扭，万年便秘的样子，那是因为各种原因，肠子里有气泡，肠道蠕动又不规律，气体排不出来，所以让宝宝很难受。趴着就是一种非常好的让宝宝顺利排气的方法，因为给腹部压力，再加上他们扭来扭去，相当于自己做了一个深度排气操，很多宝宝趴一会儿，一连串的屁就放出来了，宝宝就会舒服很多。

另外，经常看到有妈妈说宝宝总是淹着脖子，反反复复也不好，那就是因为总是躺着，不趴，脖子的部分就没办法通风晾干水分，你扒开擦也擦不干净。如果每天能趴几次，经常把脖子晾干，宝宝也不会总是淹到脖子了。

4. 变漂亮

宝宝躺得越多，造成偏头的可能性就越大，因为总是躺着，因为偏好，很难两边睡得都一样的时间。如果让宝宝多趴一趴，就会很好地减少后脑勺的压力，让宝宝有一个漂亮的后脑勺。

如果平时宝宝不习惯趴着，一趴就哭，你就不会得到这么可爱的照片啦。还有一件事需要解释，“趴着睡小脸”这个传说是没有任何科学依据的，是小脸还是大脸，还是由基因决定的，我家果果从小趴着睡，还是一张大圆脸来的！

宝宝为什么一趴就哭？

很多妈妈说，宝宝不喜欢趴，一趴就哭，看起来很难过的样子，搞得家里人也不支持，很纠结。

首先要解释一下，宝宝之所以趴着会哭，完全不是因为趴着让他们难受或者疼痛，只是因为用了一个平时不太常用的姿势，不习惯而已，而这个习惯是大人总是让他躺着造成的，错其实在大人。而且，刚开始趴的宝宝还不会抬头，没办法看到大人，有被抛弃了的感觉，会害怕地哭，这个时候逗逗他，和他说话，就会有很好的效果。

所以，宝宝一趴就哭，主要还是大人缺乏引导的问题。如果宝宝从出生就多用趴着的姿势，宝宝就会很熟悉和习惯，不会没有安全感，当然不会有意见了。

趴着的姿势有哪些？

1. 趴在你身上

妈妈靠坐，让宝宝趴在胸口这个姿势比较适合新生儿，主要是因为这个时候他们还不太重，不会把妈妈压得喘不过来气。大多数宝宝都会很喜欢这个姿势，不太会反抗。

2. 趴在你的腿上

妈妈坐着，然后让宝宝趴在你的大腿上。如果还不会抬头，注意扶着头哦！可以一边让宝宝趴着一边摇晃你的腿唱歌，宝宝会喜欢的。

小鸟飞的姿势，做起来可不容易

3. 飞机趴

用手托住你的趴着的宝宝在房间里走来走去，他会很开心这种姿势的，就是坚持不了太久……

4. 小鸟飞

妈妈躺下，曲起小腿，呈Z形，然后把宝宝放在小腿的平面上。这个姿势注意要宝宝可以抬头了再做。举起小腿让宝宝上上下下地“飞”，像游戏一样地练趴，也是对妈妈很好的锻炼哦！

5. 趴在地上

前面那四种其实都是帮助宝宝熟悉趴着的姿势，不害怕，虽然都很好，但是都很累，不能持久，也就新生儿时期能用用，当宝宝渐渐长大，用得最多的姿势，还是这种直接趴在平面上的方式。

注意让宝宝的手臂放在前方，做“撑住”的姿势，不要压在肚子下面。

宝宝练趴需要什么样的环境？

趴的平面要稍微硬一点，最好是地上铺个褥子，或者垫子，床上太软太舒服，就不太适合趴着，当然硬板床除外。宝宝要穿少一些，穿太厚他也用不上力。

可以把垫子周围布置得花里胡哨，放点色彩鲜艳的小玩偶啊，小镜子啊，让宝宝感到趴着的时候会看到很多新奇有趣的东西，而不是又累又无聊。

什么时候趴？

最好是选择宝宝睡饱了，心情比较好的时候。但是注意不要刚吃完奶就趴，比较容易吐，消化个半个小时差不多。宝宝的作息很重要，因为如果宝宝作息混乱，整天吃得睡得都零零碎碎，又饿又困的状态，是很难有心情趴着玩的。

尤其前3个月的宝宝，刨去吃奶、睡觉和心情不爽的时间，可以用来锻炼的时间其实很少，所以一旦发现这阵宝宝心情比较美丽，就别浪费了，赶紧趴起来。

趴多长时间？

官方说法是这样的：0~3个月的宝宝，每次趴着的时间应该是1~10分钟不等，3个月以后的宝宝，每天总共趴着的时间应该达到半个小时到一个小时。当然这是标准情况下，但是具体到每个孩子身上又不一样，有的宝宝每次趴着的时间可能要按秒来计算，有的宝宝可以一天到晚都趴着。

我建议大家让宝宝锻炼趴的时候不要盯着时间，而是要看宝宝的状态，只要宝宝状态不错，心情很好，趴个一两个小时也没问题。事实上趴着这件事，时间越长越好，不必害怕宝宝累坏，累了他们会自己哭闹，或者会趴下自己歇着。

所以不要试几次，就断言你的宝宝不喜欢趴，这是一件要长期坚持的事情。

另外提一下，千万不要因为你觉得这是很好的运动，而强迫宝宝趴，甚至宝宝趴着哭也不理，毕竟我们不希望让宝宝认为这是一件折磨他的事情，从而产生惧怕的心理。要让宝宝对趴着这件事充满愉快的记忆才好。

应该怎样引导宝宝喜欢趴着？

在宝宝没抬头之前，还不太能看见周围的景物，所以可能不太会对趴着产生兴趣，这个时候就需要我们帮他们找点乐子。譬如用个枕头给宝宝把前胸垫起来，这样宝宝的视线就会一下子开阔了，会更容易接受。如果还是不爽，那就需要你发挥想象力哄小主开心了，拿个小摇铃、小玩具，或者图画书，给宝宝看，和宝宝面对面趴在一起，让宝宝能够看见你，给宝宝唱歌、念歌谣，或者做鬼脸、学猪叫，把宝宝逗高兴了就好。

宝宝趴一会儿，多半会有点累，会哼哼唧唧，别等他哼唧得太惨就帮他翻过来，休息两三分钟，看着心情不错，就再趴一会儿。

光趴着啃手不抬头怎么办？

有的妈妈说，宝宝趴着倒是没意见，就是只顾着啃手，不抬头怎么办？这不是锻炼不着了吗？因为宝宝发现自己的小手手是个新鲜玩意儿，要好好探索啊，暂时还顾不到其他的事情。

宝宝没抬头，不代表他没用力，即便是看不出来抬头，核心肌肉也是有所锻炼的。另外保持趴着的姿势，也可能会养成习惯，至少不会排斥这个视角和姿势，以后等脖子硬一些了，收获更多的成就感，会对趴着更有好感。

会翻身了，一让趴着就翻过来怎么办？

前面也说了，让趴着的活动变得更有趣一些，一旦宝宝趴下，就会有层出不穷的好玩的玩意儿吸引他，他肯定就不要翻回去咯。譬如：

- 密实袋里装上有颜色的水和塑料小玩具，粘在地板上，让宝宝摸。
- 在垫高的枕头前面放各种各样新鲜的东西让宝宝趴着玩。
- 把小玩具拴在趴着的垫子上，让宝宝趴着的时候可以有东西扯着玩。
- 在地面上放一面镜子，让宝宝趴着的时候看到自己，也是件很有趣的事情。
- 纸上点几滴不同颜色的颜料，放在大密实袋子里并且密封好，粘在地板上，趴着的宝宝用手一抹，就混合成了抽象画作，这么好玩的东西，我就不信宝宝还会翻过去！

趴着睡觉可以吗？

趴着睡觉全身处于放松状态，是不锻炼肌肉力量的，所以没有必要刻意为了锻炼而训练宝宝趴着睡觉。

不会翻身的宝宝如果趴着睡觉，是有一定窒息风险的，但是趴着确实要比躺着睡觉质量更好，具体还要家长权衡利弊。

02 如何引导宝宝翻身

宝宝大运动的发展，尤其是翻身，是每个新父母比较关注的事情。但是每个父母关注的标准都不太一样，有的宝宝8个月没翻身，妈妈也很淡定，有的宝宝5个月没翻身，妈妈已经急得不得了了。

宝宝什么时候会开始翻身？

美国babycenter网站有一个关于宝宝什么时候翻身的调查，有将近17万人的投票，应该比较能说明问题。调查显示，2个月翻身的占20%，3个月的18%，4个月的35%，5个月以上的27%。比较平均，并没有非常集中在第几个月。

所以，所谓三翻六坐，那都玩数字游戏呢，事实上是几个月翻的都有。如果你去查婴儿大运动发展的权威资料，都会说，大多数的宝宝会在2~5个月学会从趴着翻到躺着，因为这个动作相对会容易些，5~7个月，才能学会从躺着翻到趴着，因为这个动作需要更多脖子和腰的力量。

但具体到你家小娃身上，那就不一定那么符合“大多数的标准”了，有的孩子是先会从躺着到趴着，再学会从趴着翻到躺着，有些孩子甚至会跳过翻身，先学会坐，甚至先学会爬。

所以，基本上6个月之前学会翻身，都是非常正常的，亲戚邻居家孩子几个月会翻，和你没啥关系，6个月之前，可以把心放在肚子里先。

宝宝是如何学会翻身的？

3个月左右的时候，宝宝的头应该开始竖起来了，当你把他放趴下，他会尽力地把脑袋撑起来，大概和他的肩膀一样高。当然，一开始他们会坚持不了几秒，如果你多让他们趴着，他们就可以坚持得越来越久。然后他们头会越抬越高，逐渐地，他们会把自己的前胸撑离地面。甚至他们不用手撑着，也可以抬头抬得很高。他们还会做出踢腿、躺着把腿抬起来并且砸下去、迷你俯卧撑等等动作，都是为翻身做准备。当宝宝的颈部、手臂、背部、腰部的肌肉越来越强壮，他们翻身的可能性也越来越大。

但是光有力量还是不够的，他们还需要探索翻身的技巧，包括身体的协调性，如何转移重心，知道先哪里用力后哪里用力，等等。这些技巧也需要很长时间的试探和练习。如果宝宝总是被抱着或者躺着，没有机会练习这些技巧，也会很大程度地影响翻身的时间。

另外一个不翻身的原因是宝宝的意愿，有些宝宝天生比较敏感一些，翻滚这个动作速度比较快，会让他们害怕，所以会迟迟不去翻（我强烈怀疑毛头翻身晚就是这个原因，因为他练走路也是这个德行），对这样的宝宝就得有耐心一点了，让他慢慢消除恐惧。

什么时候不翻身需要着急？

如果你的宝宝6个月了，依然没有能力翻任何一面，也依然不会坐，不能以任何方式移动自己，那就应该引起注意了，至少平时应该每天加强锻炼，形成日常练习的习惯，半岁检查的时候，也应该和医生讨论一下这件事。

如果加强锻炼到了7个月依然是两面都不能翻，不能坐着也不能移动，那就真的属于大运动发展迟缓了，很可能不是缺乏锻炼的问题，需要好好重视了。

大运动发展迟缓会有很多原因，包括大脑或者身体上的，不要讳疾忌医，还是要积极求助更专业的意见，有什么问题早发现早治疗为好。我家毛头虽然6个月没翻身，但是他已经会坐着了，医生也认为他足够强壮，没什么问题，在家多练习一下很快就可以翻了，结果真的就是这样。

要如何帮助宝宝练习翻身？

橙子一直以来都在说，宝宝从出生开始，就应该多趴着，趴着非常非常重要，因为他们躺着的时候肌肉都是放松的，得不到锻炼，多趴着会锻炼宝宝的脖子、胳膊、腰背的肌肉，这些正是翻身所需要的肌肉。一个平时很难有趴着锻炼机会的宝宝，翻身一般都会晚一些。

当你的宝宝抬头已经很好了，可以独自支撑超过一分钟以上，就可以开始帮助他练习体会一下如何翻身了。倒不一定是为了让宝宝早早翻身，至少让他经常感受一下翻身的过程，他会对翻身降低敏感性，不再害怕，也会学习到一些用力的技巧，当他的力量足够的时候，就容易更轻松地学会翻身。

首先，给宝宝一个不是很软的平面，爬行垫是一个很不错的选择，如果没有，在地板上铺一层薄被也可以。先让宝宝趴着，并且把宝宝肘部尽量向里收，这样更有利于宝宝用力翻身的时候不会被自己的手臂卡住。然后用小玩具吸引他的注意力，让他的脖子为了看见玩具而使劲往玩具的那一侧转。

如果宝宝从趴着到躺着没什么问题了，就可以训练躺着翻到趴着了。同样是通过用玩具引导宝宝的视线的方式，引导宝宝头部乃至身体的扭转，如果哪里有卡住过不去，可以适当帮助宝宝一下，但是尽量让宝宝自己用力。

这两个动作同时训练也没问题，你也不知道宝宝会先领悟哪一个动作。

小贴士：

• 平时可以多和宝宝玩滚来滚去的游戏，让宝宝熟悉翻滚的感觉，翻身的时候不感到害怕，也是一种前庭的锻炼。

• 练习从躺着翻到趴着的动作时，可以先把宝宝一条腿往前面跨，让下身先侧过来，从而带动上身翻，让宝宝感受这个过程。

• 也可以在宝宝面前放一样他喜欢的玩具，引导他伸手去够，如果他力气不够，你可以帮助他一点点，但是尽量让宝宝自己用力翻身。

• 有的宝宝会容易被下面的那个胳膊卡住，翻不过来，你可以拉住宝宝的腿，往后拽两下，让宝宝可以有空间调整自己的姿势。

• 如果宝宝成功地翻了过来，哪怕是在你的帮助之下，也一定要奖励他大大的微笑和夸奖，让他觉得翻身是一件很有趣的事情，才会更加激发宝宝练习的积极性。

即便你的宝宝翻身已经有些晚了，也不要在和他练习的时候有焦虑的情绪，你的情绪一定会被宝宝感知到的，他就会排斥翻身这件事情。无论练习了多长时间，宝宝是否有进展，都一定要耐心引导才好。

重视翻身带来的安全问题

宝宝会翻身之后，发生危险的概率就大大增加了，一定要注意安全问题。即便是宝宝没翻身的时候，从出生开始，安全保护就要变成日常习惯，不要等发现宝宝会翻身的时候再改，改习惯会很难的。

永远不要把宝宝单独放在床上、沙发上、桌子上没有人看着，因为你真的不知道他什么时候会翻身。

有些宝宝平时可能不会翻，一看到妈妈走了，一着急就翻过来了，如果旁边没有阻拦的东西，非常容易发生危险。

就算宝宝没有摔伤，他也会对翻身这件事充满恐惧，一时半会儿不想尝试了。

所以，安全第一，安全第一，安全第一，重要的事情说三遍。

03 如何帮助宝宝练习独坐

独坐，是宝宝大运动发展的一个重要的里程碑，宝宝学会独坐之后，看东西的视角立即会变得和从前不一样，从只能“仰视”，突然就变成了可以“俯视”，这让他们可以看到更多东西，并且有机会探索、接触到更多东西，刺激他们更加积极地去做“抓握”这样的精细运动。

如果宝宝独坐都坐不稳，说明他们的腰腹背的肌肉都不够强壮，当他们被扶着坐的时候，如同坐在颠簸的车上，总有一种“要摔倒”的不安，心思都在如何“掌握平衡”上面，就没有办法发展精细运动，也会对练习咀嚼、吞咽食物兴趣缺缺。

所以，让宝宝尽早能独坐、坐稳，对于他们发展精细运动，吃辅食能够尽快升级进阶，是有重大意义的。如果宝宝发展比较慢，还是得花点心思练起来！

宝宝应该在什么时候学会独坐？

美国babycenter对于“宝宝什么时候会独立坐直”的调查，有将近14万人投票。结果是这样的：4个月或者之前会独坐的22%，5个月会独坐的37%，6个月的27%，7个月或以上的10%。一般来说，宝宝会在4~7个月之间学会独坐，8个月的时候，绝大多数宝宝可以没有任何辅助地独坐几分钟。

如果你的宝宝到了9个月的时候，依然没法独坐超过一分钟，这个就属于大运动延迟了，需要担心一下，尽快找靠谱医生咨询检查。建议宝宝如果过了6个月，依然没有可以独坐的意思，就需要在平时刻意锻炼一下，让宝宝的肌肉更快地强壮起来。

宝宝学会独坐的过程是怎样的？

之前橙子不止一次强调，宝宝的肌肉强壮起来，是遵循从头到脚、从上到下的顺序。先是颈部肌肉强壮起来，3个月左右，宝宝大都可以很好地控制头部运动了。然后他们开始发展胸部和背部，乃至胳膊的力量，他们会在4个月左右的时候，做到用手把自己的上半身撑起来一点。头部控制很好的时候，他们可以靠在沙发上或者枕头上，靠坐一段时间了，但是靠时间长了，很可能会栽倒。5个月左右的时候，如果把他们放坐下，他们可能会用手撑着坚持几秒。然后他们会撑的时间越来越长，慢慢地他们可能会腾出一只手来玩玩具，再过段时间，他们就会试图两只手全都放开，来锻炼自己掌握坐姿的平衡。

他们会这样摇摇晃晃的好一阵子，经常栽倒，大概摇晃个月余，终于可以坐稳一段时间了。有的宝宝刚坐稳的时候腰是弓着的，坐不直，这说明他们的腰背以及骨盆的肌肉还是不够强壮，需要继续锻炼，等这些肌肉足够有力气了，自然会坐得直了。

当然，有一些娃不走寻常路，你的宝宝可能会慢慢地学会坐，也可能突然就会坐了。大多数宝宝都是先会坐，但是也有可能像我家果果一样先会爬才会坐。

如何帮助宝宝练习独坐？

确保你的宝宝头部控制比较好了，就可以开始适当地练习坐着了。

练习1：趴着

让小宝宝趴着简直是包治百病，趴着除了会练习脖子的肌肉，也会练习腰部、腹部、背部的肌肉。这一部分的肌肉，称之为“核心肌肉”，而独坐就是非常需要这部分核心肌肉起到稳定作用的姿势。所以，让宝宝多趴着，对宝宝能够独坐，也是有重大意义的。

练习2：靠坐

前面说过了，宝宝头可以立稳了之后，就可以靠坐了，一般家长会用枕头或者一些器械弄出一个凹槽，让宝宝靠在槽里面，两边都挡住了，比如流行的婴儿摇椅、婴儿座椅，比较稳妥，不容易栽倒。

但是这样太舒服了，维持这个姿势宝宝的肌肉是得不到锻炼的，不是一个非常有效的练坐方法。当然这样靠坐也是有意义的，就是让宝宝体验一下坐着的感觉：哎呀，视野太开阔了，抓东西太方便了，上面的空气好新鲜，我好爱这种姿势。这样就增加了宝宝想要坐起来的意愿。所以平时在宝宝乐意的情况下，这么坐着玩玩也没什么不可以的。

如果四五个月以上了，你可以让靠坐加大一点难度，让宝宝直接靠在沙发靠背这样的地方，旁边没有挡着的东西，乱动就会容易栽倒，但是栽下来不会摔痛，这样宝宝多少会学习到一点掌握平衡的技巧。

练习3：拉坐

就是拉着宝宝的手，把宝宝从躺着的姿势拉到坐着的姿势，你可以降低难度，让宝宝斜靠着，拉他起来，也可以提高难度，自己不主动用力拉，而是让宝宝拽着你的手指坐起来。难度越高，宝宝用力越多，越能够锻炼他的肌肉。拉坐可以作为一个游戏，没事就做10个左右，和宝宝玩一玩。也可以融入日常生活中，每当要抱起宝宝的时候，不是直接抱，而是将宝宝这样拉坐起来，日积月累，也是锻炼了不少。

需要注意的是，如果宝宝的头控不好，拉起来头会无力地向后垂下去，是不可以做“拉坐”这个动作的，因为他颈部肌肉还不够强壮，需要重新好好地练回趴着抬头。

练习4：迷你仰卧起坐

让宝宝躺在你的面前，你一只手把宝宝的腿按住，另一只手扶住宝宝的背到一定角度，缓缓撤掉力气，让宝宝自己用力坐起来，当然大人的手还是要注意保护，如果宝宝坐不起来，可以及时接住宝宝。角度可以根据宝宝的能力调整，尽量到让宝宝有点费力，还能够成功的程度。

这个应该是拉坐的进阶版，宝宝会比拉坐费力更大，拉坐如果效果不错，可以开始这个动作。

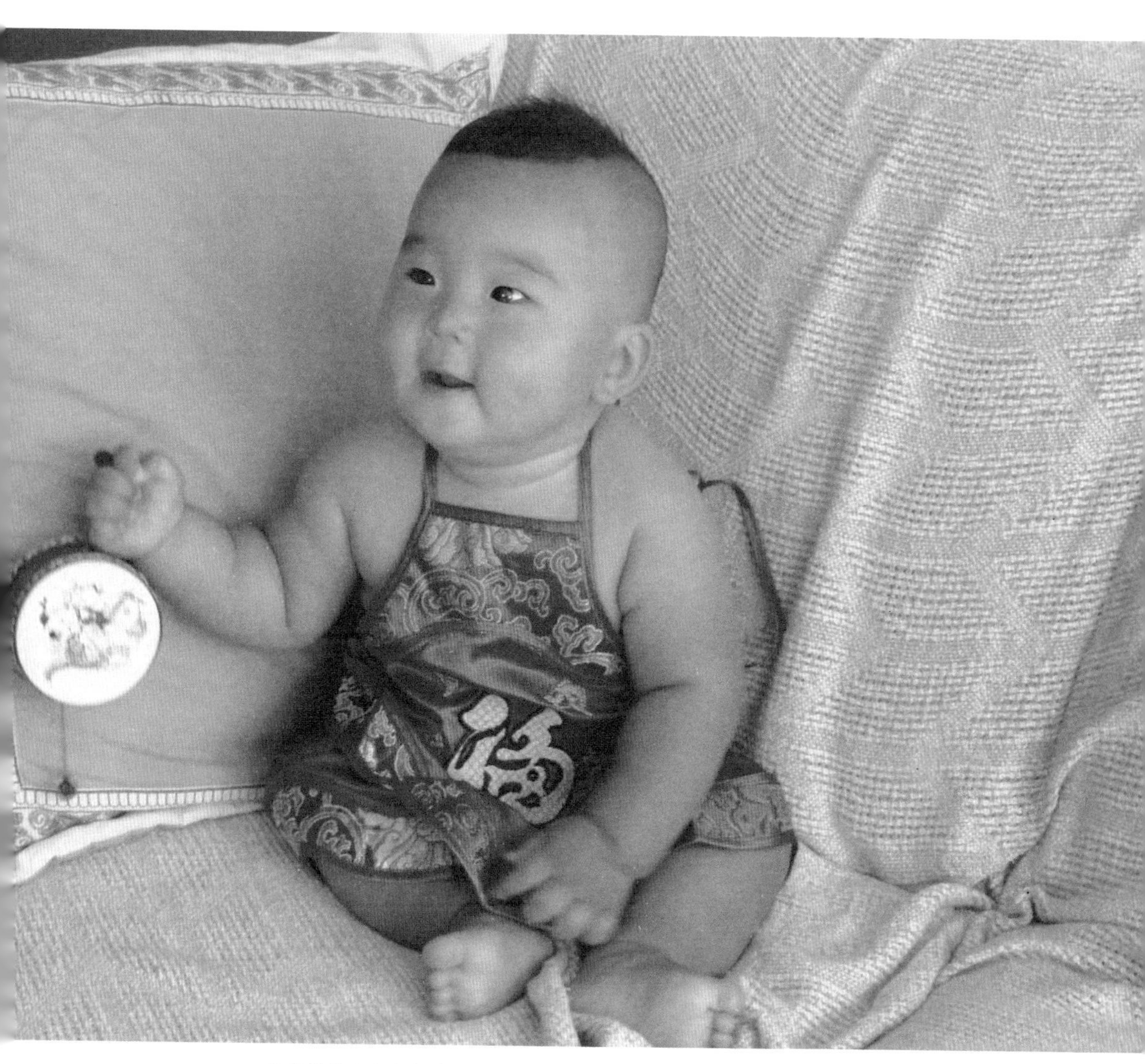

我家哥哥毛头半岁时，已经坐得很好了，可以给他找条鲤鱼骑着

练习5：撑坐

当宝宝可以用手撑着自己坐几秒，并且看起来没有很难过的时候，可以锻炼宝宝自己撑一会儿，大人在旁边要盯好了，在宝宝要栽倒之前把他扶直了，再撑个几秒。这个动作对能力不够的宝宝来说会有点累，练个三五次可以休息一下。

如果你觉得宝宝撑得比较辛苦，可以给他一个稍微大点的玩具，让他可以扶着坐直一些。如果撑着可以坐几分钟了，可以用玩具引导宝宝伸手去抓，让宝宝单手撑着试试。如果单手撑着没问题了，就可以引导他两只手都放开试试。

练习6：坐直

有的宝宝虽然可以坐，但是一直弓着背坐不直，我们可以锻炼他的腰部力量，让他坐直。让宝宝坐着，手在后面保护好，然后用玩具吸引宝宝的视线，并且将玩具慢慢拉高，尽量往上看，引导他自己做出"挺直腰"这个动作。这个动作不光训练宝宝挺直，也可以训练他掌握平衡，要如何用力才会让自己既不前倾，也不后仰。就算是力量够了，也需要一些技巧，给宝宝时间让他慢慢体会。

这6种练习，不一定每个都要做，就是当游戏一样，宝宝喜欢做哪个，陪他玩就好。注意宝宝的情绪，如果宝宝不喜欢了，就抱抱他让他休息一会儿再试，实在不行就结束。不要纠结一定要让宝宝做多长时间，以宝宝的反应为准。

练习独坐的大忌

头控不稳

前面说过，宝宝的发展一定是从头到脚的顺序，就像搭积木一样，基础不好，上层就算搭上也是歪的。所以，如果要宝宝练习坐，一定要确保宝宝的头控已经很好了——可以竖得很稳，可以自由地左右转头看，拉坐的时候，头不是无力地垂下，而是可以抬起来和身体保持同一条直线了——才可以练习坐的动作。

W坐姿

这样的姿势会让宝宝底盘非常稳定，不用费力维持身体平衡，但让宝宝没有练习到坐姿的平衡技巧，从而影响以后走路的平衡技巧，容易摔跤。而且这个姿势也影响了宝宝左右扭动身子，造成协调能力差，也不利于大运动发展。

长期的W坐姿，也会增加X形腿、内八和扁平足的风险，所以最好让宝宝从一开始就保持正确的坐姿，盘腿坐，并直着腿坐，或者叉着腿坐，只要两条腿都在身子前面，都可以。

独坐之后带来的安全问题

宝宝会独坐之后，又是打开了新世界的大门，他们会很喜欢坐着玩，虽然看起来静静的，好像不会出什么乱子，但是也是有危险的。

1. 栽倒

刚学会独坐的宝宝，不太会掌握平衡，也不太会在失去平衡的时候，用手把自己撑住，所以，他们在坐累了，或者不高兴打挺的时候，会不知道危险，突然一下就栽倒撞到头，尤其是容易撞到后脑勺。我家毛头可是这么撞到过好几回，就算家里有地毯，还是哭了很久，如果是硬的地板地面，那撞到后脑勺就不是闹着玩的了。另外也可以教他用一只手在侧面撑着坐，让宝宝领悟，要栽倒的时候，可以用手来恢复平衡。但是这个教是教，什么时候领悟，就看宝宝悟性了。

当然也不必因为怕宝宝栽倒，而时刻把他扶住，栽倒也是一种经验的积累，让宝宝小小地痛一下没有什么坏处，宝宝会越来越明白自己怎样做才能不摔，所以，做好地面防护，该摔还是得摔几下。

2. 误吞东西

宝宝会独坐了之后，探索能力就变大了，以前只会靠坐的时候，你给他什么，他就只能玩什么，但是会独坐了之后，身边方圆一米内的东西基本都在他的势力范围内了。所以千万千万，清好场子，不要让任何不适合宝宝啃着玩的东西在他能够着的范围内。有一次我一转身的时间，毛头已经吃了一脸的尿布膏了，真心不知道他是怎么打开盖子的，小宝宝的能力比你想象的神奇。

所以，一定确保家里所有不能进嘴的东西，都不要靠近宝宝，会坐之后就要开始习惯严防死守了，因为以后会爬了包你会更忙碌。

04 如何帮助宝宝练爬

广义的爬，指的是宝宝在非直立行走的状态下，把自己从A移动到B，坐着蹭，翻滚移动，都算。狭义的爬，指的是宝宝经典的手膝四点爬，一开始可能会腹部贴地匍匐前进，但是一般最终会演进为手膝四点爬行。

所以父母们的所谓“不爬”的担心，其实是分两种，一种是“不会手膝四点爬”，一种是“完全不会移动自己”。这也是本文要回答大家的两个问题。

宝宝什么时候开始爬？

美国babycenter网站的调查结果是这样的，22万人投票：5个月的7%；6~7个月的34%；8~10个月的40%；11个月以上的14%。大部分宝宝学会爬行的时间，集中在7~11个月，11个月以后的也不少。我还认识一个朋友家的孩子，贴地腹爬着抓周，也是蛮罕见的。周岁之后才会手膝爬，手膝爬了两个月之后才学会走的。

所以说，基本上，宝宝什么时候学会爬都是正常的。事实上，就算宝宝完全不爬，也说不上不正常。

一直不爬有问题吗？

确实有许多从来都没有爬行的宝宝，各方面都很健康，包括橙子本人。其实爬行并不是一个婴儿运动发展必需的动作，很多婴儿是跳过去的。有的是运动能力过于强大，还没有机会学爬，就已经学会走了。有的是运动能力不太好，对移动自己也没什么兴趣，就一直坐着，直到会走。美国的统计，自打1994年开始提倡让婴儿仰睡来降低SIDS（婴儿猝死症）的概率之后，这样“不爬”的婴儿就突然增加了许多。

所以爬这件事，是和家长的后天引导有关系的，从小不让趴着，不习惯趴着，早早地扶着站、扶着走的宝宝，确实会倾向于跳过爬的阶段。既然说，就算不爬，也没有什么问题，那么我还在这里辛辛苦苦地讨论个什么劲儿呢，顺其自然，爱爬不爬呗！

事实是因为爬行会因为不引导而容易跳过去，所以才尤其需要重视。

手膝四点爬行对宝宝的好处

手膝四点爬的重要性，基本和趴着的重要性差不多，属于包治百病的万金油：不爱吃饭，多爬；睡觉不好，多爬；想要宝宝更聪明，多爬；想要宝宝更强壮，多爬。

四点爬行对于宝宝的身体和大脑发育都是有巨大好处的：

• 让骨盆可以更加稳定，大腿肌肉更加强壮，以后可以更好地走路，不容易摔跤。

• 可以锻炼宝宝的协调能力，以后的运动能力更好。

• 让宝宝肩膀更加稳定，以后可以写字更好。

• 会促进左右脑开发，让宝宝更聪明。

直到现在依然有很多家庭，不重视宝宝的爬行，早早地就扶着宝宝走，让宝宝的注意力转移到走上，直接跳过了爬，这是一件很可惜的事情。宝宝愿意爬行的窗口期就只有几个月，甚至几周的时间，会站了他就再也不想爬了，这个机会就基本永远失去了。

什么时候宝宝才准备好练习爬了？

注意，这里指的练习，是指人为的训练，如果宝宝自由发展，无论先学会坐还是先学会爬，都是可以的。

大运动发展就像盖楼，下面基础都要搭稳了，才能再往上盖上一层，尤其是人为的刻意训练，更要谨慎一些，所以在训练宝宝爬行之前，要首先确定宝宝已经能坐得很好了。

什么叫作“坐得很好”了呢？就是指宝宝已经坐稳不摇晃，而且能够坐直了。这说明宝宝的骨盆以上的肌肉力量都已经够了，才可以开始训练爬行。

如何训练宝宝爬？

1. 引诱宝宝移动自己

对于爱坐着的宝贝，也可以在他正前方放一件很吸引他的东西，刚刚好让他坐着够不着，他就会用手撑地，腿也会变成半跪状态，才能够到这个东西，这个时候宝宝的姿势已经变成四点爬的预备姿势了。

当宝宝熟悉这个姿势，并且确定他能够撑住自己之后，你再把这个东西放远一点点，鼓励宝宝再往前挪半步一步的。万事开头难，只要能移动一点，宝宝很快就会渐入佳境，越爬越快的。

2. 让宝宝熟悉手膝姿势

毛毛虫式的腹爬比较熟练了之后，宝宝发现自己哪里都能去了，可能会有点丧失提高自己的积极性，懒得练习手膝爬，那我们就需要让他们体验一下，手膝爬这件事的感觉是有多爽。

• 将宝宝摆成手膝爬的姿势，保护住宝宝别趴下，悄悄地松开手，看看宝宝能不能撑住自己，如果撑不稳，就多练习这种姿势，直到宝宝能四点撑住自己。

• 能撑住之后，就可以递给宝宝一个玩具，引导宝宝在这种姿势下敢于抬起一只手。

• 让宝宝趴着，你用比较长的床单或者毛巾在宝宝的腋下绕一圈，兜住前胸，然后提起床单，承受一些宝宝的体重，让宝宝四点支撑，并且向前移动，让宝宝用四点手膝的姿势“爬一爬”感受一下。

3. 训练宝宝手脚协调

当宝宝四点可以支撑住了，但是不太明白怎么用力才能往前爬行的时候，我们可以教他们一下。

两只手握住宝宝的小腿，当宝宝伸出左手的时候，我们就把宝宝的右腿往前送，宝宝伸出右手的时候，就把宝宝的左腿往前送，当然这样可能没两步就垮掉了，重点是让宝宝明白爬行的手脚顺序。

另外注意宝宝的安全保护，练爬过程中宝宝几乎一定会摔，这也是他们学习的过程。当年果果练爬的时候，整天都是脸着地，爬行垫要铺好，解除宝宝的后顾之忧。

总是倒着爬正常吗?

很多宝宝都会有这个行为，毛头当年也有这个阶段，当宝宝手的力气比腿的力气大很多的时候，胳膊使劲地撑起来，腿却不用力，如果地板再光滑一点，自然就会把自己整个身体撑得往后移动。

有的宝宝倒着爬只会持续几天，然后就会找到正着爬的方式。有的宝宝可能是懒一点，就觉得虽然倒着爬，但也不失为一种移动方式，还觉得挺有趣。

其实就算你不管，当宝宝的腿部足够有力的时候，他们自然就能学会正着爬的方法。当然如果你家宝宝倒着爬太久，你没事也可以引导一下，把好玩的东西放在宝宝正前方，引诱他爬过去，就算是他越来越远哇哇叫，也尽量别帮助他，让他自己想办法，慢慢就领悟了。

不走寻常路的爬法要紧吗?

除了经典手膝爬之外，宝宝还有很多很多种千奇百怪的爬法。譬如用屁股挪着爬，或者像个小猴子一样，手脚并用地坐着爬。有的时候宝宝对自创的爬法过于痴迷，对手膝爬就没兴趣了。实在改不过来也不要紧，一般不是身体或者大脑有什么问题，只是宝宝的偏好而已。

当然有某些相关的专家说，不手膝爬的孩子会影响大脑发育，甚至影响以后的学习能力，但其实并没有非常确凿的证据证实，学界还在争议中。最好是手膝爬，但娃要实在是喜欢自己的爬法，就由他去吧。我这个从来没爬过的人，智力至少没耽误，学习能力也挺强的，所以爬行姿势不太一样也不是什么大问题。

什么情况下需要看医生？

如果宝宝在大运动发展上有问题，他的抬头、翻身、独坐，都会一系列地延迟，一般不会到了爬的时候，你才发现他延迟。

所以，你早该在宝宝之前的大运动延迟的时候找医生，而不只是单单因为爬得晚而想要看医生。前面也说了，很多孩子什么毛病都没有，就是不肯爬，也同样是健康的。所以，家长们不要用“几个月还没爬”，来判定宝宝是否大运动有问题。具体要综合看，如果宝宝抬头、两面翻身、独坐都不算延迟，精细动作和语言能力也不错，那么不爬本身，就没有什么问题。

无论宝宝是哪种爬法，只要他身体是协调灵活的，就可以不必担心。但是如果你发现宝宝爬行的时候，身体两侧的灵活程度明显不一样，好像是一侧拖着另一侧在行进的时候，还是有必要问问医生。

05 如何引导宝宝学走路

不要盲目练“站”

在宝宝出生后的两三个月内，如果你扶着他腋下，让他的脚接触硬的地面，他会做出类似走路的动作。这并不代表他想要走路，新生儿的下肢力量也还远远不能支撑身体，迈步的行为只是婴儿的一种原始反射。类似的反射有：

- 脸触碰到东西，嘴就会凑到相应的方向去吸。
- 手掌或者脚掌接触到物体，手指和脚趾就会试图抓握。
- 一潜水就会自动闭气。
- 还有大家熟知的“惊跳反射”。

大概有30多种类似的反射。这些反射是人类在早期进化过程中遗留下来的，譬如手脚的反射性抓握大概是因为远古时代的幼崽需要抓住妈妈身上的毛，不让自己掉下来，进化过程中的某个时期曾经非常有用过，虽然很多现在基本上都没什么用了，但是依然在每个初生婴儿身上存在。这些初生原始反射，会随着宝宝慢慢长大的几个月内，能够逐渐控制自己的身体而逐渐消失。具体什么时候消失，每个孩子不一定。

所以，不要看到踏步反射，就误以为孩子喜欢练习走路，去抱着他“练走”，没有独坐、爬行能力的宝宝，下肢力量肯定无法支撑自己，这样的练习是没有意义的。当然，也不至于说这样的“练走游戏”对骨骼有多大伤害，宝宝的骨骼还是很有韧性的。

只是总是在宝宝力量不足的情况下去练习“站立”，会有两个坏处：

宝宝因为腿的力量不足以支撑自己，会倾向于用小腿乃至脚部的力量来弥补，造成踮脚的习惯（虽然踮脚对增加力气也没什么用）。这个习惯对以后真正学走路掌握平衡是有妨碍的，改起来会不太容易。

宝宝容易把兴趣点关注在站立和行走上，可能会跳过爬行，直接去走。而爬行对宝宝的肌肉力量、肩膀的稳定度（影响写字）乃至全身的协调感，都是非常有好处的。如果宝宝跳过爬，直接走，就永远错过了这个锻炼的机会，是非常可惜的。很多没爬过的孩子，身体协调性都不太好，橙子就是其中的一个。

所以，发展孩子大运动，要遵循规律，一步一步地来，从趴着、坐着、爬行练起，所有肌肉都够力量了，自然水到渠成，千万不可以跨越式发展。

宝宝学习站立和走路的过程是怎样的？

当宝宝可以独坐，并且开始爬行，这就说明他的腰腹背力量已经不错了，肌肉力量的发展开始渐渐地移动到下肢。在坐和爬都比较熟练的时候，宝宝可能会很喜欢你扶着他做类似跳跃的动作，这代表着他腿部的肌肉力量在发展，已经开始为站立和行走做准备了。

接着，就是扶站，指的不是大人扶着宝宝站，而是宝宝完全凭借自己的力量扶着某些物品，譬如床栏杆，让自己站起来。

然后，他要学会如何从扶着站到坐下，这个比你想象中的难，很多宝宝扶着站累得直哭，也不会坐下。这个时候不要简单粗暴把他放倒，引导鼓励他将膝盖慢慢弯曲，让小屁股着地。多体会几次，宝宝就领会这个技巧了。

接下来，宝宝会开始扶着东西走，一开始一般是扶个比较矮的东西，慢慢地，扶着竖直的墙也可以走了，有时候甚至放开手独自站个几秒钟，然后越来越长。

即便宝宝可以站很久了，他可能依然还是不会走。随后，宝宝学会的是弯腰、蹲着和跪着，这代表他的平衡能力已经发展得不错了。一旦这些他都能做到，离真正独立走，就只有一步之遥了。

我家妹妹果果一岁生日，已经走得很好了，梳了小辫终于像个小姑娘

站得太早了腿会弯吗？

只要遵循了婴儿运动发展“从上到下”的规律，就是对的，只要你的宝宝已经学会了独坐、爬行、自己扶站，这就证明他站立和走路所需要的肌肉力量都足够了，可以支撑自己相应的重量。就像宝宝脖子的肌肉有力气了，就不再需要你帮他扶着头了一样。接下来学习走路，就如同箭在弦上，不得不发，并不存在“几个月正常”和“早不早”的问题。

每个宝宝发展快慢都是不同的，我家的毛头和果果就相差非常多。毛头6个月才会翻身，9个月才能扶站，10个月才会手膝爬，15个月才开始走。果果6个月就开始手膝爬，7个月就能扶站，9个月就能独立站很久，10个月满屋子溜达了。虽然他们两个走路的时间足足差了5个多月，但是他们都遵循了正确的运动发展规律，所以都是健康正常的。果果虽然站、走都很早，但是腿也没弯。

话说回来，如果腿真的弯了，只有一个原因，那就是佝偻病，这年头得这个病的基本只能去非洲找了，并没有真正因为站得早、走得早而腿弯的孩子。

1岁多还不会走，需要担心吗？

一般来说宝宝在一岁半之前学会走路，都是正常的，虽然有个别先进娃9个月就满地乱窜了，依然要保持淡定，不要娃才这么小，就用“别人家孩子”来折磨他吧。

宝贝走得晚，原因有两种。一种是生理上的，一种是心理上的。生理上的原因，也就是大运动的较晚发展，是一以贯之的。即便没有生什么特殊的疾病，依然会有些婴儿大运动发育就是要比其他孩子落后一些。可能是早产儿，或者比较胖的娃，或者平常总是抱着，没机会锻炼的宝宝。有些宝宝没有什么特殊原因，先天运动方面就差一些，属于遗传。这些宝宝肯定是从小抬头、独坐、爬、扶站，都要比平均晚上一些，走路肯定也不可能早了，他一定要经历肌肉力量“从上到下”的顺序慢慢成熟。只要你能观察到宝宝的动作越来越协调，会的动作越来越多，呈现出进步而不是停滞的趋势，那他会走路肯定是早晚的事。

另外一种原因，就是孩子性格上的原因。胆子比较大的孩子（譬如我家果果），不太会掌握平衡就开始急吼吼地迈步，走得乱七八糟和醉汉一样，动不动摔跤，依然坚持要自己走。摇摇晃晃了两个来月，才终于稳当一些了。但是有些宝宝生性谨慎（譬如我家毛头），即便他的力量已经足够了，推着小推车都快跑起来了，但是就是很难迈出那独立的一步，完全就是因为害怕，害怕那种不能掌握平衡的失控感。

不过别担心，再谨慎的孩子，最终也无法抵御自由行走的诱惑。他总会克服掉恐惧，迈出那勇敢的一步。这种谨慎的孩子学步有个特点，就是几乎不摔跤，仿佛一夜之间就走得很好了。虽然走得晚，但是走得稳，也不失为一个优点。

只要你家的宝宝，爬得很协调，也能熟练地扶着走，就不必担心他走得晚的问题，等他再长大一些，就自然会勇敢起来。

学走路的一些器械

1. 学步车

学步车有许多种，这里指的是那种把宝宝放进去的学步车，名字非常坑，好像学走路一定要用似的。这里郑重提醒所有家长，绝对不可以用学步车，加拿大已经禁止这种学步车出售了，美国的儿医也强烈建议不要让孩子用学步车。因为非常危险，宝宝会无法控制自己移动的速度，容易侧翻。并且让宝宝使用学步车会有自己有能力移动的错觉，产生依赖性，无法锻炼自己的平衡能力，甚至形成走路踮脚的坏习惯，反而让学会走路变晚。所以学步车一定不可以用。

2. 健身架

至于那种放进去可以让宝宝跳来跳去的健身架，虽然安全性比较好，不至于伤害宝宝的身体，但如果用得时间长了，也一样会让宝宝形成身体前倾和踮脚的走路习惯，不利于平衡感的形成和学习走路。要用的话，最好限制时间，一次用15分钟，一天用个两三次也不打紧。不要把宝宝总是放在里面就好。

3. 学步带

学步带要不要用，主要是看你用的目的是什么。如果你的宝宝还完全不能够自己独立站稳走路，你用学步带拎着他练走，宝宝在走路的过程中，整个身体重量都挂在学步带上，这个是不提倡的，和学步车一样会产生依赖性，反而拖慢学步的进程。

如果你的宝宝可以独自站稳并且摇摇晃晃地行走了，只不过他因为平衡能力还不好，走几步就会摔倒，周围安全环境不太好，会摔得很痛甚至摔伤，这个时候可以用个学步带来保护宝宝，在他摔倒的时候免于摔得太重。

学走路要不要穿鞋?

不要穿，最好连袜子都不要穿，让宝宝光脚学走路，他的肌肉才能更灵敏地感知到地面给他的各种压力，从而调节自己身体各部位的力量，让自己掌握平衡的技能。光脚接触到的各种地面的触感，对宝宝的感官也是一种有益的刺激，会让宝宝更加聪明哦!

如果你觉得地面太冷，不如给宝宝买个垫子或者铺一块地毯，但是不要用鞋子和袜子来阻碍他的脚底感受。什么寒从脚底起其实并没有根据，脚离心脏最远，是会比其他部位更容易感觉到冷，如此而已，并不意味着脚凉一些就会生病，脚凉和手凉没啥区别，顶多就是觉得有点难受罢了。

如何帮助宝宝练习走路?

当宝宝可以拉住东西自己站起来的时候，在他愿意的情况下，就可以帮助他练习走路了。

给他足够安全的环境，安置爬行垫、防撞条等，让他可以尽情地摔跤。每一次的跌倒，都是一次试错的体验，对他真正掌握走路技能，都是有用的。

提供他一些可以扶着走的高矮适宜的家具或者玩具，可以是小椅子，也可以是小推车。

对于比较谨慎的宝宝，可以这样鼓励他走路：蹲在宝宝不远处，鼓励宝宝自己朝着你走过来，如果做不到，可以试着让他牵一下下你的手，借一点点的力，但是不要拽着他的胳膊扶着他走，这样宝宝的能力是得不到锻炼的。

主旨是，尽量少去扶宝宝，引导宝宝自己多多探索，才能更快地学会走路。

另外，有一个安全问题，注意不要在拉着宝宝的手走路的时候拽胳膊拽得太厉害，小孩子软骨比较多，肩膀非常容易脱臼，宁可让孩子摔在地上，也不要使劲地拽他的胳膊。

会走路以后，是一个新的时代

当父母的就是一种自我矛盾的动物。不会走的时候天天盼着娃会走，会走了之后你会发现烦得要命。他突然高了许多，会很兴奋，到处探索，每天横冲直撞，登高爬低，乱翻乱动，家里的很多东西都变得危险了起来。这个时候，创造学步幼儿安全的家庭环境，就非常重要了。防撞条赶紧贴起来！

有的妈妈还会对宝宝走路的姿势有一些新的担心和焦虑，这里简单说一下。

踮脚走路：只要是偶尔为之，不是一直这样，就没有大碍，只是宝宝一时觉得好玩而已。

走路姿势像个鸭子：这个是幼儿学步期很正常的过程，随着宝宝平衡感和协调性越来越好，他走路姿势也会越来越正常。但是如果你觉得宝宝走路一瘸一拐特别严重，需要去医生那里检查一下宝宝的髋关节发育问题。

内八：女孩子这种情况要多一些。也不必干预，保证给孩子穿合适的鞋子即可，一般6~8岁会自然恢复。

轻微的X形腿或者O形腿：这个也是很正常的，宝宝在成长过程中，腿部的形状会随着他们腿部的快速成长进行微调以保持重心稳定，X和O的形态会交错变化，很可能刚学会走路是O形，过了一两年，变得有点X，过了一两年，又有点O，就在这种不断微调当中，腿就变得越来越直了，一般在6岁左右会固定下来。

06 被过分吹嘘的婴儿游泳

还有许多读者告诉我，国内各种婴儿游泳馆非常多，广告宣传也很厉害，周围的宝宝全都去游，自己也很犹豫，让橙子说说婴儿游泳的事情。

先说结论：无论你家宝宝要不要游泳，脖圈，是一定不能戴的。

游泳脖圈对宝宝的危害

1. 损伤颈椎

是的，水有浮力，可以往上托着宝宝，但是这部分浮力肯定抵消不掉宝宝的全部重量，否则孩子也不用戴脖圈了。

我特地查了一下，人体的密度平均是1.05克/立方厘米，但是这个密度是不稳定的，人吸气吐气，肌肉紧张或者放松，都会影响这个密度，最高的密度可以达到1.08克/立方厘米。水的密度是1.00克/立方厘米，根据阿基米德定律，水和人体密度的差值，乘以宝宝的身体体积，就是宝宝的脖子所承受的重量了。这还是宝宝静止不动的情况下，如果是宝宝乱动，加在他脖子上的力还要增加！

宝宝的脖子是比成人要脆弱很多的，还没有长成，有很多软骨，要好好地保护，这个道理大家都懂。

请问你愿意让半斤或者一斤重的秤砣在宝宝脖子上挂个20分钟以上吗？要是不愿意，那就别给他套脖圈。

2. 造成错误的姿势习惯

宝宝戴上脖圈之后，颈部受到了约束，姿势一定是竖直漂在水中的。大一点的宝宝脚尖可能还会接触到水底，他们会觉得很开心，像跳健身架一样跳来跳去。

其实这个姿势是非常不好的。宝宝的运动发展，要遵循从头到脚的顺序，不可以跨越式发展，千万不能脖子和腰背的肌肉还没有足够强壮，就开始锻炼腿和脚的肌肉了。竖直在水中漂浮的时候，背部和颈部的肌肉很难用上力气，腰部的力气也用得很少，大多是在做蹬腿、踢腿的动作。因为腿脚的肌肉这个时候还没有准备好，宝宝却误认为自己已经可以用这样的方式“站立”了，肌肉是有记忆的，所以会形成习惯性的错误姿势，譬如踮脚尖、膝盖绷直这样的坏习惯，影响今后的站立和行走。

当然这并不会发生在每一个游泳的宝宝身上，但是早产宝宝或者大运动发展滞后的宝宝，这样不正确的运动姿势一定要尽量避免。

3. 压迫气管和颈动脉窦

脖子之所以脆弱，不光是因为颈椎的骨头没成熟，还因为有许多重要的东西在那里，包括气管和颈动脉窦。这两者无论哪个被压到，都不是小事，都会影响氧气向大脑的输送，大脑一旦缺氧，就会关闭一些它认为“不是最重要”的区域（譬如运动和语言功能），只留下“最重要的”（心跳和呼吸功能）。万一你的宝宝被脖圈压到了气管或者动脉，有可能无声无息地就休克了，不容易察觉。

所以脖子这么重要的地方，最好什么负担都不要给它，给它套个圈儿这种事，本来就看起来很不靠谱。

4. 溺水的安全隐患

有人可能说我过于忧虑了，脖圈一点都不紧，只是托住宝宝头和脖子连接的地方，并没有压到脖子。

当然，那属于最完美的脖圈尺寸“正好”适合宝宝脖子的情况。但是宝宝会长大的，而且会长很快的，今天正好，明天可能就紧了，你不能有那么多种脖圈的尺码让宝宝始终保持脖圈卡在最完美的位置。脖圈小了，就会压到气管和动脉。脖圈大了，就容易卡不住，有溺水的危险。

这件事我本人是经历过的，当时给毛头买了两个脖圈，一个中号一个大号，他4个多月的时候，中号一戴就哭，看来是小了不舒服，只好戴大号的，戴上倒是很轻松，下水看起来也卡得住。可是毛头在水里动了几下，突然脑袋就掉下去了，幸亏我当时看着，及时给他捞了起来，要不然就出大事了。从那以后就再也没游过。

婴儿游泳值得去吗？

1. 游泳确实有好处，但是并没有优越到不可替代

婴儿游泳的商业宣传很厉害，好处说了很多，但本质上，这基本都是运动带来的好处，让婴儿运动肯定是比天天抱着好得多。但是世界上又不仅仅只有游泳一种运动，有益于婴儿身体和智力发展的运动有很多，趴着就是一种又简单又有效的婴儿运动。只不过趴着这件事太简单，没有游泳显得那么高大上而已。

游泳比趴着，唯一就是多了一种浮力的感觉，和水流对身体触觉的刺激。但是这些在宝宝洗澡的时候都同样可以感受到，没什么必要大费周章地非要去游泳。而且，趴着运动，宝宝累了可以休息，但是游泳是强迫宝宝不停地运动，并不一定是适合宝宝的强度。

AAP甚至不鼓励1岁以下的婴儿去上亲子游泳课程，而且并没有任何研究调查证明，婴儿游泳有什么不可代替的作用。

2. 美国的婴儿游泳课是什么样子的？

虽然AAP强烈不推荐，美国也确实有一些亲子婴儿游泳班。但是这些游泳班要满足许多苛刻的条件才能开办。首先需要高危体育项目经营场所许可证，大都是由类似红十字会这样的著名组织经营，并且有严格的游泳池标准和卫生标准，让水温恒定在32℃左右。游泳教练必须具备适当的资格和经验，班上不可以有太多的人，这样教练可以确保每个孩子的安全。

可想而知，满足这样条件的游泳班不但非常少，而且特别贵。我在美国住了许多的地方，因为都不是一线城市，根本就找不到这样的亲子游泳班。

美国的亲子游泳班，首先有一个很大的池子，家长、教练和宝宝全都在水里，然后，宝宝身上没有任何游泳圈来限制行动，从而让宝宝可以保持正确的游

泳姿势，也就是水平方向的游泳姿势。另外，宝宝必须等到3~4个月，脖子可以完全自己直立了，才可以参加这样的婴儿亲子游泳班。

如果带宝宝游泳，需要注意什么？

如果你还是觉得让小宝宝游泳非常好，或者准备带宝宝到海滩、公共泳池或者私人泳池游泳的话，那么一定要注意以下事项：

- 一定要确保你的宝宝在你的手臂范围和视线之内，离开一秒都不可以。

- 12个月以下的婴儿停留在水中不应该超过30分钟，游泳对他们的消耗太大，不宜时间过长。有些宝宝游完泳之后就会大哭不睡，就是因为过于疲劳了。

- 水温保持在32℃左右，最高不要超过36℃。因为宝宝体温调节的神经系统尚不成熟，不宜过热；因为宝宝的身体没办法及时散热，会发烧，也不宜过冷，因为宝宝散失热量比成人快很多。当你发现宝宝在水中发抖，一定要及时捞上来用干毛巾擦干并且想办法取暖。

- 不要轻易地让宝宝潜水，虽然婴儿有所谓的“闭气反射”，但是我们毕竟是人不是鱼，不能在水中呼吸，这个反射不一定每次都有，也不一定什么时候会消失，只要一次没有闭气成功，就会有生命危险的，不要做这种冒险的事。

- 如果你想给宝宝穿戴一些保护措施，可以用那种给小婴儿专用的游泳圈，或者底座是陷下去的，可以让宝宝坐在里面不会侧翻，或者是婴幼儿游泳衣，衣服上缝了浮力块儿，让宝宝不会沉下去。

但是，再好的保护措施也代替不了爸爸妈妈的眼睛和手臂，带宝宝下水一定一定一定要注意安全！全程盯紧了！

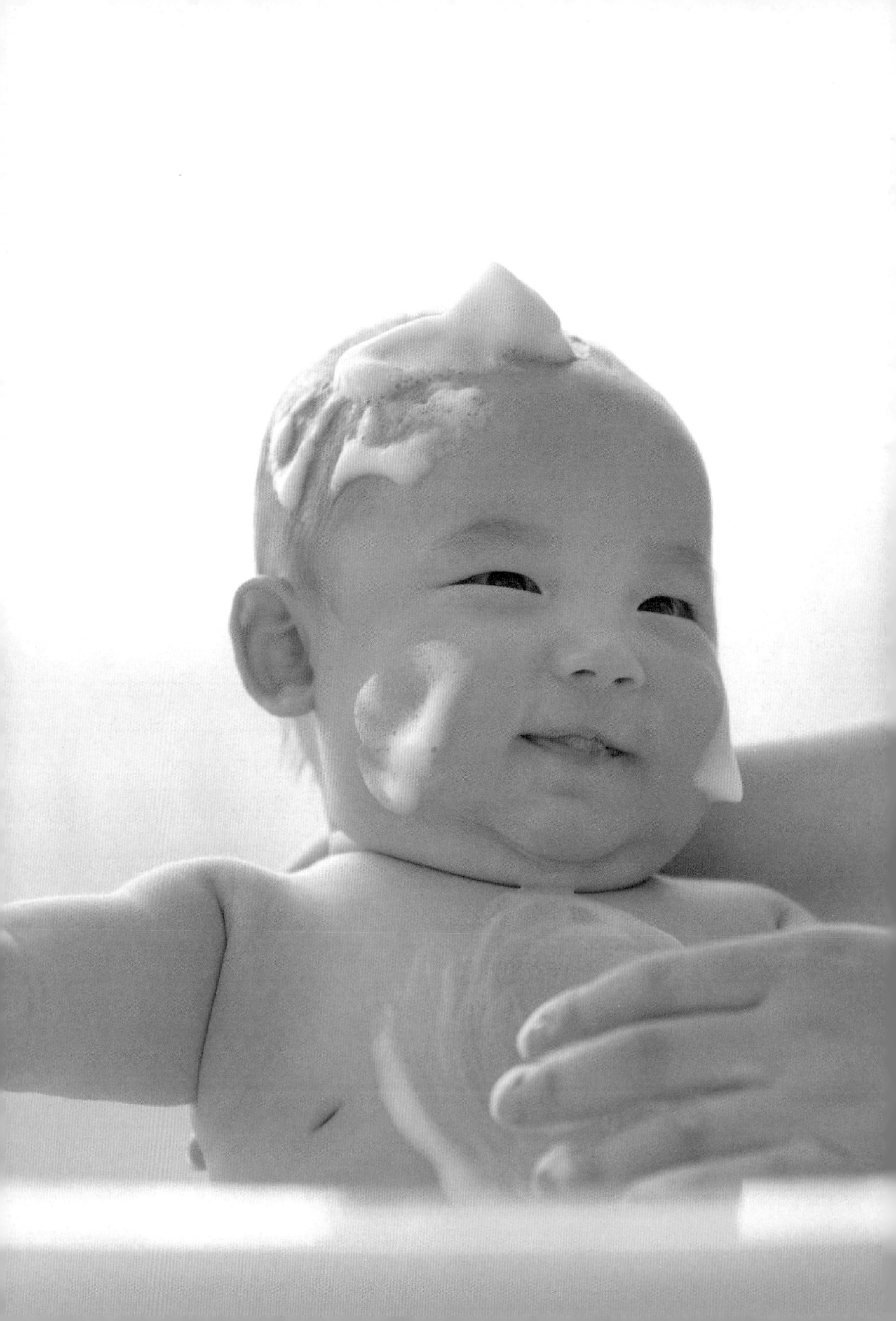

Part 6

日常护理

01 宝宝舌头发白是病吗

很多新手妈妈非常关心小宝宝舌头发白的问题，怕宝宝是生了什么不易被察觉的病症，所以才会导致舌头白。

现代医学，是没有把舌苔的状态作为判断病症的依据的。宝宝的舌头发白，尤其是新生宝宝舌头发白，是非常常见的。每个人舌头的表面都有一层薄薄的白色物质，主要是一些皮肤的角质，小宝宝生长快，皮肤角质更新也快，又没有牙齿和固体食物将呈白色的舌苔磨掉，一般来说，就算是完全健康正常的小宝宝，舌苔也会比大人的偏厚偏白一些。

如果，你觉得宝宝的舌头特别的白，不太正常，一般有两个原因：

第一种：非常简单，是因为奶渍的残留。

新生宝宝几乎是不分泌口水的，所以吃的奶会很容易挂在舌头上，即便是3个月以上大一些的宝宝，如果总是喝着奶睡着，也是容易残留奶渍，其实你只要用蘸了水的软布擦一擦，就全都能擦掉。

奶渍残留没有太大危害，但终究是不太好的，容易滋生细菌，还会发酵产生口气，妈妈们要注意给宝宝每天两次用湿布蘸水清洁口腔哦！

第二种：稍微麻烦一点，就是鹅口疮，我们今天主要说这个。

鹅口疮是什么样的？

大家可以用“鹅口疮”在网上搜一下图，看着还是有点心理障碍。

鹅口疮一般多发于2个月以内的新生婴儿，少数也有更大月龄的宝宝，形态上什么样的都有，有一个点儿一个点儿的，有一块一块的，也有一片一片的，有长在舌头上的，也有长在口腔上膛或者侧壁上的，或者也有长在牙龈上的。甚至它都不一定是纯白色的，有时候还会渐渐地发黄。

想要确定是不是鹅口疮，就洗干净手去触碰那些白色的东西，如果怎么蹭都不掉，使劲地抠下来，缺失的地方的皮肤会发红甚至出血，就是鹅口疮的表现。

不过父母们不用害怕，鹅口疮其实不是“疮”，所以大多数不会疼，也基本不会影响进食，有一部分的宝宝会有不舒服的表现，但也并非十分疼痛。但是如果你的宝宝一旦吃奶或者吸奶嘴的时候会哭闹，那就要怀疑一下这个问题。

鹅口疮是什么引起的？

鹅口疮其实是一种真菌的感染。其实说起来，我们每个人的嘴巴里乃至整个消化系统，都寄生着很多真菌和细菌，它们会达到一种微妙的平衡，让你不会生病而且还帮助消化。

但是新生宝宝，通过产道的时候，会第一次接触到真菌，出生后荷尔蒙又剧烈地变化，就容易引起真菌泛滥感染。

还有一种情况是因为宝宝或者是母乳妈妈服用了抗生素之后，导致宝宝口腔内细菌大批死亡，真菌的发展就失控了，容易引起鹅口疮。有些妈妈带宝宝过于干净，凡是宝宝入口的东西全都杀菌，让宝宝一点细菌都接触不到，也容易有这种情况。真菌一旦感染泛滥就会在母乳妈妈和宝宝之间交叉感染，来回传递，所以经常会有反反复复的问题。

看数据统计，鹅口疮感染，和是母乳还是瓶喂并无直接关系，倒是很可能有基因的关系，有一些妈妈和宝宝，是比其他人更加容易被真菌感染的。

如何治疗鹅口疮？

大多数情况下，是无须治疗的，随着宝宝消化系统菌群的逐渐成熟，鹅口疮会在几个星期之内自行消失，不会引起任何严重后果。只有在你确定宝宝是因为鹅口疮导致的嘴巴痛，影响进食的时候，才有必要去医院让医生开一些对症的抗真菌类药物，遵照医嘱剂量，每天在宝宝的白色患处涂抹，一个疗程大概10天，一般一个星期之后就会好起来。如果没有好转的迹象，建议去找医生换一种抗真菌药物。

如果是母乳的话，注意要在妈妈的乳头上也抹药，避免交叉感染引起反复。吃奶瓶的宝宝吃过的奶瓶也要注意消毒。

另外，有一些鹅口疮感染的宝宝，也会有严重的尿布疹，可能是真菌引起的，也要开抗真菌药物涂小屁屁才能治好。

鹅口疮可以预防吗？

如果宝宝是顺产的，答案是，不能。因为这种霉菌是从产道中感染的。

另外，宝宝入口的物品，洗干净即可，不需要总是消毒，环境里适量的细菌，对宝宝是有益的。

综上，宝宝舌苔发白并不可怕，也不是什么严重的病，希望妈妈们都轻松对待吧，不要过于焦虑啦！

02 关于宝宝头发的那些事

枕秃是不是缺钙的表现?

人的毛发是分生长期和休眠期的，生长期会持续大概3年，休眠期大概持续3个月。而我们的宝宝自出生起，因为荷尔蒙水平的急剧下降，所以到两三个月左右，荷尔蒙水平降到最低，宝宝头发的生长就进入了休眠期，也就是自两三个月开始到6个月，宝宝的胎发会只掉不长。休眠期过去之后，才开始长出全新的头发来。

因为在这段休眠期，宝宝一直都在持续地掉头发，但是其他部位都是均匀地掉，看不太出来，后脑部位因为睡觉摩擦的原因，头发就会更快地掉落，所以产生枕秃的现象。如果是习惯趴着睡，趴着玩，后脑没什么机会摩擦到的宝宝就不太会枕秃。

所以摩擦后脑，是正常现象，掉头发，也是正常现象，和缺钙与否不能建立因果联系。其实无论是否磨后脑，宝宝的胎发最终都会掉干净的。胎发和后来长出的头发甚至不是一种东西。白人的小宝宝居然有这种情况：胎发是黑色的，掉光了之后，再长出来的是金色的。

天太热需要剃头吗?

这也是个误解，只不过因为小孩子活动大，需要出汗散热，夏天出汗比大人多（尤其是被捂得很多的小孩），汗津津的把头发都弄湿了，让人感觉好像是头发给捂着了，其实你就算给他剃个大光头，他依然会出汗，只不过头皮出汗看不太出来，而且比较容易干而已。

当然，有头发确实比没头发要稍微热一些，但是你并没有把头发对头皮的保护作用计算在内啊！人类进化得几乎把全身的毛都褪光了，但只是保留脑袋上这一撮，那是有原因的，说明头发对我们人类能够得以生存是有益处的，不单冬天能御寒，夏天阳光照射强烈的时候，也能有效抵御紫外线对头皮组织的损伤，起到很好的防晒作用。你想象一下大太阳下面，光头是很容易晒伤的，有头发顶多出点汗就好了。

而且头发和针织品不同，一根和一根之间空隙很大，散热其实也很好。头发还可以保留头皮分泌的汗液，让汗液蒸发的时候，带走头皮上的热量。个人也有感受，夏天一起风的时候，最凉快的其实是头发里面。没有头发，汗液就顺着脸直接淌走了，起不到散热的作用了，汗不就白出了嘛！

多剃头会让头发变好吗？

我可以负责任地说，并不会！这完全是一种主观的错觉。

头发好不好，浓不浓密完全是基因说了算，和剃不剃以及剃多少次一点关系都没有。其实影响头发生长的地方在皮下的毛囊，剃头的时候你觉得是从根部剃掉，其实离毛囊远得很，根本影响不到。头发本身的质量，怎么会因为割断头发的位置产生区别？

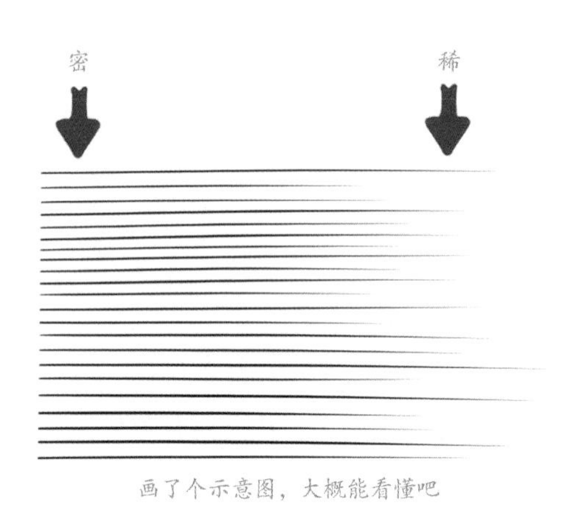

画了个示意图，大概能看懂吧

因为人的每根毛发都有自己的周期，越长长就越会长短参差不齐。人在目测一个人头发密度的时候，看到的都是发梢部分的密度，所以头发的长短对密度的感觉是有很大影响的。画了个左边的示意图，头发一旦剃短，刚长出来的毛茬都是一样的长，就显得密度大，而且每根头发的发根比发梢肯定要粗些，那当然剃短了显得又粗又密。

宝宝头皮很多，怎么洗都洗不完

很多小宝宝的头皮上都有一层附着物，有的叫奶癣，也有人叫头垢或者胎脂，反正就是那种东西，黄唧唧油乎乎的一层，白花花地往下掉，很像头皮。有的宝宝奶癣很薄，洗几次就洗掉了，有的宝宝奶癣就很厚，甚至会长到眉毛上，抠又抠不下来，洗又洗不干净，很是闹心。

今天橙子教你一个终极的解决方法：在宝宝洗澡的时候，用婴儿油，或者橄榄油之类的食用油也可以，涂在奶癣的区域，不要动，软化20分钟左右，如果能盖上一块热毛巾，效果更好。然后用软毛的小刷子一点点地刷，就可以把厚厚的一层奶癣全都刷下来，让宝宝的头皮重见天日。等宝宝长大一些了，皮脂腺没那么旺盛了，就不会分泌这种东西了。

宝宝不长头发有问题吗?

前面有说过，宝宝的胎发和第二次长出来的正式的头发完全是不同的两种东西，有的孩子直接就没有胎发，自然就是奶秃，任你怎么剃头，也是黄毛两三根，直到1岁多了，才会真正地开始长正式头发，一开始可能会有些黄稀，慢慢就越来越乌黑浓密，当然极端情况也有两三岁才开始长的。

另外有些生下来头发浓密的宝宝，也会有某块特定区域奶秃的问题（譬如发际线那里），也无须担心，同样到了1岁左右那块一直不长头发的区域，也会长出正式的头发来。

头发的事情就说到这里吧，夏天到来的时候，宝妈们别纠结，如果为了枕秃太不美观，或者是头屑太厉害，方便清理，剃了也可以，但是要注意不要刮得太厉害，剃完之后也要注意防晒。

当然如果你想留着头发让娃好看一些，也不要因为乱七八糟莫名其妙的原因给剃了。如果非要剃，最好别贴着头皮剃，就是剪短就好，留着一点头发茬，既有保护作用，又凉快，何乐而不为呢?

03 关于宝宝出牙的那些事

宝宝什么时候会萌出第一颗牙？

大多数情况下，宝宝会在4~7个月的时候萌出第一颗牙齿，一般是在下门牙的位置，出一颗或者一起出现两颗的情况都有，只有极少数宝宝会先长上门牙。

大概有不到千分之一的概率，宝宝会从娘胎里带着牙齿出生，或者出生1个月内就长牙，这种出生牙要尽快找牙医看看。如果是长得很稳固，就留下，如果

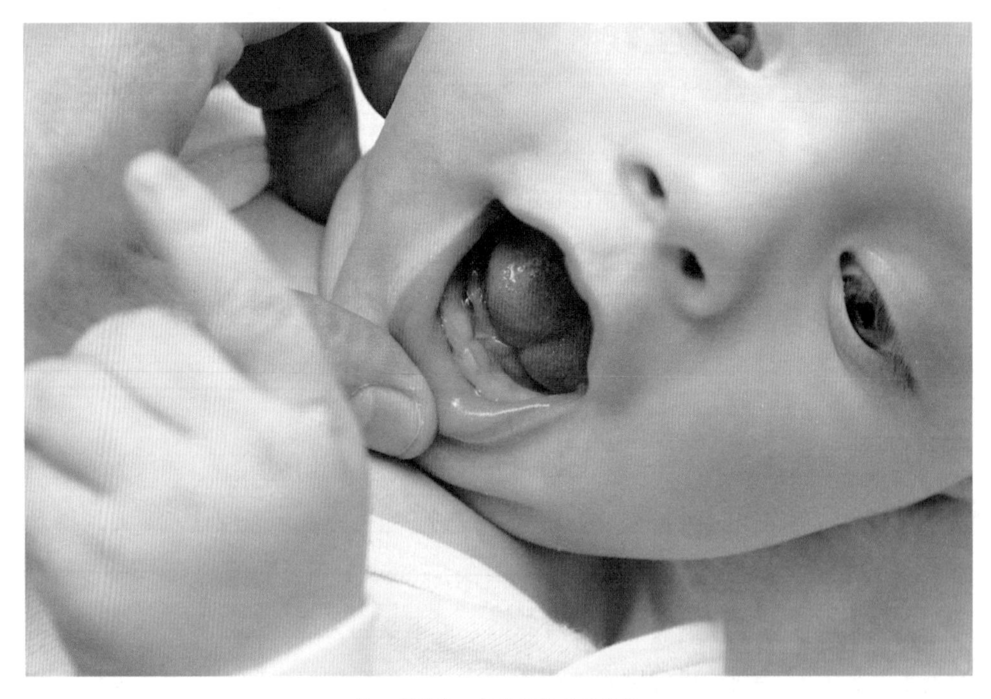

第一颗牙齿一般是下门牙的位置

没有牙根结构而且很松动，就尽早拔掉，因为不知道什么时候掉落，可能会呛入气管引起危险。

当然也有出牙比较晚的情况，八九个月出牙的也很常见，事实上1岁以内出牙都算比较正常。也有极少数情况，宝宝没有任何健康问题，也会在1岁之后才出牙。但是如果18个月还不出牙，那就一定是有问题了，要及时寻找原因和寻求治疗，这个问题我下面会细说。

如何判断宝宝是出牙闹？

出牙常见的症状大家应该都比较熟悉：流口水，牙龈肿胀，抓耳挠腮，逮着什么都啃，食欲下降，睡眠变渣，等等。

但是，有这些表现不代表一定就是在出牙：

- 流口水可能只是因为唾液腺比较发达。
- 牙龈肿胀可能只是因为有真菌寄生。
- 逮着什么啃什么可能只是因为口欲期。
- 睡眠变渣很可能是因为父母的过度帮助导致缺乏入睡能力。

所以呢，判断娃闹起来是否是因为出牙，真是一件很考验技术的事情。每个孩子的出牙症状都不尽相同，闹腾的程度和方式也完全不一样。所以，如果只是按照流口水或者睡渣的程度来判断，窃以为不是很准确，非常容易把“出牙”当成一个筐，把因为作息不规律和睡眠习惯差引起的闹腾，都往里装，然后被动忍受，导致习惯越来越差，时间久了再改就困难了。

个人经验，最准确的判断依据就是去摸牙龈，当时因为毛头太闹，我还问过毛头的儿医，儿医就用手仔细地摸了一遍，很确定地告诉我，你娃根本没在长牙。

所以当娃不明原因闹腾，你怀疑是出牙的时候，不妨洗干净手去摸摸牙龈。如果你感到明显的尖锐，甚至有点扎手，和其他区域的牙龈感觉有明显不同，那就是出牙了。如果没有什么特殊的感觉，触感还是很柔软，那就肯定是其他原因，别再往“出牙闹”这个筐里装了。

你也可以从出牙的程度来判断，当小牙萌出的时候，是一个小尖尖先戳出来，这个时候是闹得最厉害的，当牙齿的整个横截面出来之后，出牙痛就会消失，宝宝就会恢复正常。

出牙痛会持续多久？

一般第一颗牙闹腾得会比较厉害，之后的不适程度会依次递减，到了出第四五颗牙的时候，孩子甚至会没什么特别的反应了。其实出牙的疼痛也不是特别的疼，大概就是酸胀的感觉，不会比你长智齿更难过的，只不过敏感的孩子会感觉很不爽，反应会更大一点。

所以出牙这个事情，也不必太玻璃心，其实也就是几天的过程。

出牙会引起发烧、流鼻涕和拉肚子吗？

虽然很多妈妈都会言之凿凿地说，我娃一出牙就发烧、流鼻涕或者拉肚子，但是这件事没有任何科学依据，出牙本身其实并不会导致这些症状，有了这些症状肯定是因为细菌或者病毒的感染。据推断应该是宝宝出牙的时候，口欲增强，啃的东西太多，导致口腔黏膜接触到了比平常多的细菌和病毒，从而产生了一些轻微的感染现象。

所以，如果宝宝有发烧、流鼻涕或者拉肚子的症状，还是要密切观察，不要大意，不要只是推到“出牙”这件事上就不作为了。

如何缓解宝宝出牙的不适？

1. 冷敷

低温可以麻痹痛觉神经，降低局部血液循环，还有消肿作用，是一个缓解出牙痛的好办法。

可以把一块干净的纱布蘸水拧半干之后，放在冰箱里降温，拿出垫在你的手指上，按摩宝宝肿痛的牙龈。

可以把一些宝宝的牙胶或者安慰奶嘴，放到冰箱的冷藏室里（注意不是冷冻），有些牙胶里面有液体会比较好，因为凉的时间会很长，可以多用一阵。

如果宝宝已经可以吃手指食物了，可以把一些煮好的水果蔬菜条放进保鲜室降温变冷了，再拿出来给宝宝啃，会让宝宝更有食欲。

总而言之，想办法用各种冷的东西接触牙龈就好。

2. 压力

出牙的宝宝会喜欢对牙龈施加压力，因为它让大脑神经转移了注意力，会减轻对于疼痛的感受。所以如果你的宝宝拒绝接触冷藏物品，不妨提供他一些干净的室温物品让他啃咬，包括牙胶、玩具、纺织品等等。当然你的宝宝可能很挑剔，那就多提供几样，直到他找到他喜欢的。

注意，市面上售卖的磨牙棒大多是不太适合小宝宝的，因为一定要挑完全不含糖或者盐的，而且不会大块断掉的才可以给宝宝吃，这个标准很难达到。前年我回国的时候，亲戚给我家果果买了磨牙棒，很甜不说，果果咬着咬着咬细了就断了一大块在嘴里，这对小宝宝是很危险的，容易呛到气管里。所以给宝宝买磨牙饼干咬一定要慎重，如果你的宝宝还没有吃辅食，那千万不要给他啃磨牙饼干。

如果你的宝宝不喜欢咬东西，你可以洗干净手给宝宝的牙龈按摩。

给出牙宝宝用止痛药物安全吗?

我家果果出牙痛的时候闹，我就这件事问过她在美国的儿医，儿医的回答非常简单粗暴，让我直接喂果果吃婴儿泰诺林就好。我当时也是觉得很醉，他们是觉得泰诺林包治百病吗?

后来查了一些资料，发现美国这样的做法还挺普遍的，只要不超过限定剂量，泰诺林还是对婴儿非常安全的止痛药物。当时我还给果果用过一种外用的麻醉止痛啫喱，效果也是很好，涂上一会儿牙龈就麻木了。但是这种外用麻醉啫喱已经在2016年9月被AAP叫停，说已经发现许多会引起婴儿抽搐、呼吸困难等副作用的案例，不是很安全，不建议家长给2岁以下的宝宝用这种方式止痛。知道这个消息的时候，我还真是惊出一身冷汗。育儿知识要时时更新啊。

如果你娃因为出牙痛实在太闹，睡不着很痛苦，那其实吃一点药也不打紧。如果非要用药物，那还是直接泰诺林吧。

出牙晚到底是什么原因？

1. 基因原因

如果爸爸妈妈有出牙晚的历史，孩子也会倾向于出牙晚一些，最晚也有十几个月才出的，完全就是先天的原因，并没有任何健康问题。

2. 营养不良

营养不良尤其是缺钙或者维生素D，也会导致出牙晚。但是营养不良或者缺钙，肯定不光是出牙晚一个症状，还会有体重过轻、身高过矮、精神萎靡、非常瘦弱等问题。

现如今我们这个时代的营养水平，真的是很难因为营养不良而出牙晚，如果你家宝宝生长情况很好，每日摄入足够的奶制品和维生素D，就没有必要因为出牙晚而怀疑到营养不良上来，更不必乱吃补剂。

3. 甲状腺功能减退

甲减也会导致出牙晚，但是甲减也会引起其他的问题，包括关节疲劳、虚弱、头痛和僵硬。甲减的婴儿会走路说话都非常滞后，而且会超重。婴儿的甲减是非常罕见的，一般都不会是这个问题。

如果你的宝宝13个月还没有长牙，可以和医生讨论一下，排除甲减或其他病理性的因素，如果确定宝宝一切都很健康，那就耐心等待吧。

出牙之后，就要注意保护牙齿了哦，每天要记得给宝宝刷牙和清洁口腔哦！

04 口腔卫生从出生开始做起

说到美国这个神奇的国度，简直是有牙齿崇拜，几乎人人都有一口洁白整齐能做广告的牙齿，包括吸烟的人，甚至七八十岁的老人腰都弯了，牙齿依然坚固结实，张嘴没有好牙，你都不好意思和人打招呼。当然他们也真是舍得为牙齿花钱，看牙医跟上供一样，孩子从1岁起就带去看牙医，有个毛病动辄就是几百几千美元地砸，牙科也是所有医科里最赚钱的一个专科。所以，美国人民重视牙齿、保护牙齿的经验技术，还是非常值得我们好好学习的。

让宝宝从小就拥有一口健康洁白的好牙齿，为今后健康的恒牙以及更有质量的健康人生打下好基础。

第一颗牙齿萌出之后

其实保持口腔卫生，从出牙之前就应该开始了，至少每天两次，给宝宝用清水涮洗口腔，用纱布擦洗牙龈和舌头，别让宝宝天天含着一嘴的微生物培养基睡觉哦。

等到宝宝真的长牙了，应该是两颗下门牙一起长出来之后，当小牙牙钻出小半个身子的时候，牙齿清洁从此就应该变成每天的例行程序了：每天早晚各两次，用干净纱布蘸水擦拭牙齿以及牙龈，前后都要擦哦！擦完之后用清水帮宝宝清洗一下嘴巴。

因为小宝宝的门牙一般会长得比较分散，门牙表面又比较光滑，不存在沟窝难以擦到的问题，所以还不需要用到牙刷，纱布就可以达到很好的清洁效果。

磨牙长出之后

上下一共8颗门牙长出来之后，就会开始长磨牙，等到磨牙钻出来，就可以结束纱布清洁，真正开始刷牙。带刷毛的儿童牙刷，挤上绿豆粒那么大的可吞咽训练牙膏。把宝宝放躺下刷牙是最好的姿势，这样你才可以清楚地看到他的嘴巴里面，牙齿的各个侧面和牙龈都要刷到，每次刷牙至少要持续两分钟。

平时让宝宝多观察大人刷牙，并鼓励他学习将牙膏吐出来和漱口，不管几岁一旦学会漱口吐水，就可以换成含氟儿童牙膏了。氟有助于形成牙釉质，对预防龋齿有非常好的作用，但是氟又有轻微的毒性，不可以多吞，每次用米粒大小的含氟牙膏给孩子是不要紧的。

帮孩子刷牙这件事，一定不可以偷懒，不要以为教会宝宝刷牙了，就可以放手让他自己刷了。美国牙医的说法是，8岁之前，至少每天由大人给孩子刷一次牙，另一次可以让孩子练习自己刷，或者可以让孩子先刷一遍，家长再刷一遍。

牙刷和牙膏的选择

市面上流行的有两种婴儿硅胶牙刷，一种是手指牙刷，一种是类似香蕉牙刷这种。我个人也是用过这两种的，不太建议妈妈们买硅胶做成的牙刷给宝宝刷牙，因为清洁的作用实在有限，效果真的还不如纱布呢。而且用手指牙刷真的会被宝宝咬得很惨。在美国，1岁多看牙医就直接发一般刷毛的儿童牙刷了。

不差钱的话，建议给孩子买一款电动牙刷，虽然有些小贵，也算是一次性投资，之后只要换刷头就可以了。正确的螺旋状刷牙轨迹是一件有点困难的事，尤其对一个乱动的小孩子，电动牙刷很容易就会解决这个问题，还会让刷牙过程既不容易戳痛，又有足够力道把牙齿刷干净。半分钟播放一次音乐，两分钟自动停止，对于一个不耐烦的小孩子，这些功能还真的蛮重要的。电动牙刷也有助于让孩子自己刷牙更加彻底哦。

至于牙膏，成分基本大同小异，选一款宝宝可以接受的口味即可。最好是尽早让宝宝用含氟牙膏刷牙。

引导宝宝接受刷牙

经常观摩大人刷牙，读关于刷牙的绘本，做给小动物刷牙的模拟游戏，给孩子讲刷牙的好处等，都是引导宝宝接受刷牙的好办法。但是，除了个别天使娃，你就算做完所有的这些铺垫，刷牙很可能依然是每天伴随尖叫和号哭的肉搏战。刷牙时，遇到宝宝躲闪不配合的情况，少呵斥，多共情，不要说“别乱动”，要说：“忍耐一下，妈妈知道你不舒服，再坚持一下下就好了，宝宝真棒！”

龋齿的预防和治疗

龋齿就是我们常说的虫牙，造成龋齿的主要原因是，食物残留在口腔里经过一些致龋齿菌的分解，变成了酸性物质，对牙齿有很厉害的腐蚀作用，造成牙菌斑，长此以往就会成为龋洞。人的口水有抑菌抗酸的作用，在口水分泌很少的睡眠期间，就是形成龋齿的重要环节。所以睡前刷牙就是一件非常重要的事情，妈妈们务必要给宝宝先喂奶后刷牙，然后再让宝宝入睡。

很多宝宝都会有吃着奶睡觉的习惯，这个习惯可能会一直延续到1岁多甚至2岁，抛却奶睡影响睡眠质量不谈，这样对牙齿也是真的非常不好，最多到磨牙萌出，妈妈们还是尽量花心思把奶睡习惯戒掉吧。

幼儿时期，不健康的零食也是形成龋齿的重要原因。所以要把零食改成比较健康的水果、酸奶和无糖麦片，非特殊情况尽量不要或少吃糖果、饼干、各种点心、薯片还有果汁，吃了最好尽快刷牙和清理牙缝。

乳牙的牙质都不太好，一旦龋齿，发展得就很快，绝对撑不到换牙，看牙医是难免的。相信我，带孩子去看牙医绝对是件非常恐怖的事情，能不去还是不去吧，宁可在家里多花些力气。

当然，如果娃的牙齿真的有了龋洞，还是要尽快去看牙医的，有的时候那个洞看起来很小，但很有可能已经很深了，真的开始触及牙神经那就很痛苦了。乳牙是否健康会密切关系到恒牙健康，千万不要以为乳牙会换掉就不用管哦！

另外，如果要补牙，一定要给孩子找个靠谱牙医用好材料补。

牙龈健康比你想象的重要得多

中国人说到保护牙齿，一般都很重视龋齿问题，有一件很重要的事情是被忽略的，就是保护牙龈的健康。其实保护牙龈和保护牙齿的健康是同等重要的。

牙龈出血、口臭、牙龈肿痛的原因只有一个，就是牙周炎。牙周炎因为并不会很疼痛而不被人重视，但是导致的结果却是比龋齿还要严重，龋齿最多就是做个根管戴个牙冠，牙根还是原装的，可是牙周炎却会导致牙龈逐渐萎缩，牙齿过早整颗脱落。你会发现有些人即使从没有龋齿的问题，但是牙齿会越来越长，牙缝越露越大，很可能不到50岁就开始掉牙，这就是长期牙周炎导致牙龈萎缩的后果。其实只要牙龈健康，老了也不会掉牙，美国的老爷爷老奶奶也是不掉牙的。

那么如何保护好宝宝的牙龈呢？从孩子长齐全乳牙开始，尽量每天用牙线清洁牙缝，因为牙缝里残留的食物残渣用牙刷是无法清除的。食物残渣在牙缝里轻则腐烂发酵引起口臭，重则腐蚀牙齿和牙龈，引起牙龈炎、牙周炎，只有用牙线才能真正把牙缝之间清理干净。

即使你没有条件每天给孩子用牙线，也务必在刷牙的时候不要过于轻柔，而且要连牙龈带牙齿全都刷到。有些家长存在一个误区，觉得牙龈出血是因为刷牙刷得太重，于是想方设法用非常软的牙刷，尽量轻柔地刷牙，而且会注意不碰到牙龈，甚至减少刷牙次数，这恰恰是大错特错了。越是牙龈流血，越说明牙龈被腐蚀得厉害，越应该好好清理牙龈和牙齿之间的地方，刷牙的时候更要仔细并且用力一些，只有将食物残渣都清理干净，才有可能治愈牙周炎。对待牙龈出血的娃，刷牙尤其不能太客气了。

以上差不多就是婴幼儿牙齿保健的全部内容，之所以说差不多，应该还有一项，是应该从1岁开始，每半年领孩子去看牙医做例行检查。

05 婴儿需要枕头吗

先说结论，美国儿医的建议是，婴儿不可以枕任何枕头。一开始我只是觉得这是出于美国儿医界过于谨慎的安全意识，怕枕头捂住孩子口鼻的事情发生。查了一下资料才发现，远远不止那么简单。

婴儿不需要枕头

我们人体的脊柱有4个生理的弯曲，最上面那个叫作颈曲，当我们睡觉的时候，要想保证睡觉的时候这个生理弯曲是自然舒适的，就必须枕一个高度适宜的枕头。

新生儿根本就没有颈曲，完全是直的，4岁的时候，才有那么一点点弯曲。所以对于婴儿来说，让颈椎最自然舒适的平躺方式，就是完全不要垫任何东西。只要有枕头，都会对他们的颈椎造成不必要的压力。

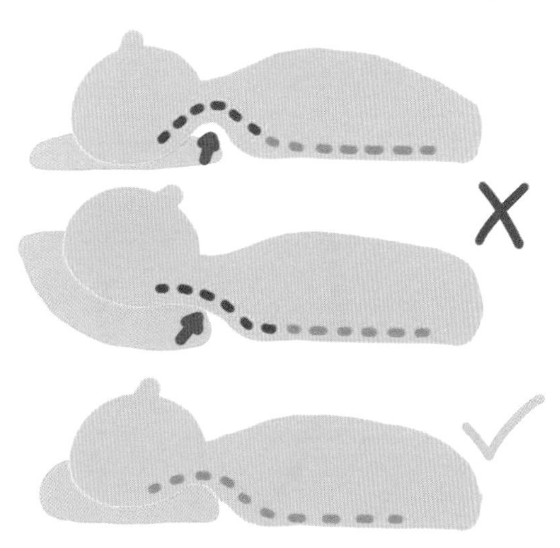
成人的颈椎也需要合适的枕头

另外一个婴儿不需要用枕头的原因是：婴儿的头占整个身体的比例太大了，是身体的1/4。这种比例导致他们的后脑勺本身就是自带的枕头。

所以当你有一个大后脑勺的宝

宝的时候，就算没有枕头，他的自然睡姿一定是侧着脸的。就算你人为地把头扶正，没多久就会侧回去，因为不舒服啊，自带的枕头太高了。这种情况下你还要给再垫一层，那就真的是跟娃的脊柱过不去了。很明显，即便3个月的宝宝，颈曲依然近似于无，头依然很大，完全不需要枕头。

没多久，宝宝就学会翻身了，然后，他会边睡觉边乱滚，360度乾坤大挪移，第二天醒来的时候，枕头基本都在脚底下，根本就是摆设啊！让会翻身的小娃睡在枕头上简直是不可能完成的任务好吗！

什么时候宝宝需要枕头呢？

美国权威儿童睡眠专家Judith Owens的结论是，至少2岁。而且她认为，2岁以上的儿童其实也不怎么需要枕头，只是家长会认为他们需要，而且他们喜欢模仿大人而已。所以就算是给幼儿枕枕头，也务必要枕很矮的比较硬一点的枕头，她的建议是，飞机上的枕头那么大就好。

看那个脊柱弯曲的发展图就知道了，直到青春期，脊柱明显的颈部弯曲才出现，所有的儿童，都应该枕很矮的枕头才对。

枕头对婴儿的危害不止会让脖子不舒服，还会造成窒息的危险，无论什么样的枕头，都有这个问题。因为你无法预测你娃第一次的半夜翻身是什么时候，很可能就翻在枕头上捂住了口鼻，虽然概率很小吧，但是明明可以避免的事情，为

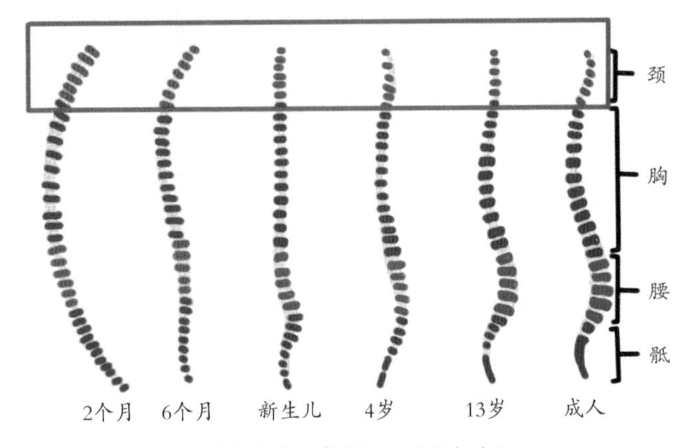

婴儿脊柱和成人脊柱的不同形态对比

什么要做呢?

不要枕头，宝宝的头型怎么睡?

问题是，就算你用枕头，依然对头型矫正的问题毫无帮助。我可以负责任地说，市面上所有的，注意，是所有的，所谓“定型枕”，都起不到成功让宝宝把头型睡好的作用。

相信用过定型枕的妈妈们都有体会，无论枕头里面的凹槽挖得看起来多完美，娃都有办法转到他想转的那个方向。因为在妈妈肚子里习惯的原因，大多数的宝宝都会有某一边的偏好，不特别注意的话，不到一个月就会造成头型不对称，不对称的头型导致偏好更加严重，从此恶性循环，越睡越偏，就算是用上了定型枕，依然是偏着睡更舒服。

所以，要让宝宝睡出好头型，不要把希望寄托在枕头上，出生开始就多注意，让宝宝两边侧睡的时间能大体相当。如果发现宝宝睡觉的时候有明显偏好，大人无法时时刻刻看着，那么就在宝宝醒着陪他玩的时候，在另一侧逗他，让他尽量在醒的时候都偏向不太喜欢的那一侧。这样时间上也会平衡得多。

已经睡偏的宝宝，可以在宝宝身下一侧垫个毛巾卷之类的东西，让他轻微地侧睡，头就不会转过偏好的那边去了。一般6个月之前都有转圜余地，如果宝宝睡偏了头，妈妈们不要太着急。

总而言之，请不要再问我宝宝需要什么样的枕头了，答案是不需要!

06 竖着抱和睡软床对宝宝有伤害吗

宝宝1个多月，就喜欢竖着抱，打横就哭，可我怕竖着抱伤脊柱……

宝宝才2个月，能不能用背带背出去呢？听说会伤脊柱……

宝宝不喜欢睡小床，可是大人的床太软，会不会伤害他的脊柱？

妈妈们为了宝宝的稚嫩的脊柱可算是操碎了心。都知道宝宝脊柱柔韧脆弱，应该保护，但是好像又不知道如何保护。

可不可以竖着抱？

竖着抱可以有很多姿势，大多数情况，就是指大人一手托着宝宝屁股，一手托着颈部，面对面让宝宝靠在身上的姿势。其实，无论什么样的姿势，只要你能保护好宝宝的颈部，不要让他的头总处于摇来晃去的状态，并且能托住宝宝的胸部或背部，让他的脊柱不要因为自身的压力而长时间弯曲，就是可以的。

在美国这边，父母完全没有对这种竖着抱的担忧，事实上竖着抱还是非常推荐的一个抱宝宝的姿势，因为会防止宝宝吐奶和反流，让胀气宝宝更加舒服，宝宝的视野更宽广，让宝宝心情好，而且会增加母婴之间的亲密关系。

应该警惕的是一种比较常见的把屎把尿的抱法。把屎把尿的时候，大人会身体前倾，去看宝宝有没有排便，这样宝宝上身就没有了支撑，也会前倾，导致他低头含胸，头的重量会牵拉脆弱的颈部，整个上肢的力量全都落在脊柱上，时间长了是会对宝宝有伤害的，所以3个月以内这样的姿势尽量避免。当然把屎把尿的问题不止这一个，但是有时候老人要把拦不住，至少注意一下姿势，让宝宝的上半身能靠在大人身上才好。

多大可以用背带或者背巾？

这个就要看怎么背了，如果是正确的背法，其实比用手抱着更安全和舒适，什么时候背都是可以的。背宝宝的7个原则：

- 让背巾尽量地紧，可以让宝宝的身体尽量贴近你，形成足够的支撑，没有多余的空间让宝宝弯腰弓背或者垂头，给脊柱带来不必要的压力。
- 可以看到宝宝，观察到宝宝的状态，确保安全。
- 离得足够近到可以亲到宝宝的头，这样的高度是宝宝最舒服的，太低了会感觉晃动厉害。
- 让宝宝的下巴歪到一边，不要让宝宝的脸埋在胸口，以免引起窒息。
- 背部有足够的支撑，背巾的布料不能太有弹性，以至于支撑不住宝宝竖直的力量。
- 3个月内新生宝宝不要朝前背，因为没办法确保头颈的支撑，容易晃来晃去。
- 腿要保持M形的姿势，而不要竖直地垂下来。因为竖直垂下的姿势对宝宝的髋关节造成了不必要的压力，太久容易造成髋关节的损伤或者脱位，青蛙腿才是对宝宝来说最轻松的状态。

关于要不要使用腰凳，这个问题也有点复杂，因为不同品牌的腰凳设计都不太一样，不能一概而论，主要看使用的效果。第一，宝宝不能有“塌腰撅屁股”的姿势；第二，看双腿是不是维持M形，青蛙腿的状态。如果不符合这两点，这个腰凳就是不能用的。当然，如果符合这两点，也是可以用的。

宝宝可不可以睡软床？

我真的是翻遍所有关于宝宝睡眠环境的英文资料，完全没有提到软床对宝宝脊柱发展的影响。洋人们根本不认为这是一个问题。但是美国儿医界是提倡宝宝睡firm mattress（坚实的床垫），一按可以弹起来那种，软度达到不让宝宝一睡就陷下去的程度，所以不提倡记忆海绵床垫。

之所以用硬一点的床垫，理由并不是不利于脊柱发展，而是怕宝宝万一半夜翻身，软床会捂住口鼻，让宝宝窒息。床垫本身柔软舒适并不是什么问题，事实上全美国的宝宝从小到大睡的都是床垫，没有人知道“硬板床”是个什么东西，完全不影响身姿。

所以呢，如果你能确保宝宝不会捂到口鼻，就不要为宝宝是不是睡得太软而纠结了。

宝宝可不可以保持蜷缩的睡姿？

很多胀气或者胃酸反流的宝宝，会喜欢蜷缩的睡姿，包括抱着睡，睡汽车座椅、推车，或者宝宝秋千、宝宝摇椅，他们会睡得很好，一躺平了就痛苦地扭来扭去，搞得妈妈们很纠结。

直觉上，宝宝蜷缩着睡觉，他们的脊柱呈弯曲状态，好像很不好。但是你回头想一想，宝宝在妈妈肚子里是什么姿势呢？在他们生命中生长最快的胎儿时代，他们可都是这样一直蜷缩着睡在妈妈肚子里哦，出生之后，也不是直不起来了吧。

事实上，导致脊柱不正常弯曲的，是脊柱的不正确受力，而不是维持某个姿势。我相信很多成年人都有侧卧蜷缩睡觉的习惯，和驼背一点关系都没有，古代人不是也讲“卧如弓”嘛！因为你躺在床上，就算是蜷缩状态，脊柱也是有支撑的，放松的，所以并不会导致弯曲。

所以小宝宝蜷缩着睡，或者斜靠着睡，只要有足够支撑，这种姿势本身是没有问题的。

唯一需要担心的问题是，当宝宝在汽车座椅或者婴儿摇椅睡着的时候，如果座椅的角度太斜，他们的头会容易垂下来，下巴抵到前胸。这种姿势是很危险的，尤其对于脖子还完全没有力量的新生儿，他们的下巴会压迫气管，引起窒息。所以，尽量不要让宝宝睡过于竖直的器械，就算要睡，也要在一旁看着，防止意外发生。

只要对必要的部位有足够的支撑，没有什么不可以！

07 如何正确解读身高体重数据

最近看到一句话，叫作“人和人的差异，比人和猪的差异还大”，我深以为然。有胖就有瘦，有高就有矮，一个人的身材如何，多半是基因决定的，怎么就能一概而论地说，身高体重超过多少多少就健康，反之就不健康呢?

如何科学看待你家宝宝的身高体重?

举个例子，下图是美国CDC2000版的0~36个月男孩的生长曲线表，纵轴是身高或者体重，横轴是月龄。身高和体重随着月龄的增长而增长。每根曲线代表着一个百分比，譬如最下面一根是5%，最上面一根是95%。这个百分比描述的是一种排位顺序，如果你宝宝的数据在80%的曲线上，这说明，他成功击败了其他80%的娃。

观察这些曲线，你会发现，刚出生的6个月里，身高体重增加的速度是很快的，半岁之后，生长速度就会开始放缓，然后越来越缓慢。一个婴儿正常的生长趋势大概就是这样。

每个婴儿也有自己独有的曲线，当把个体的曲线和正常理想的曲线相比较，就能发现是否有问题了。在美国，带宝宝去医院检查，并没有“达标”这个词，医生会把你宝宝的身高体重数据输入电脑，在这张表上显示出来，然后结合历史数据，综合做出评估。只有所有的历史记录全都描绘在表上，用一种动态趋势的眼光来观察，才能真正描绘出宝宝的生长状况。

不要因为普遍觉得胖娃可爱的审美，就对身材偏瘦小的婴儿充满恶意好吗?

出生到36个月：男孩
年龄别身高和年龄别体重的百分比

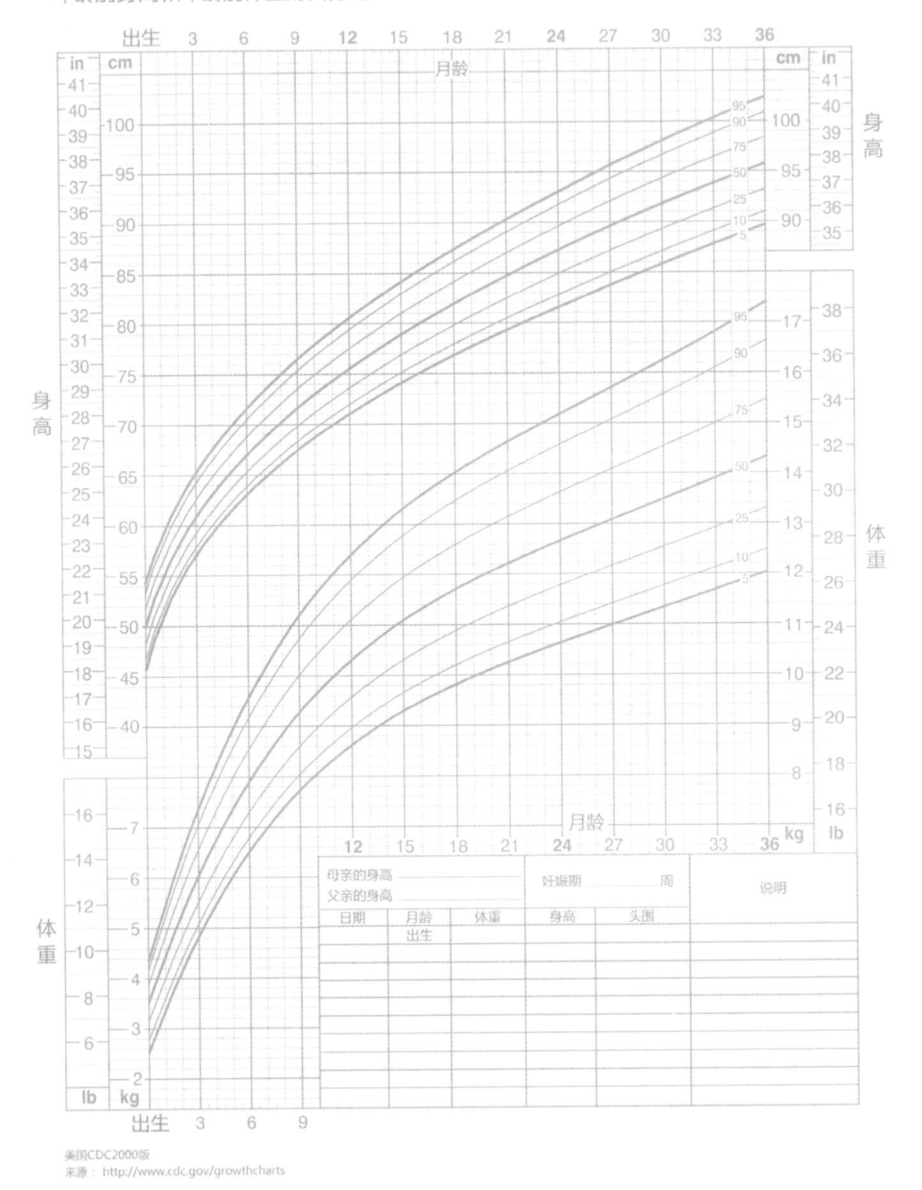

所以，只要是宝宝的数据一直贴合某一根正常的曲线，稍有上升，或者稍有下降，都是十分正常的。身高体重的绝对值是多少，其实并不重要，无论胖瘦和高矮，都可以很健康。

以下几种情况需要引起警惕

1. 长期过高或者过低

长期3%以下，或者97%以上，可能会有喂养不当的原因，百分比太低可能会有喂养方面的问题，太高会有过度肥胖的担忧，需要适当节食。

2. 曲线突然大幅波动

如果曲线突然下降，或者突然上升，譬如一直都在60%，突然跌到30%以下，就要找找原因，看看是不是某些病理原因导致的。

如果一直都是70%，突然爆表过了95%，就要检讨一下是不是喂养过度了。

3. 身高和体重百分比差距过大

假如身高是90%，体重是10%，就说明过于瘦高，发展极度不平衡，也需要引起重视。

总而言之，身高体重，只有动态地比较地看，才有可能得出最科学最准确的结论。只是单纯地说，我家宝宝几个月了有几斤，我家娃最近没怎么长，完全无法说明问题。

增重不理想的原因

这真的是一件有点复杂的事情，食物从吃进去，到消化，到吸收，到代谢，这一长串的链条中，哪一环节出现问题都会导致生长问题。

1. 喂养不当

没有摄入足够的热量和营养，导致没有正常生长，这也是最容易想到的原因。不过喂养不当也有很多可能性：

你的宝宝总是很困很累，一吃就睡着，从而没有吃到足够的奶，这种情况在黄疸宝宝身上格外容易出现。只能让宝宝在吃奶的时候保持清醒，不要看宝宝吃睡着了就由着他睡，这样睡也睡不长，醒来了没睡饱，恶性循环。

宝宝的吸吮能力太弱，从而没办法从妈妈乳房吃到足够的奶，甚至有些宝宝连奶瓶都吸不动，这个常见于早产宝宝和严重黄疸的宝宝。必要时需要使用特制的软奶嘴才行。

舌系带过长，会影响宝宝吸吮足够的母乳，而且会让妈妈喂奶很痛，这需要宝宝及时地做个小手术，剪断过长的舌系带。

母乳喂养的宝宝，可能是母乳喂养不当。母乳喂养不当包括两方面：一种可能是奶真的不够，这种会好察觉一些，因为宝宝吃不够奶会哭闹，而且每天没有尿湿6个尿片。另一种可能是宝宝总是吃到乳房里前1/3的前奶，富含脂肪和蛋白质的后奶没有吃到，这种宝宝会比较容易拉绿色便便。

吃不到后奶又有两个原因：一个原因是宝宝习惯吃零食奶安慰奶，每次吃得都不多，很难吃到后奶。另外一个原因就是妈妈的哺乳姿势不正确，导致乳头疼痛，影响泌乳激素分泌，也会影响顺利刺激奶阵出来。

另外，妈妈的精神压力大，心情紧张也会同样影响刺激后面的奶阵下来。所以妈妈喂奶的时候最好在安静的环境下，全心全意地和宝宝享受甜蜜时光，不要有人打扰才好。

过于教条的按时喂养方式。我有个朋友就是这样，宝宝生下来8斤多，结果月嫂坚持4个小时喂一次，而且每次规定宝宝吃多少，说是培养宝宝的好习惯，结果宝宝2个月才刚过10斤。一般新生儿3小时喂一次，4个月以上宝宝4个小时喂一次，只要你确定宝宝是饿了，那少于这个时间也是可以接受的。只是你需要仔细区分，宝宝的哭闹，到底是因为困了、肚子不舒服，还是因为真的饿了。

2. 消化原因

胃食道反流指的是有些宝宝特别容易奶液上涌，导致食道烧坏，引起了进食的疼痛，从而厌奶拒奶。

各种肠道消化问题。一般肠道消化问题出现的症状就是腹泻，可能性也是多种多样的，微生物或者寄生虫感染、牛奶蛋白过敏和乳糖不耐受，都会引起腹泻。

3. 代谢原因导致

排除了以上两种原因，宝宝摄入并且吸收到了足够的营养，依然无法增重，就要考虑代谢问题。

可能是肾脏有问题，过多的热量物质从尿液中渗出。

可能是代谢过快，身体以快于正常的速度燃烧，留下热量不够生长，引起这种现象的可能包括：甲状腺功能亢进，慢性感染，先天心脏病，或者恶性肿瘤。代谢原因引起的生长迟缓比较罕见，但也不是没有可能，医生会通过各种检测来排除这些原因。

4. 其他原因

很多宝宝一旦生病就会进入绝食状态，水都不肯多喝，但是生病还需要大量的营养和能量来对抗病毒和细菌，所以会将平时储存的肉肉消耗掉。

宝宝缺乏足够的关爱。妈妈的心情，给宝宝的爱抚和注意力，都会影响宝宝的食欲。如果妈妈有产后抑郁的问题，或者因为过于忙碌，没有心情多搭理宝宝，没办法多注视、爱抚宝宝，宝宝的食欲和消化吸收也会受到很大影响。

大运动发展。很多宝宝在会爬之后，会突然有一段时间快速地瘦下来，只是因为他们有了运动，所以代谢变快了而已，这件事在亚洲宝宝身上更加常见。对比起欧美的宝宝，亚洲宝宝总是在出生头半年的时候占尽优势，体重爆表，但是一旦会爬，就快速地甩肉，看起来好像生长曲线下降了许多，但其实只是恢复了正常的样子。

这种大运动发展导致的体重曲线下降，并不是病理性的，不必太着急，当身体适应这种代谢速度的时候，自然会重新贴合一个新的曲线稳定增长的。

养娃不是考试，也不是比赛，更不是为了炫耀和刷存在感，不要听外界的纷扰，回归到你原本的初心，有一个健健康康的娃，难道不就应该满足了吗？

08 宝宝爱玩小鸡鸡怎么办

你家的男宝宝会玩自己的小鸡鸡吗？阻止了吧，会生气；转移注意力吧，过一阵还犯；讲道理吧，又半懂不懂的。橙子也遇到了这个问题。实在没辙了，只好去问儿医，儿医笑眯眯的，一副“我了解”的样子，和我说了一番对我非常有冲击力的话。

低龄婴幼儿的手淫行为很正常

是的是的，你没看错，3岁以内低龄婴幼儿时期的小宝宝就会有手淫现象了，他们拉扯揉搓小鸡鸡不光是为了好奇或者好玩，主要是因为，他们从这种行为里获得了快感。不要以为只有男孩子有这种行为，一部分女宝宝也有的，学名叫作“夹腿综合征”，顾名思义啊。

少数的婴幼儿甚至会因为手淫而获得高潮，表现为喘气、脸红，最后浑身僵直颤抖、眼神空洞……看起来好像和成人也没有太大不同。手淫对于懵懂的低幼宝宝来说，完全与性是没有关系的。这种行为对他们来说，就和挖鼻孔一样，感觉很爽，所以就去做了，非常纯洁的行为。

如果你觉得宝宝这种行为过于频繁的话，就要检讨一下，宝宝是不是感到紧张、情绪压力太大，没有获得足够关注，或者是生理上的原因（尿路感染之类），等等，而不是急于去改正所谓的“坏习惯”。

最好的处理方式是“忽略”

那么我们作为家长，需要阻止宝宝的手淫行为吗？

答案是，不需要！可能你也和曾经的橙子一样，对孩子的这种行为感到难以接受，但是我可以负责任地祭出一堆的论文结论告诉你，这种行为对孩子们来说，是完全无害的，无论在生理上还是在心理上。事实上，手淫对于每个人来说，都是健康而又正常的。

你可能会说，胡说！过度手淫肯定会不健康！那当然了，什么事过度了会健康呢？过度吃饭，过度睡觉也不健康啊！过度手淫是不健康没错，但不代表手淫本身是错误的行为。如果你告诉孩子，这种行为不好、不洁甚至羞耻，就等于告诉他“探索自己身体”和“让自己感到愉悦”的行为是一种过错，这会让孩子将“性愉悦”和“罪恶感”关联起来，影响今后健康的性观念的形成，进而影响成年后的婚恋。

所以，当宝宝偶尔发生这种行为的时候，在保证卫生的情况下，just let it go，忽略之。让他爽去！大呼小叫地阻止只会强化这种行为，反而让孩子记忆深刻。对于孩子来说，这世界上好玩的东西多着呢，没有特殊情况，他是不会整天沉迷在这个上面的。

手淫可以，但是当众就不要了

虽然这件事感觉挺不错的，但是大庭广众的现场直播肯定是非常不雅。当孩子逐渐懂事了，你要告诉孩子的是，自慰是一件“私密的事情”，就和我们洗澡、上厕所一样，不可以被除了家人以外的人看见，所以如果你想爽，可以，在家关门随便，但是不要在公众场合下进行，这会冒犯到公众场合的其他人，不礼貌也不合适。

但是3岁以下的孩子一般是不能理解“私密”的概念的，对于这些半懂不懂的小豆丁，怎么才能让自己不陷入尴尬的境地呢？

答案是让孩子有事可做，避免感到太无聊，当孩子百无聊赖的时候，自然会做一些让自己开心的事情嘛！给他个东西玩，拼图、搭积木、玩钥匙，都可以，让他的手忙起来，自然就不会想到这件事了。

如果你对孩子的手淫行为感到极端不适，那是你自己的问题

讲真，仔细思考一下，性难道不是一件很自然很健康的事情吗？哪里可怕了？哪里邪恶了？又哪里羞耻了？我们这一代成人，涉及性的问题就遮遮掩掩、吞吞吐吐、极端别扭的心理，到底是从何而来的？是上一代传递给我们的，他们没有教给我们正确的性，却传递了对于性的恐惧和罪恶感，我们成年之后还要自我纠正，很多人终身都会有关于性的心理障碍，无法获得应有的愉悦。

到此为止吧，不要再把这种态度传递给孩子了。

“如果你总是对孩子的自慰行为感到非常困扰，应该及时寻求心理机构的帮助”，这是来自美国的一篇科普文章的原话。

结束文章之前，讲一个真实的故事吧。

一个父亲带着四五岁的儿子在公园玩，看到了一个因为腿畸形而坐轮椅的孩子，儿子总是盯着这个残疾孩子看，父亲感到很局促和尴尬，很想把儿子叫过来，教育他歧视有缺陷的人是不对的，对待残疾人要像正常人一样友好礼貌之类的话。

腹稿还没打好，儿子突然对着残疾孩子说话了。

他说：“你的帽子真漂亮，哪儿买的？”

爸爸突然很庆幸没有说出口，不然，他就教会了孩子“歧视”的概念。

很多时候，父母用成人世界的看法去评价孩子的行为，却把孩子本来清澈的心灵污染了。这种为人父母经常犯的错误，在性教育方面，尤其是重灾区。本来孩子什么都没想，是你对他行为自以为是的干预，导致他反倒想错了。

健康的性教育，从不干预孩子玩小鸡鸡开始，你能做到吗？

09 安慰奶嘴怎么用才对

说实话，因为自己家两个娃不喜欢安慰奶嘴，戴着真心吵，橙子一直很羡慕可以喜欢上安慰奶嘴的宝宝，哭了一塞就解决问题，欧美用安慰奶嘴的小孩也非常普遍，所以我一直是鼓励大家把这个养娃神器用起来的。

安慰奶嘴的优缺点

1. 安慰奶嘴的优点

- 满足额外的吸吮要求。
- 最容易的安抚婴儿的方式。
- 戒断相对比吃手容易。
- 居然还降低婴儿猝死症概率。

2. 安慰奶嘴的缺点

• 可能增加中耳炎的概率。之所以说可能，是因为这两者之间的具体机理尚不清楚，是统计出来的结果。所以未必真的构成因果关系，就算是真有因果关系，也不知道谁是因谁是果，也有可能是爱得中耳炎的宝宝更喜欢吃安慰奶嘴。

• 可能会造成乳头混淆。也是可能，并且最近好像有确凿的调查实验表明，吃安慰奶嘴对吃母乳，并不会有什么影响。只是保守起见，美国医院不建议对没有顺利衔乳的宝宝引入安慰奶嘴。

• 对牙齿有影响。美国牙医界的通行标准是，2岁之前含安慰奶嘴的行为，都不会影响以后牙齿的形状。注意，这是一个有牙齿崇拜的国家的牙医们的结论，只可能保守，不可能激进。

优点这么多，缺点几乎等于没有，所以安慰奶嘴放心地用起来，绝对没问题。美国儿医界的统一口径是：6个月之前尽情地用，6个月之后减少使用，1岁之后开始准备戒断。这应该是最最保守的建议。

6个月之后之所以要减少使用的理由

第一是因为怕中耳炎，这个我已经说过了，安慰奶嘴和中耳炎两者未必真的成因果关系。第二是因为怕1岁之后不好戒。

所以，至少6个月之前你还是可以尽情地用一下，白天晚上都含着，也没什么问题。6个月之后，你可以尽量减少使用，只是在睡觉的时候用，白天的时候就尽量少用，尽量用别的方式安慰宝宝。1岁到一岁半之间可以试图慢慢戒断睡觉依赖奶嘴，偶尔故意搞出一些小状况。

发现宝宝可以在偶尔没有奶嘴的情况下顺利入睡之后，就可以系统地戒断了。把奶嘴剪坏，和宝宝说奶嘴坏掉了，不能用了，和它说拜拜。有一些大龄的宝宝要戒，还可以给他编一个“奶嘴精灵”的故事，说宝宝长大了，奶嘴精灵要来把奶嘴收走了，晚上把奶嘴放在一个盒子里，第二天奶嘴不见了，盒子里多一个礼物，也是一个很能抚慰孩子的做法。当然大多数要哭一哭，哭个两三天依然找不到奶嘴也就算了，比吃手或者戒奶睡要好戒得多。

另外还有一种情况可能需要更早地戒掉安慰奶嘴，就是奶嘴一掉就醒，夜里醒来七八次找奶嘴，这种就有些过度依赖并且影响睡眠了，需要尽早戒掉。关于如何戒，基本也就和睡眠训练一个道理，可以参看睡眠训练的文章。

其实奶嘴在国外小孩里用得非常多，已经很多年了，除了2岁之后长期大量地用会导致牙齿变形和影响说话意愿之外，并没有发现什么其他的影响，嘴巴形状是不会变的。

所以安慰奶嘴对于1岁以内的小宝宝来说，还是非常好的育儿神器，可以让宝宝更早地学会如何安慰自己，学会自主入睡，小月龄宝宝喜欢用还是用起来。

10 如何第一时间正确处置意外伤害

美国医疗广为诟病的一点就是，看急诊非常难，要排队很久，所以家庭里关于意外伤害的紧急处置方法宣传都很到位。有一些我也是到了这边才了解，还是非常科学实用的，也发现了国内一些传统观念的误区。希望父母们能认真看完，未雨绸缪，用不到当然最好，如果真有意外发生，你第一时间的反应是否正确，真的是至关重要。

磕碰伤

宝宝学步之后，磕磕碰碰在所难免，碰个大包的情况也时常发生。一般老人的做法就是使劲地揉啊揉，好像能把大包揉下去似的，其实是非常错误的处置方法，越是用力揉，反而会加重内出血的状况，其实是二次伤害。

正确的做法是——冰敷。磕碰发生之后，赶紧到冰箱取一些冰块（冻肉或者冰棒也行），放进不漏水的塑料袋里，尽快地敷在肿痛处，先敷1分钟，然后可以包上一层布缓解太冷而无法忍受的感觉。再敷个10分钟左右，就可以撤掉冰袋了。冰敷会使充血的毛细血管收缩，有效控制内出血，冰敷后的伤痛处，依然会有青紫，需要慢慢恢复，但绝对不会肿得很高，也会恢复得更快。

如果你家的宝宝格外好动，容易磕碰受伤，可以买个专用的医用冰袋，常年在冰箱里放着以备不时之需。

开放式擦伤、割伤

夏季的时候，少了衣服保护，擦破皮的现象时有发生，有时候会很严重，血肉模糊的一片。即使如此，只是擦破表皮的话，也并不用跑医院处置。

最重要的第一件事，就是做好清洁消毒。清洁做不好，细菌会留在伤口中滋生，引起发炎化脓。先用清水洗掉伤口的脏东西，然后上一些可以杀菌的外用药物，双氧水、碘伏之类的，都可以。美国这边有一种家用常备的外伤用药，叫作neosporin，有杀毒止痛双重功效，海淘族有机会不妨顺手买一支凑单。

包扎并不是必需的，伤口暴露在空气中其实更好。只是小孩子爱乱动，不盖住伤口容易再次碰到，影响封口愈合，所以可以先包扎上，当孩子睡觉不动的时候，再把纱布拿下来。如果宝宝比较听话，可以劝说其不要乱动，尽量让伤口暴露出来。

小孩子新陈代谢快，伤口愈合也会比较迅速，几小时就会结痂止痛。但是格外需要注意的是，千万不要让伤口碰水，一旦沾水，新痂就会很快融化在水里，伤口会再次暴露出来，需要重新愈合，而且很痛。所以擦伤后就最好别洗澡，至少48小时之后再洗。

值得一提的是破伤风的问题。引起破伤风的细菌是一种厌氧细菌，所以，只有深入表皮的割伤或者刺伤，才有可能让破伤风杆菌繁殖，皮肤表面的擦伤是不会患上破伤风的，家长无须为孩子的擦伤而紧张。即使是深度的割伤，也要看割伤的东西，如果是室内的洁净刀具，也不用担心，破伤风杆菌主要存在于户外的灰尘泥土或者粪便中。只有孩子被室外的不洁物品割伤刺伤，才需要赶紧注射破伤风疫苗。

扎刺

大多数的刺镊子都可以拔出来，注意要顺着刺入的方向拔，不要太用力将刺折断在皮肤里。

如果刺太小了，有两个妙招：第一，用强力的胶带粘在扎刺的区域，然后迅速地撕下来。第二，在扎刺的皮肤区域涂一层胶水，等胶水干成一层，再剥下来。如果依然拿不出来，可以试着泡泡水，软化一下皮肤，再试一次。如果小到无论如何都取不出来，也可以扔着不管，皮肤的新陈代谢，也会慢慢地将刺推出来。

如果刺有倒钩，还是需要正规的医疗处置。

烫伤

一旦发现宝宝烫伤，第一件要做的事情，不是寻找烫伤药膏，而是赶快将烫伤部位放在水龙头下面，用凉水不停地冲刷10~15分钟。

一般人会觉得，烫伤已经造成，就无法挽回，其实是想当然。当烫伤发生的一瞬间，伤害的其实只是表皮，即使脱离热源，热量依然会从表皮，一层一层向内层传递，从而成为深层烫伤。人体的热传递速度其实是很慢的，完全有时间靠浇凉水的方式切断这种传递，阻止更重的伤害发生。有时候只是小小的烫伤，如果没第一时间冷却，就会痛非常久。

如果烫伤部位出现水泡，凉水泡过之后，可以涂一些抗菌的软膏在上面，不要试图挑破水泡，会容易导致感染。

如果是达到三级烧伤，也就是皮肤烧焦或者发白，并且没有明显痛感（神经烧坏），应该尽快就医。

鼻子出血

宝宝发生鼻子出血的状况很常见，原因可能是碰撞或者是空气过于干燥。首先需要家长冷静下来，鼻子流血并不会让宝宝受到伤害，只要及时止血就好。让宝宝坐在怀里，身体稍稍前倾，大人一边清理流出来的血迹，一边轻轻地用手指捏住他鼻子柔软的部分，稍微有些压力，保持10分钟左右，放开看看，如果依然流血，就继续捏10分钟。冰敷一下宝宝的鼻子也有利于止血。

注意事项：第一，不要让流鼻血的宝宝躺着或者仰头，鼻血会流到他的喉咙里，引起呕吐（吐血哦……视觉冲击太大！）；第二，不要用棉花或者纸巾塞着宝宝的鼻孔，虽然也可以止住，但是当你拿走填充物后，会将凝血块再次破坏，造成再次流血。

如果孩子经常鼻子流血，要尽早带去耳鼻喉科就医，很可能因为鼻子里的某根血管有破裂，需要一些医疗处置。

坠落

宝宝掉地上这种事情很常见，但是后果却是可大可小，幸运的从楼梯上摔下去也没什么事，倒霉的只是从沙发掉到地上也会有生命危险。所以一旦宝宝发生坠落事故，家长不可以掉以轻心。

只要出现下列情况，必须立即去医院急救：骨折，头骨凹陷，肤色不正常，呼吸困难，嗜睡不醒，呕吐，瞳孔不等大，无法交流，哭闹不休。

如果没有上述情况，也要在接下来的24小时内观察，相信你的直觉，如果你觉得宝宝明显和平时不同，也要尽快去医院检查。

当然，也不必过于担心，因为小宝宝的头骨较软，有利于缓冲碰撞带来的伤害，绝大多数的坠落都不会造成什么伤害。比较明显的异常才需要特别注意。

误食毒物

一旦发现宝宝吃了些可能有毒的东西，首先将毒物放在宝宝够不到的地方，然后尽量把宝宝嘴里的全都挖出来，并赶快喝一些牛奶或者豆浆，因为有些化学毒物会引起蛋白质变性，喝入牛奶、豆浆等蛋白质，就会代替身体消耗这些化学毒物的作用。

注意，不要草率地催吐，如果你的宝宝吞入的毒物有强酸或者有腐蚀性，呕吐会造成对食道和口腔的二次伤害，切记切记。

如果宝宝有如下情况，则需马上去医院急救：呼吸困难，嗓子痛，嘴巴被烧坏，抽搐，昏迷，极度嗜睡。

如果没有上述情况，就不是很急迫，但也不可以假设没事，需要找医生问问，别忘了带着宝宝误吞毒物的样品。

吞入异物

如果你的宝宝吞入的东西没有锐角（硬币、玻璃球等），并且看起来并没有卡在嗓子里，你可以暂时放心，绝大多数异物会被宝宝顺利地排泄出来，并不会伤害他。

但是也要在接下来的几天之内，密切观察宝宝的反应，如果出现呕吐、不吃东西、发烧、咳嗽、气喘或者呼吸的时候有哨音，那还是应当尽快就医。

检查宝宝的便便，如果几天之后，异物依然没有被排出来，还是需要看医生检查一下。如果宝宝吞入的是危险（针、牙签等）的甚至是危险物品（电池、磁铁等），即使现在表现正常，也应该尽快就医。

吸入性窒息

幼儿因为吃个花生、果冻窒息而死这种新闻看得太多，很是心痛，如果身边的亲人懂一些关于吸入性窒息的急救常识，悲剧就不会发生。从窒息到死亡的抢救窗口只有5分钟，去医院基本上是来不及的，能救孩子的只有身边的人，所以希望更多的人都可以学习一下关于婴幼儿吸入性窒息的急救知识。

如果宝宝被呛到，可以哭和咳嗽，说明气管只是部分被阻碍，不是窒息，暂时没有生命危险，充分咳嗽把异物咳出就没事了。但如果咳嗽不止，还是需要去医院。

当窒息发生的时候，孩子的表现是：张大嘴巴，表情痛苦，喉咙有古怪的声音，不能哭或者咳嗽，脸色迅速变青。

首先，第一时间打电话寻求正规急救帮助。

然后，在专业人员来到之前，自己也要迅速反应。海姆立克急救法怎么强调都不为过，父母和主要看护人要认真学习，网上有很多教学视频。对1岁以下的婴儿，迅速地将他头朝下倾斜，并用一只手托住宝宝下巴，另一只手拍击婴儿背部5次。然后将婴儿翻过来，用食指和中指，按压5次胸部正中（乳头连线中心处）。两种姿势交替进行，直到异物被喷出。如果是无法单手托起的幼儿，依然是5次拍击背部、5次胸部按压交替进行。

异物喷出之后，如果孩子已经失去知觉，需要进行人工呼吸，把婴儿放平，食指中指按压胸部中心，快速而有力地按压30次，然后嘴对嘴呼吸两次，交替反复进行，直到专业医务人员到来。

注意：千万不可以把手伸进孩子嘴里抠挖，反而会使异物进入更深的气管。

意外伤害就这么多。当然，希望所有的爸爸妈妈们都用不上这些知识，尽量提高安全意识，不要发生意外是最好的。

假如发生意外，最重要的事情就是保持冷静，不要急于指责，不要慌乱恐惧，一边安慰孩子的情绪，让他不要害怕，一边慢慢想下一步怎样做。

意外发生之后，不要过于自责，发生过的事情无法改变，很多时候，孩子的一些磕磕碰碰在所难免，这也是他们成长的一部分。尽量避免再次发生就好。

最后，愿所有孩子都平平安安。

Part 7

常见疾病及护理

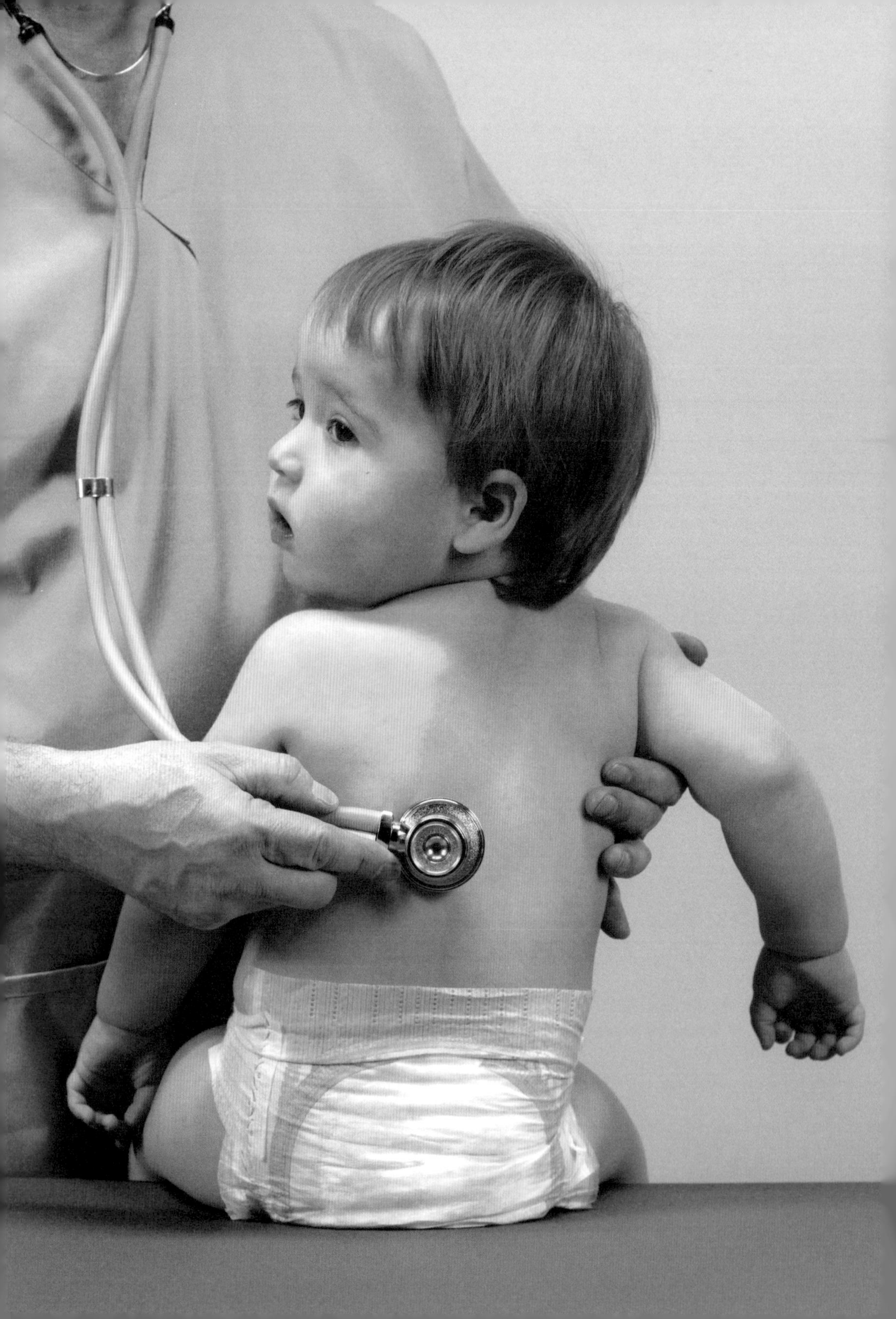

01 宝宝感冒发烧如何护理

小娃生病是让全家人最焦心忧虑的事情，看着宝宝又是发烧又是咳嗽、流鼻涕，真是太可怜了，当妈的真是恨不得都病在自己身上。抱着娃跑医院看医生，开回家一堆药又纠结要不要给这么小的孩子吃，实在崩溃。

首先要明白，绝大多数的感冒都是感冒病毒引起的，感冒病毒绝大多数是无药可医的。事实上，人类对病毒类疾病到现在还没有一个普遍有效的方法，小小的感冒病毒也是到现在依然没有攻克。并不仅仅是因为感冒病毒变化极快，而是因为一般的感冒根本就不值得治疗，绝大多数感冒都会在7天左右自愈。所以这世间根本没有可以“治疗”感冒的药物，所有的“感冒药”都是舒缓感冒症状，让感冒感觉没有那么痛苦而已，最终感冒病毒都是被人体的免疫系统杀死的，而不是药物。

所以，对待感冒的关键是要怎么“扛过去”，而不是要怎么“治好”。亲生娃生病难受，当父母的着急可以理解，但是要保持理智。你不要指望你给小娃进行个医疗处置，就能立竿见影地“治好”他的发烧、咳嗽、流鼻涕，就算直接往血管里打抗生消炎药，那也只是帮他消灭凑热闹的细菌而已，病毒依然在那里，需要娃自己的免疫系统消灭掉。

美国医生对2岁以下的小娃感冒的处理非常保守，如果并发症没有特别严重，绝大多数都倾向于让孩子自己扛过去，不到万不得已不会用药物，所以虽然橙子家里俩娃常常轮流生病，我都很少跑医院，因为去了也是被劝几句撵回来。次数多了，我对娃生病已经非常淡定，完全没有了刚开始的那种焦灼和担心。虽然照顾生病的孩子会很累，但是我内心明白，这只是一个必经的过程，熬过去，还是那个欢蹦乱跳的健康娃，而且，他的免疫力又被锻炼得强大了一些。

感冒病毒其实很无聊，制造的麻烦永远就那么几样，无非就是发烧、流鼻涕和咳嗽。

发烧

首先要密切关注宝宝的精神状态，如果精神很好，即使烧到38.5℃以上，也不需要降温。如果宝宝哭闹厉害，或者是精神不振，就需要服用退烧药了。常备的小儿退烧类药物有泰诺林和美林（或布洛芬）。儿科医生建议6个月之前的宝宝服用泰诺林更加安全，但是泰诺林麻烦的是每次只能退烧三四个小时，一天不能吃超过4次，其余的时间，只能让宝宝烧着了。所以，6个月之后，我比较倾向于用美林退烧，同样一天不能服用超过4次，但是药效可以达到6~8个小时，夜里至少可以睡个好觉。最新的美国儿科学会指南，并不推荐交替使用退烧药，也不推荐盲目地物理降温，总之以小孩的舒适度为标准。

其实，小娃发烧并没有多可怕，只是一种人体免疫的反应，增高体温，是消灭病毒的一种很有效的方式，所以，让娃适当烧一烧，只要别烧得太高烧得太久，是有好处的。

当然，退烧药并不是治病的，药效退了，还会再烧回来，如果宝宝精神不错，可以让他烧一阵子，如果特别哭闹，或者没精神，还是吃退烧药缓解一下。

发烧的过程中，除了关注温度，还要注意补充水分。发烧又退烧会出很多汗，需要更多水分，另外多排尿也会帮助退烧，所以尽量让宝宝多喝水。

发烧超过24小时，建议去医院验血，如果是病毒引起的感冒发烧，让小孩扛过去就好了；而如果是细菌引起的，可能需要服用抗生素，谨遵医嘱。

流鼻涕

鼻涕非常讨厌，会堵塞宝宝的鼻腔，让他呼吸不畅，无法好好休息，更会沿呼吸道往下流，变成痰，导致咳嗽。大人会擤鼻涕，但是宝宝不会，所以需要大人帮助他。可以用海盐水喷鼻子，让宝宝的鼻涕可以软化自己流出来。也可以用吸鼻器帮助宝宝把鼻涕排干净，会让他们好受很多。

但是鼻涕这个东东，常吸常有，两三个小时之后鼻子就又会堵起来。如果宝宝抗拒得很厉害，也不需要总是吸得很干净，宝宝挣扎得厉害，吸鼻器也会伤到鼻腔黏膜，一天吸个两三次也就够了。其余时间，堵着就堵着吧，宝宝慢慢会学会如何在睡觉的时候用嘴巴呼吸，适应鼻涕的存在。

一开始会流清鼻涕，当鼻涕渐渐地由清转成绿色黏液，再变黄，就是好转的现象了；然后鼻涕会越来越黏稠，可能需要盐水洗洗鼻子才能吸出来；最后只是一些鼻屎，流鼻涕就完全好了。少则一周，多则一个月，一定会好的。大可不必为它太过烦恼。

如果流鼻涕超过一个月没有减轻的迹象，还是要去医院看看，有没有细菌感染导致的鼻炎问题。

咳嗽

这件事情真是无比头疼，有时发烧、流鼻涕都已经好了很久了，却会断断续续地一直咳嗽，每一声的咳嗽都那么揪心，尤其是半夜，娃经常半夜两三点咳得睡不着，内心实在是崩溃的。

麻烦的是，儿乎没有任何足够安全的药物可以非常有效地给婴幼儿止咳。我试过美国市面上所有针对婴儿的止咳类药物，感觉只能止住一阵，有时候根本没有明显效果，这也与美国儿医协会的结论相同。所以在美国，医生绝对不会对4岁以下的儿童建议用止咳药。

对于1岁以上的娃，在咳得厉害的时候，可以吃一小勺纯蜂蜜来暂时止咳，1岁以下，没办法，只有生扛。

可以尝试一些物理疗法，用稍热的蒸汽熏鼻子，然后把鼻涕尽量地都吸出来，痰也会在蒸汽的作用下软化并和鼻涕一起吸出来，会减缓咳嗽。不过这不太好操作，需要娃太多的配合。

虽然咳嗽很让人崩溃，只要不是伴随高烧不退，父母们其实并不用太过于担心这件事，也不用非要想办法把咳嗽止住（事实上你也没什么无害的办法能立竿见影地止住），这也只是个免疫力反应的过程而已，既不会把嗓子咳坏，也不会咳出肺炎（是肺炎导致咳嗽，可不是咳嗽导致肺炎哦），更不会咳到永远没完没了。再崩溃的病毒感冒导致的咳嗽，不用任何药物，也会自愈，当免疫系统把呼吸道里的病毒扫除干净了，咳嗽终究会好的。如果是细菌引起的肺炎、呼吸道感染等，还需要尽快服药，谨遵医嘱。

绝大多数的咳嗽，并不会导致什么严重后果，只是，让家长听起来很难受罢了。

食欲减退

如果是比较重的感冒，还会导致宝宝食欲减退，不想吃东西，这也非常正常，用不着担心宝宝把自己饿坏。人体在生病的时候，没有食欲是一种保护机制，减轻肠胃负担，好调动更多的资源对抗病毒和细菌，人体平常活动所需的能量，会消耗脂肪获取，平时娃攒下来的肉就是这个时候用的。

所以如果宝宝生病不想吃东西，也不必硬逼他吃，能吃多少就吃多少，当感冒痊愈之后，所有的食欲会加倍地回来的，只要注意尽量多地补充液体，不缺水就好。如果宝宝喉咙不舒服，水都不想喝，也可以喝些鲜榨果汁，或者把果汁冻成棒棒冰，会缓解喉咙的不适。

几乎每个孩子在断母乳之后，失去了母亲乳汁中抗体的保护，都要开始建立自己的免疫系统，这个建立免疫系统的过程，其实就是不断生病的过程。这和宝宝需要不断摔跤的过程才能慢慢地学会走路，需要撒得到处都是的过程才能慢慢地学会吃饭，其实是一个道理。作为家长，尽量不要干预这个过程，宝宝才会学得更快，你若是帮他，反而会让宝宝失去这个自己成长的能力。从这个角度来说，生病并不是件坏事，而是让孩子成为更强壮的人的必经之路。

虽然孩子的身体还很幼小，但并不脆弱，那里面蕴藏的力量远比我们想象的要强大得多，我们只需相信他们，守护，但不代劳。

02 宝宝拉肚子如何护理

新手父母总是喜欢将宝宝的便便看成宝宝健康的指向标，打开尿布的一刻，简直就是检验养娃成果的一刻，无论娃养成什么样，如果娃的便便不是传说中那种标准的金黄软便，那作为新手妈妈好像也是不及格的。很多新手妈妈被宝宝的“拉肚子”问题困扰，动不动就号称“我家宝宝拉肚子一个月了”。

你真的确定你的宝宝腹泻了吗？

确定一个成人的腹泻很容易，俗话就叫频繁拉稀，但是确定一个小宝宝腹泻，尤其是一个月子里的新生儿，你就不能用单纯的“拉稀”和“频繁”确认他腹泻了，因为吃奶的小宝宝就算是非常健康，也很可能拉得又稀又频繁。

拉得稀是因为宝宝吃的是液态的奶，肠道又短，来不及把所有的水分和营养都吸收掉就排出来，呈现出一种水分丰富，掺杂着奶瓣，而且软烂不成形的状态。和成人的标准比起来就像是拉肚子，其实是健康的便便。

当然，不排除有天生吸收能力比较好的宝宝，从小便便就是标准的金黄软便，但不代表着所有小宝宝也都是这样才算健康。

许多宝宝也会拉得比较频繁，一吃就拉，一天拉个六七次，这个也很正常，因为婴儿的肠胃容量比较小，而且蠕动也很不规律，往往是一吃奶，胃需要蠕动消化，肠子也凑热闹跟着蠕动起来，所以就边吃边拉。如果你的宝宝比较没规律，总是吃，那就容易总是拉。

有些新生宝宝一个月左右会开始有胀气的问题，总是很痛苦地往下使劲，放屁，导致把一些稀便挤出来，让人猜想是拉肚子，其实并不是，只是肠道里有气体，蠕动得不规律，引起的不适罢了。这些对于新生儿来说，都是蛮正常的，算不上腹泻。

真正的腹泻，要符合一个标准——大便的形态和频率突然改变。形态比平时稀很多（粪水分离，呈蛋花状），频率比平时多很多，这才能判断宝宝是真正的腹泻。

腹泻常见的几种原因

1. 病毒感染

轮状病毒、诺如病毒、腺病毒、杯状病毒、星状病毒和流感，都会引起腹泻，一般会伴随着发烧和呕吐，一般流感易发的秋冬季，病毒性的腹泻，也同样容易高发。

2. 细菌感染

沙门氏菌、志贺氏菌、葡萄球菌、弯曲杆菌或大肠杆菌，也会引起腹泻，细菌感染引起的腹泻是非常严重的，便便中会有血液，而且发烧、痉挛。

很多细菌感染导致的腹泻很难自愈，但是有一些细菌感染也是很危险的，譬如来自大肠杆菌的，如果你的宝宝腹泻非常严重，还是到医院化验一下，谨遵医嘱。

3. 蛋白质过敏

蛋白质过敏是免疫系统的异常，肠道中的免疫细胞，会将一些蛋白质误认为是人体的威胁来攻击，导致一些过敏反应。小宝宝免疫系统不成熟，所以容易发生这种过敏的情况。随着逐渐长大，这种过敏也会逐渐消失。

最常见的蛋白质过敏就是牛奶蛋白过敏，无论是吃了奶粉，还是妈妈吃了乳制品，都会让宝宝食物过敏。除了牛奶蛋白过敏，宝宝还可能对小麦、大豆、鸡蛋、海鲜、坚果等食物过敏。

食物过敏的反应是多种多样的，腹泻只是其中的一种（事实上我并没有见过食物过敏导致腹泻严重的案例，说明还是比较少发生的），一般的蛋白质过敏的反应是便便中有血液或者黏液。有些会导致食道反流症，有些还会导致湿疹。

毛头2个多月的时候，发现他便便里有血，还挺多，但是他并不腹泻，倒是有点食道反流症，医生说他是蛋白质过敏，并让我严格忌口，如果母乳不够要喝奶粉，必须喝水解奶粉。忌口之后，毛头的便血现象就减轻了，但是有时候还是会有（可能是我忌口不够彻底吧），但是他除了偶尔便便有血丝，并无其他不适，所以也没有过于注意，7个月左右，便血现象就完全消失了。

4. 乳糖不耐受

乳糖不耐受是指人体内缺少分解乳糖的酶，导致在吃了奶制品之后，30分钟到2个小时内产生腹泻、腹痛、胀气等肠胃不适的感觉。《生活大爆炸》中的Leonard，就是经常因为这件事被嘲笑。

乳糖不耐受在亚洲人群中很常见，很多人喝牛奶会拉肚子，但是对于婴儿来说，并不多见，就算是亚洲人的宝宝，也会在婴儿时期可以正常生产乳糖酶，逐渐长大之后才丧失这一能力。

如果宝宝确定真的乳糖不耐受，口服乳糖酶其实没有太大作用，因为乳糖酶是一种蛋白质，遇到胃酸会导致变性失去作用，口服乳糖酶也没办法像肠道分泌一样，能够均匀地混合在食物中。其实，医学界也从来没有乳糖酶作为药物来治疗腹泻的实验研究。所以乳糖不耐受宝宝最好是喝无乳糖奶粉，而不是吃乳糖酶。

5. 服用抗生素

细菌和人类其实是共生的关系，一个成人肠道中的细菌重量大概有5斤左右（拎在手里好沉的感觉），如果肠道中没有细菌，我们的肠胃就歇菜了。

一个婴儿肠道中的有益菌群就相对成人少很多，服用抗生素就容易杀死大部分有益菌，造成宝宝肠道菌群紊乱，无法消化食物而产生腹泻。但是也不至于谈抗生素色变，毕竟抗生素对于一些治疗是必要的。谨遵医嘱。

6. 喝太多果汁

很多妈妈都知道，喝果汁是一个缓解宝宝便秘的方法。太多的果汁（特别是含有山梨醇和果糖含量较高的果汁）或太多的甜味饮料，都会影响宝宝的消化，让宝宝便稀。2岁之前的孩子，如果没有便秘的话，最好还是不要喝果汁，喝多了真的会拉肚子哦!

其他不常见的原因还有寄生虫和中耳炎，也可能会引起腹泻，比较不常见，就不多说了。

值得一提的是，我翻遍所有的英文育儿网站关于婴儿腹泻的资料，关于腹泻的原因，从来都没有“肚子着凉”这一条。美国人民喂养宝宝比较彪悍，很多宝宝都是喝室温奶（25℃，感觉比较凉）长大的，经常看到洋人父母带宝宝在外面玩，拿瓶矿泉水现场沏点奶粉就喂了，稍大一点，上了幼儿园，老师会直接从冰箱里拿出牛奶就倒给小朋友喝。而且他们也不太在乎孩子肚子有没有受凉，小孩子甚至穿得比大人都少。就算是深秋，橙子坐标温哥华，依然还能看到满地跑着穿短袖短裤的孩子，一半都是华人孩子哦!

所以呢，喝凉的或者穿少了，并不会引起腹泻，只是一个习惯问题。如果你家娃从小就不太在意这件事，自然受凉了也没啥事；如果从小就养成了一定喝热的习惯，那偶尔接触凉的当然会不适应，这并不是“受凉”本身有什么问题。

真的腹泻了，应该如何处理？

腹泻也是身体的一种保护机制，把有害的东西排空，让胃肠减轻负担，单纯的呕吐和腹泻，并不会对身体造成太大的伤害。

更需要担心的，是脱水的问题。而且小娃体重轻，比大人容易脱水。生病了不吃饭不需要担心（身上存的肥肉就是这个时候用的），但是绝对不可以不喝水，液体无论如何要尽量多补充，如果你的宝宝无论喝奶还是吃固体食物都会吐和泻，那就要摄入电解质水。如果宝宝24小时没有尿，需要尽快去医院输生理盐水。

1岁以上的宝宝吃奶和蛋白质类食物可能会加重腹泻。可以试着提供这几种食物：熬烂的大米粥、香蕉、苹果（泥）、发酵的面食。当然，如果你发现宝宝吃了某种食物，腹泻会加重，那就不要继续提供这种食物了。

吃辅食的宝宝可以选择奶量减半，多吃点米糊，多喝水。没吃辅食的宝宝，那就保证奶量的摄入了，轮状病毒的病程是3~8天，肠胃感冒病程也是一周左右，保证不脱水，熬过去就好了。

另外不要忘了护理宝宝的小屁股，每次清理干净抹上护臀霜隔水，避免因为拉得过于频繁让宝宝红屁股。如果已经红了，就千万不要用湿巾给宝宝擦屁股了，会更痛，可以用柔软的纱布蘸水清理。

宝宝的呕吐物和排泄物可以送到医院化验，如果是病毒感染，八成是会自愈的。吃抗生素会杀死肠胃里的有益菌，反而使腹泻更加严重。但如果是细菌感染，还要尽快服用抗生素，不要延误病情。谨遵医嘱。

关于藿香正气水，这种药物在制造工艺中采用酒精作为溶媒，其酒精含量高达40%~50%，喝藿香正气水就等于给孩子灌白酒，危害大家都懂的。

关于传说中对腹泻有帮助的黏膜保护剂（蒙脱石散）和益生菌，暂时看起来没什么副作用，但是效果说法不一，可以适当吃一点。

呕吐或者腹泻中，宝宝会清减不少，家长们不要担心，宝宝痊愈之后，会食欲大增，加倍吃回来的。所以不必对这个期间孩子的绝食行为过于着急，保证液体摄入量就好，宝宝病好了以后食欲会加倍恢复的。

03 宝宝哭太多会得疝气吗

橙子经常会告诉新手妈妈，别怕宝宝哭，不要急于用摇晃和给奶的方式让宝宝安静下来，多观察，多尝试各种方法，发现宝宝哭闹的真正原因，有助于你育儿能力的增强，真正满足宝宝的需要，哪怕是多哭一些，也是值得的。

这个时候总会有妈妈说，我家老人不让哭，说男孩子哭多了会把肚脐哭鼓出来。

也一直有许多妈妈问，我家宝宝得了脐疝或者腹股沟疝，平时要怎么办？

要不要尽量避免哭闹？要不要拿个东西压着什么的？要不要手术？

什么是疝气？

医学定义是这样的：人体内某个脏器或组织离开其正常解剖位置，通过先天或后天形成的薄弱点、缺损或孔隙进入另一部位。

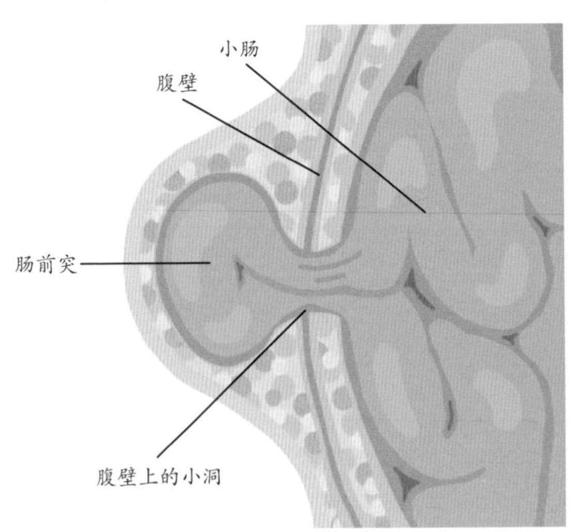

脐疝的示意图

其实看图就明白了，新生宝宝的疝气主要分这两种，脐疝和腹股沟疝。

这个是脐疝的示意图，说白了就是肚脐上因为先天的原因有个洞，一使劲，肠子就从洞里被挤了出来，掉进了肚脐那个区域，就呈现出了别人所说的“肚

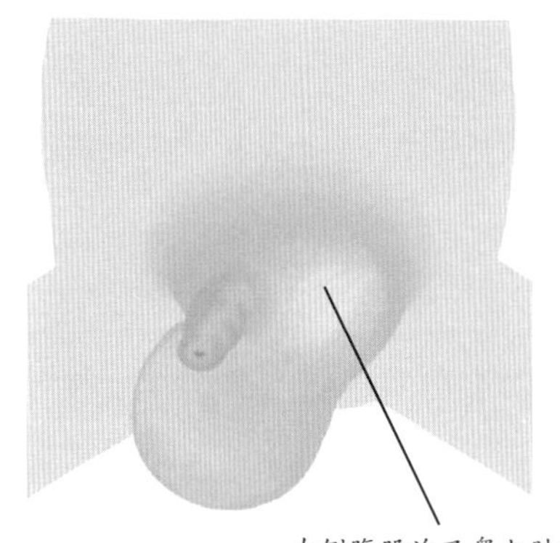

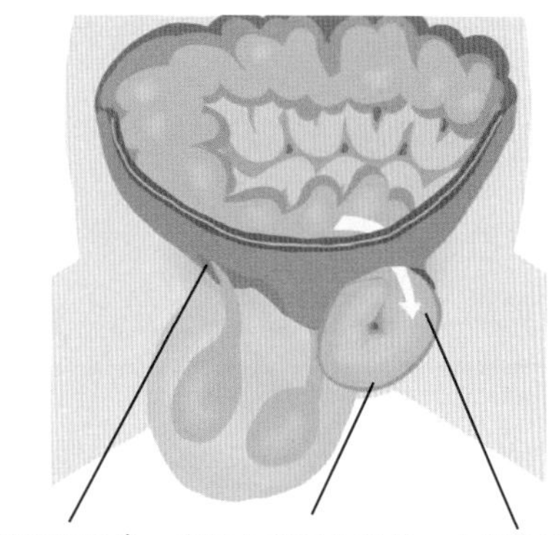

腹股沟疝的示意图

脐哭得鼓出来了”的状态。

上图是另一种，叫作腹股沟疝，和脐疝的原理相同，都是腹膜有个洞，只不过腹股沟疝这个洞开在腹股沟这里，肠子或者膀胱，甚至卵巢（这种情况比较少见）等器官，从这个区域被挤了出来，导致腹股沟或者小蛋蛋的区域鼓了起来。

天啊，看着是不是特恐怖，感觉分分钟肚皮要破了……其实只是给人感觉特别有视觉冲击力。绝大多数疝气都不会有生命危险，也不会让宝宝感觉不适，虽然很多疝气是在小蛋蛋的地方鼓出来的，其实也不会引起生殖系统的问题。

什么原因引起了疝气？

因为疝气的宝宝哭闹的时候，疝气的位置会鼓出来，所以会有人以为哭闹就会引起疝气。对于先天发育比较好的健康婴儿，腹腔壁是足够结实的，能承受住哭闹带来的腹腔压力。哭闹本身并不会引起健康婴儿患疝气。

新生儿疝气的根本原因，还是先天不足，出生之前腹腔的某个地方没有完全长好，所以早产儿得疝气的情况会比较多一些。当然，诱发疝气的不只是哭闹，咳嗽、打喷嚏、放屁或者便便用力，都会让疝气的位置鼓出。一般在出生一两周之内就会发现有疝气。新生儿的疝气是比较常见的病症，概率是5%左右。如果父母或者兄弟姐妹有疝气，概率要更大一些，所以这件事是有遗传因素的。

儿童甚至成人，也会后天突然发生疝气，这种情况就要比先天的罕见多了。

疝气的危险何在?

疝气这个事情说大不大，说小也不小，大多数的时候没什么事，小肚脐或者小蛋蛋在肚皮用力的时候会鼓起来，不用力了又自己回去了，没什么危险，就是看着恶心点。

但是在有些特殊情况下，会发生嵌顿，严重时会危及生命。所谓“嵌顿”，说白了就是从肚皮破洞里跑出来的肠子，因为各种原因，卡在那里回不去了，严重了会造成肠梗阻危及生命。嵌顿的情况发生时，宝宝会出现哭闹严重、呕吐、便秘等一些肠梗阻现象，疝气鼓出来的部分会变红、变硬并且肿大，没办法收回去。这个时候需要马上就医，家长别自己动手把肠子往里塞，会造成更大伤害。情况不严重的时候，医生可以帮助把肠子送回去，医生也送不回去的话，只好立即手术抢救了。

疝气需要治疗吗?

这个问题要分情况讨论了，脐疝和腹股沟疝的策略是不同的。

对于脐疝，美国医生一般建议是不用治疗，只要鼓出来的地方是柔软的，在宝宝平静的时候可以自动缩回去，就没问题，宝宝也不会因此不舒服。大多数的情况，会在2岁之内自己长好，最早的可能两三个月就好了，但是极端也有拖到5岁才好，如果5岁还长不好，医生才会建议做手术。

对于腹股沟疝，美国医生的建议是尽快手术。因为腹股沟疝基本很难自愈，而且腹股沟疝发生嵌顿的可能性会更大一些，既然早晚需要手术，越晚风险就越大，那还是早做比较好。因此很多宝宝1个月就手术了。国内还保守一些，需要半岁或者1岁。疝气是个小手术，创伤不大，宝宝当天或者隔天就出院了。但是小宝宝全麻还是有一些风险的，所以具体什么时候手术，不同医生的观点也不太一样，家长只有自己多斟酌了。

脐疝需要把鼓出来的部分压回去吗?

既然肚脐鼓出来看着很吓人，直觉上的反应就是能不能压着点别让它跑出来。市场上也有销售类似“脐疝带”这种东东，美国也有卖这种东西的，我仔细看了一下购买者的评价，比较两极化：说好的人说特别好，戴着不会掉，肠子再也不会跑出来了，过了不久脐疝就好了；说差的人，说根本绑不住，总掉，而且肚脐依然会鼓出来，什么用都没有！

美国这边医生的建议，口径比较统一，是不要戴，因为戴了比不戴的风险更大一些：很多婴儿肚脐即便是压住了，肠子依然会挤出来，没东西压着还好点，直接膨出来就得了；但是如果有脐疝带阻挡，肠子会从脐疝带和肚皮的缝隙挤出来，一不小心，反而搞得肠子被挤得伤到，肿大，没办法回去，引起了嵌顿。

而且脐疝带在视线上会挡住肚脐，让大人没办法看到里面的情况，到底压没压住，是不是压到肠子引起嵌顿了，从外面看不出来，容易引起疏忽，发生危险而不自知。所以不戴是更安全的做法。

当然，不排除有些宝宝脐疝情况比较轻微，脐疝带比较适合他，戴了之后确实再不会鼓出来了。家长在给孩子用脐疝带之前，谨遵医嘱，要评估风险，并且多检查，确认一下到底起不起作用。但是无论如何，脐疝带没有任何“治疗”脐疝的效果，就算是肠子被压回去了，腹腔壁的破洞依然在，最后还是需要宝宝自己慢慢长好的。

疝气的宝宝一定要极力避免哭闹吗？

每个宝宝疝气的严重程度、哭闹用力气的程度、肠子所在的位置、腹腔闭合的程度，都是不一样的。别的宝宝哭出了问题，不代表你的宝宝会，反之亦然。有的宝宝腹腔壁的破洞比较大，肠子很容易就回去了，不太容易嵌顿。有的宝宝腹腔壁的破洞很小，肠子反而不太容易回去，容易卡住，这种就要格外注意些。

所以呢，疝气的宝宝到底可以允许多大程度、多长时间的哭闹，没有绝对的答案。自己的孩子自己最了解，只要多留心观察总结，当妈妈的应该了解宝宝的“极限”在哪里。

具体疝气的情况非常复杂，种类细分也比较多，每个孩子的情况都可能不太一样，所以具体来说，有疝气宝宝的家长还是多和医生交流，最好能多听几个医生的建议，然后综合考虑做出适合自己宝宝的决策。

04 大腿的褶子不对称有问题吗

什么是髋关节发育不良？

因为在妈妈肚子里缩了太久，宝宝在刚出生的几个月中，髋关节需要充分地伸展，如果是胎位是臀位的宝宝，就需要更长时间。

从下面髋关节的示意图可以看出，大腿骨顶端的那个半球是应该完美地契合在骨盆的一个呈凹状的关节窝里。但是新生宝宝的那个关节的半球大多是软骨，如下图所示，深黄色部分都是软骨，有多软呢？耳朵那么软。可想而知，这个软软的半球在关节窝里肯定不会老老实实地待着，容易晃动，也容易跑出来。在某些原因造成的压力下，这个半球形的软骨就会发生变形，移出本来应该在的位置，影响髋关节的正常发育，就是髋关节发育不良。比较严重的，半球甚至会从关节窝跑出来，造成髋关节脱位。

骨头不在原位了，虽然现在完全没有感觉，但是后果也是很严重的，会影响

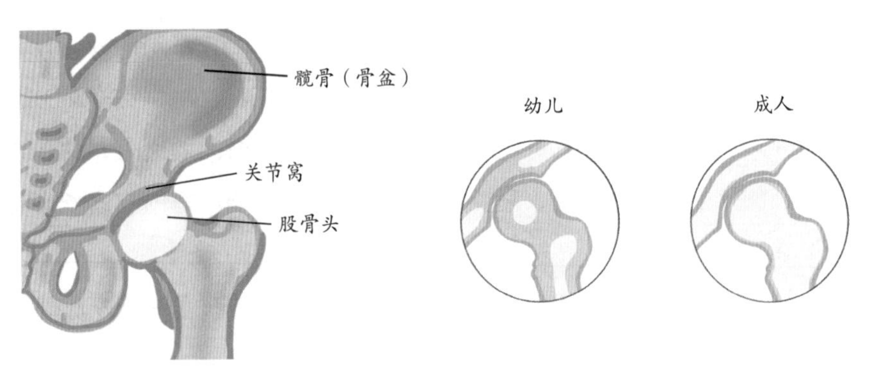

髋关节的示意图

以后的身姿、走路，还会有各种疼痛，严重甚至致残。

所以，6个月之前的宝宝，髋关节比较容易出问题，需要好好保护，有了问题及时发现及时治疗。

髋关节发育不良的原因

1. 先天原因

这种病症的发病率并不高，千分之一到千分之二的概率。但是如果家族里有髋关节发育不良的历史，宝宝再有这种问题的概率就会增加12倍。发病的女孩是男孩的6倍。有些婴儿甚至出生的时候髋关节就是脱位的。

所以，髋关节问题是有基因的因素的，虽然不是决定性因素。

2. 臀位

因为子宫上宽下窄的形状，臀位的宝宝的状态，会让髋关节受到更多压力。

3. 后天不正确的姿势

传统的绑腿行为，不正确的背带，还有不合适的汽车座椅，都会让髋关节经常受到不应该有的压力，而容易形成髋关节脱位。

小宝宝和成人是不一样的，他们的“青蛙腿”状态，才是髋关节不受压力的自然状态，如果大人总是用一些方式把宝宝的腿强行弄直，譬如传统那样把腿捆住，天长日久就会容易出现髋关节脱位的情况。

髋关节发育不良的表现

1. 双腿不对称

其中包括各种不对称，腿的长短不对称、平躺曲腿时膝盖高矮不一样、大腿皮纹不对称，等等。但是有不对称不一定就是髋关节脱位，还需要进一步检查。

2. 塌腰

孩子能站的时候，如果发现孩子屁股和脊柱之间的角度过小，接近90°了，也可能会有这个问题。

3. 响声

也就是说髋关节活动的时候有啪啪作响的声音，但是髋关节内和周围发展的韧带的正常臀部可能发生啪啪声，也不是必要条件。

4. 运动限制

换尿布的时候困难，腿掰不开。

5. 疼痛

髋关节发育不良或者脱位的宝宝，在婴儿甚至儿童期，都是丝毫感觉不到疼痛的，但是长到青少年或者成年的时候，会开始在走路的时候有疼痛感。

6. 走路一瘸一拐

如果孩子的一个髋关节有问题，当他学会走路的时候，会感觉一瘸一拐，虽然他完全不会疼。如果两个髋关节全都有问题，走路的时候就会来回晃动得更加厉害，需要引起警觉。

以上6点，只是髋关节脱位的一些表现而已，不一定有了这些表现就一定是髋关节有问题，具体还需要医生用专业手法做检查，最后做超声波或者X光才能确诊。

如何预防髋关节脱位？

先天的事情我们没法控制，只能控制后天的姿势。当然，就算姿势不太正确，也不代表一定就会髋关节有问题。我们更注意一些，就会更少发生这样的情况。另一方面，正确的姿势，也会让宝宝更加舒适。

1. 不要绑腿！不要绑腿！

绑腿的做法只是人们直觉上的一厢情愿，并不会让腿变直，而且会影响髋关节发育。橙子是号召大家包裹新生宝宝的，会让他更有安全感，睡得更好。但是切记切记，不要在打包的时候把腿也捆上，主要是把胳膊绑紧，腿要留出一定的空间，让宝宝呈青蛙腿放松的状态。

2. 选择正确的背巾和背带

最好不要用会让宝宝的双腿下垂的背带，选择背带的时候，要背上宝宝看看宝宝的脊柱和大腿之间的角度，超过145° 就是不对的。

3. 正确选择使用安全座椅

安全座椅如果太窄，会把宝宝两条腿强行并在一起，所以座位一定要足够的宽，让宝宝的腿能够放松地呈现青蛙腿的状态。

关于髋关节问题的诊断

回到文章开头的问题，腿纹或者臀纹不对称就是髋关节有问题吗？我前面说了，髋关节有问题，会导致腿纹不对称，但不是所有的腿纹不对称都意味着髋关节有问题。髋关节脱位别看说得这么邪乎，真正的发病率只有千分之一二，所以大部分的腿纹不对称现象肯定是不要紧的。

所以，仅仅凭着腿纹对不对称就判断是髋关节发育有问题肯定是过于武断片面的。在美国，儿科医生确实每次都要在宝宝例行的身体检查中检查髋关节问题，大概的动作就是摘下尿布，抓住宝宝大腿前后左右地晃一下，如果有问题，儿科医生会觉得不对，让你继续做超声波或者X光来确诊。

髋关节的发育问题，年纪越大治起来越难，过了1岁可能就要做手术，等到骨头真长成了手术也没得救了。因此如果有必要，还是要早做检查。只不过你要知道，绝大多数都没什么事，别太焦虑就好了。

髋关节发育不良要怎么治疗呢？

这个属于更专业的医学范畴了，我只简单说一下。首先，一般分物理疗法和手术疗法两种。比较轻度的物理疗法，一般是用一个像安全带一样的绳子把腿挂起来，让髋关节可以一直维持正确姿势慢慢恢复。另一种是用一种硬质的骨盆托，像打石膏一样的，治疗稍微严重些的。还有一种物理疗法是做牵引，不过小娃娃做牵引这件事还比较有争议。

髋关节脱位很严重的就要手术治疗。这件事就只好信任医生了。最好找更专业的儿童骨科医生，而不是一般的成人骨科医生。

希望大部分没问题的宝妈早点把心放回肚子里，极少数有问题的宝宝尽快治疗，别耽误了吧！

05 得了中耳炎怎么办

一说到中耳炎，就激活了我童年的痛苦记忆，我小时候就是一个特别容易得中耳炎的孩子，一感冒就得中耳炎，而且缠绵不去，整天整夜地疼，严重到流脓，耳膜穿孔，最后因为发炎次数过多，导致听力虽然不影响生活，但是确实比正常人耳背一点。

中耳炎是一种什么情况？

我们的耳朵里面，有一根管子，叫作咽鼓管，是和鼻子连在一起的，所以耳鼻喉都是相通的。当鼻子里的鼻涕太多没地方去，就很容易顺着咽鼓管漫上来，一直往里面淹。但是耳管是一条死胡同，鼻涕没跑多远就被鼓膜给截住了。

鼓膜是一个重要的听力器官，就是因为鼓膜的振动，我们才会听到声音，它是薄薄的一层膜，把耳道完全封住。鼻涕从内耳管流到这里出不去，就只好停留在这个叫作中耳的地方一阵，等鼻涕量比较少了，又会顺着内耳管像退潮一样退回去，当然，如果鼻涕能退回去，那也没什么问题了。

问题是有时候这些鼻涕退不回去，感冒、鼻窦炎甚至过敏的时候，耳管就容易发炎红肿，会导致耳道变狭窄甚至封死，鼻涕就停留在中耳的区域进退无门了。

要知道鼻涕里面可是有大量的病菌的，这些病菌来到了这么温暖潮湿黑暗的地方，那就撒了欢地可劲儿繁殖了。当然人体的免疫系统也不是吃素的，中耳区域会分泌出很多富含白细胞的黏液去杀死病菌，中耳里面就开战了，白细胞和病菌尸横遍野的结果就是脓液越来越多，还出不去，就对鼓膜形成了很大的压力，这个时候就会觉得耳朵痛了。

这个时候医生可以通过耳朵内窥镜看到，耳朵发炎的鼓膜，会明显充血，而且可以看得出里面堆满了积液。当脓液造成的压力太大，还会将鼓膜挤破，从耳朵里面流出来。想一想都觉得疼……

为什么婴幼儿特别容易得中耳炎？

因为婴儿和成人的内耳形状是不一样的，还是看图。

你会发现，婴幼儿的耳管比较短，而且呈水平状，有一点鼻涕就特别容易淹过来，也很容易停留。而成人的耳管比较长，而且是斜的，鼻涕不容易“爬”上去，即便是漫上去了，也很容易退下来，所以成人是不太容易得中耳炎的。

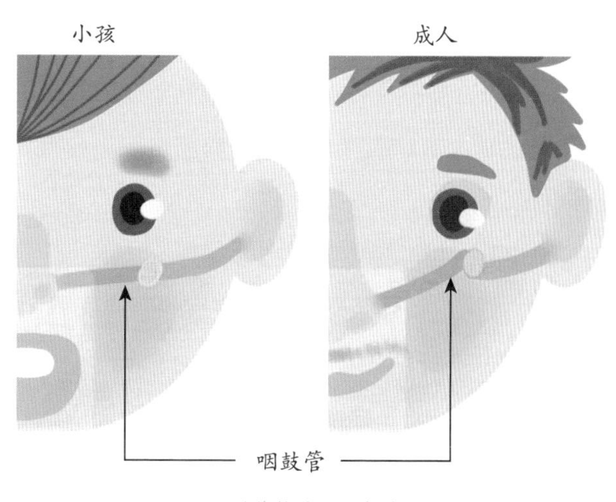

耳管构造的示意图

因为这种构造，中耳炎是3岁以下儿童最容易得的第二大疾病（排第一的是感冒），美国的统计是这样的：1岁以下的婴儿有一半都得过中耳炎，3岁以下的孩子，有5/6都得过中耳炎。像我家毛头和果果这样3岁之前没得过的都是中奖的。

3岁之后，随着耳管构造开始成人化，孩子就不太容易得中耳炎了。

如何判断宝宝得了中耳炎？

1. 中耳炎的主要特点

如果是孩子会说话了，他会明确地告诉大人，他的耳朵痛；如果宝宝很小，还不会表达自己，他一定会因为疼痛而大哭大闹，比平时哭得多得多，而且可能会伴随着揪耳朵的动作。（当然，如果宝宝在精神状态很好情况下的揪耳朵，

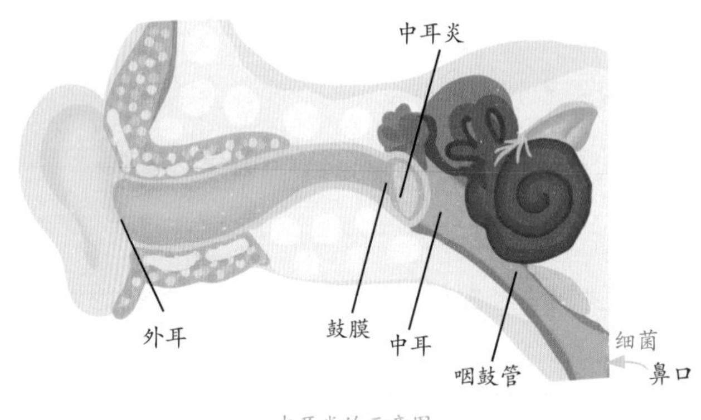

中耳炎的示意图

妈妈们可以放心，不会是中耳炎，中耳炎是会很痛的，很多宝宝只是爱抠耳朵、揪耳朵玩。）

体温升高也是一种对抗病菌的免疫反应，所以中耳炎比较严重的时候会导致发烧，但是和痛感不一定同步，有可能发烧之前就开始疼了，也可能暂时没有痛感，却已经开始发烧。

因为感冒和鼻炎才会产生鼻涕过多流入耳管的情况，所以感冒中后阶段是中耳炎高发期，如果宝宝感冒了一周左右之后，突然表现异常，哭闹严重，要记得检查耳朵。

2. 中耳炎可能导致的其他症状

• 食欲减退：耳朵感染会让宝宝在咀嚼和吞咽的时候感到很痛。

• 睡眠困难：平躺会加重耳朵的疼痛。

• 腹泻或呕吐：导致耳朵感染的病菌也可能会影响肠胃。

• 脓液流出：脓液流出说明鼓膜已经破裂，只有极少数宝宝在鼓膜破裂的时候不感觉疼痛。

• 气味：耳朵会飘出非常难闻的恶臭。

• 听力障碍：中耳的积液会影响听觉的敏感。

• 平衡感变差：耳朵也是人体的平衡器官，如果出了毛病，平衡感也会出问题。

如何治疗婴幼儿中耳炎？

大多数的中耳炎其实是可以自愈的——发现这件事的时候我自己也很震惊——如果是病毒引起的中耳炎，只要免疫系统战胜了病菌，耳管解除了堵塞，中耳的黏液回流到鼻子或者喉咙，中耳炎就不药而愈了。

鉴于美国儿医学会对于抗生素的谨慎态度，符合以下情况的孩子，很可能回家吃退热止痛药，继续观察48~72个小时。

- 6~24个月，只有一只耳朵轻微疼痛，并且发烧39℃以下。
- 2岁以上，有两只耳朵轻微疼痛，并且发烧39℃以下。

美国儿医学会对于下面三种情况的中耳炎小患者，才会考虑用抗生素。

- 小于6个月的婴儿，因为免疫系统还比较弱。
- 症状比较严重的孩子，如高烧（39℃以上）、出汗、萎靡、心跳加快等。
- 2岁以下，两只耳朵都有感染的孩子。

引起中耳炎的如果是细菌，用了抗生素，一定确保用满一个疗程（大都是5~7天），哪怕宝宝已经明显好了，也要继续服用直到疗程结束，这样才能确保细菌全部杀死。少量的抗生素会筛选出更具抗药性的细菌，下一次再用这种抗生素就不太灵了。如果宝宝用了抗生素，病情依然没有在48~72个小时内好转，医生会考虑换一种抗生素。

外用滴剂靠谱吗？

外用滴剂，一般是抗生素+类固醇药物的混合。

这种疗法是要分情况的，大多数中耳炎只是中耳积液导致了疼痛，鼓膜还没有破裂，这个时候往耳朵里灌药是没有用的，还有鼓膜挡着呢，药物是进不去中耳的。只有当那种慢性化脓性中耳炎，也就是鼓膜破裂，脓液流出的时候，才会用到这种疗法，也需要把耳朵里的脓液全都清洗掉并且吸出来，再滴药，药物到达中耳，才有效果。

所以孩子吵耳朵疼，还是先到大医院看看到底是到什么程度，别着急往耳朵里灌药。

如何缓解耳朵疼痛？

1. 止痛退热药物

泰诺林和布洛芬，这俩应该是婴幼儿疾病的“万金油”了，注意，6个月之前只能服用泰诺林，布洛芬要6个月之后才能服用。注意按指定剂量服用。

2. 鼓励孩子多喝液体

吞咽的动作有助于中耳的液体排出，减轻对鼓膜的压力。

频繁的中耳炎怎么办？

因为先天构造的原因，有一部分孩子格外容易中耳炎，像橙子一样的，一旦感冒必定中耳炎。

频繁的中耳炎不仅非常痛苦，而且可能会影响听力，所以可以考虑一种叫作耳朵插管的手术，需要在全身麻醉的情况下进行。

具体做法就是在鼓膜上切一个缝，放一个小管子进去，中耳和外面就通气了。脓液再不会积压在中耳，而且通风，也不利于耳内的细菌滋生，就不会总严重发炎了，是一种预防频繁中耳炎的好办法。

如何预防中耳炎？

中耳炎发病概率比较高，偶尔得一两次也没什么，但是如果你的宝宝特别容易中耳炎，得了又很不容易好，那就要多预防一下了。

1. 尽量防止感冒

感冒可以说是中耳炎的诱因，尽量避免感冒同样也会避免得中耳炎。除了注意勤洗手，讲卫生，空气经常流通，家人有感冒的要尽量隔离。另外要注意接种疫苗，譬如Hib疫苗和肺炎球菌疫苗，都可以有效地预防儿童中耳炎。每年接种最新的流感疫苗也很有必要。

2. 母乳喂养

据统计，母乳喂养的婴儿，在6个月以前，几乎不会得中耳炎，奶粉喂养的婴儿比母乳婴儿中耳炎的风险高出70%，母乳中的抗体会帮助婴儿有效抵抗病菌侵袭。

3. 尽量不让宝宝躺着吃奶

理论上，平躺着吃奶，奶水到了咽喉会容易横流到耳管里，引起中耳炎。其实关于这件事，母乳躺着亲喂问题不是很大，因为母乳的吸吮方式是不在嘴里堆积，直接咽下去了，而且母乳里有抗体，不太容易滋生细菌。

但是吃奶瓶就不一样了，配方奶容易停留在咽喉部，没有抗体，还特有营养，从耳管里过一遍，就变成细菌培养基了，所以还是不要让宝宝躺着吃奶瓶，尽量斜靠着喂。

当然，不是躺着吃奶的宝宝就一定会中耳炎，只是风险更大一些，有些宝宝天生就不太容易得中耳炎，也可以不那么讲究。

4. 远离二手烟

这个应该是众所周知了吧，如果家中有人吸烟，那么儿童中耳炎发生的概率会增加37%。如果母亲吸烟的话，儿童中耳炎概率更高，会增加62%。

二手烟雾好像会抑制宝宝的免疫系统，使中耳炎风险大大增加，即便让宝宝只是一两天处于烟雾缭绕的地方，也会造成很大影响，所以让宝宝尽量远离二手烟吧。

5. 防止耳朵进水

其实这个严格来说算不上需要预防的事情，耳朵就算是进点水也无妨，因为有鼓膜拦着呢，只有鼓膜破裂了，才会因为进水导致中耳炎。而且，如果不潜水的话，水是不可能被闷在耳朵里的。平时洗澡洗头什么的，进去一两滴水很快就风干了，也不用过于敏感。

06 肌张力高是怎么回事

什么是肌张力高？

其实“肌张力”这个概念解释起来比较复杂，简单地比喻一下，人的肌肉就像弹簧一样，肌张力指的就是这根弹簧的原有的松紧程度，也就是，你更容易拉开，还是更不容易拉开。如果肌张力高，就是弹簧很紧，是“更不容易拉开”的情况。说一个宝宝肌张力高，不是指他力气大，或者我们传统说的“硬实”，而是指他的肌肉特别紧，就像一个难以被拉开的弹簧。

肌张力高的宝宝，表现会和正常宝宝有明显的不同。

肌张力高是什么表现？

我曾经在网上看到一个美国的肌张力高的宝宝的典型案例，他的妈妈形容他“硬得像块板子”。在孩子刚满月的时候就能看出来，不是很正常，因为如果不干预，这个孩子总是会维持这样的一种姿势：两只胳膊总是平端在胸前，不举起来，也不放下。如果强制牵拉举过头顶，他就会感到疼痛而大哭不止。当抱他起来的时候，他的双腿不会垂下，而会交叉起来。这个孩子也从来不会主动弯曲或者转动身体。

这个样子就是很典型的肌张力高。当然，这是个例，具体到每个宝宝表现会有差别，有些会症状轻一点。但是肌张力高的宝宝的总体特点就是：只要是清醒着，肌肉就会不自觉地时刻在绷紧状态，让他们做动作，或者给他们拉伸四肢，会是很困难的一件事。

有早产或者难产经历的妈妈，如果宝宝有以下两个表现，就可能是肌张力有问题，建议尽早去看专业的医生做详细评估：

- 感觉到宝宝身体不同寻常的僵硬或绵软（绵软可能是肌张力低的表现）。
- 宝宝的大运动发展极其滞后。

是什么引起了肌张力高？

肌张力这个看起来是肌肉的问题，实际上是脑神经出了问题，大脑神经对肌肉传导的神经信号处理得不正确，导致肌肉总是不必要地过于绷紧或者过于松弛。所以肌张力的问题都是伴随着脑部神经不同程度的损伤。

所以，肌张力高的宝宝中，有一半是脑瘫患儿，另一半里也有一部分有着视力或者其他能力残疾的问题。当然，也有一部分纯是肌张力高，其他一切正常的情况。

所以，早产（少于37周）、生产中缺氧、脑出血、宫内或生产过程中感染、中毒，都可能会引起肌张力高。如果你的宝宝有这些经历，那就要格外注意一些。

如何治疗肌张力高？

既然肌肉的弹簧比较紧，不好拉开，无法改变，问题又出在复杂无比的大脑里，所以治疗肌张力高没有其他的办法，只能通过各种锻炼，增加孩子的力量，克服肌张力高所带来的运动障碍。

如果确诊是肌张力高，18个月以内的婴儿的治疗方法只有一种，就是物理治疗，康复中心的专业康复和在家中日常的训练，缺一不可。训练的内容其实就是训练引导孩子主动去做各种各样的动作，锻炼拉伸肌肉力量。譬如，鼓励孩子去接一个球，孩子就拉伸了手肘的肌肉。在日复一日的重复训练中，孩子会慢慢摸索到对抗肌肉异常张力的方式，最终可以自由自主地运动。瑜伽（拉伸肌肉）和按摩，也可以增加肌肉的延展性和柔韧性，但是这种效果有限，主要还是靠孩子主动地锻炼。

而这些物理训练本身，也会刺激大脑重新建立通路，一定程度上修复大脑受损的情况。因为越小的孩子，大脑可塑性就越大，所以越早进行科学的康复训练，康复的情况就会越好。

18个月以后，有一种疗法是注射肉毒杆菌毒素，这种毒素可以麻痹肌肉，让肌肉放松，产生几个月的窗口期，让孩子有时间可以锻炼出对抗紧张肌肉的肌肉群。这种疗法主要是对那种肌张力高到非常严重的脑瘫患儿，一般程度的肌张力高，物理治疗就足够康复而不需要药物的介入。

真正肌张力高的康复是持久而且枯燥的，很可能要坚持三四年，孩子的大运动才能勉强追上正常的孩子，而且依然需要不间断地进行下去，并不是打个针吃个药，随便在家做做被动操，就可以好起来的。

避免过度诊疗

首先，肌张力高的诊断不是一次普通检查就能确诊的，如果发现一些异常，建议你找专业的医生做更详细的评估。判断肌张力也不是随便摸摸，一次就可以诊断的，因为宝宝在陌生环境，或者情绪紧张的情况下，都容易绷紧肌肉，造成误判。只是做做被动操是治不好肌张力高的，前面说了，治疗肌张力高需要持久的系统的康复训练，被动操能“治好”的宝宝，肯定本来就没有什么异常。

肌张力有问题的宝宝不可能大运动发展正常，无论是抬头、翻身，对他们来说都是艰难的挑战，甚至连转个头都不容易。很多肌张力高的宝宝在从小接受训练的情况下，依然七八个月都不会翻身。治疗肌张力高的目的，就是为了让宝宝可以正常地运动。既然运动发展正常，又需要什么治疗呢？

事实上，肌张力的问题（包括过高和过低），并不是一个普遍现象，在美国每年约有2万例肌张力异常的诊断，可是美国每年新生儿出生是400万左右，大概是千分之二三的发病率，其中还有一半是脑瘫患儿。

如果你家宝宝的大运动发展一切正常，抱起来并不感觉十分僵硬，大可以把心放在肚子里。

07 感统失调是怎么回事

感统失调，在英语里叫作SPD（Sensory Processing Disorder），这个名字是2007年才正式确定的，原来叫作SIT (Sensory Integration Theory)，感觉统合理论。这个理论是1972年被提出的，其实在医学界属于新生事物。

感统失调是指孩子的大脑在处理5种感觉的神经信号的时候，出现了一些紊乱，孩子会感到非常难以处理外界对自己的感觉刺激。譬如一个孩子被轻轻拍了下肩膀，他的大脑应该反应为这是一个轻微的触碰，但是对于SPD的孩子，他会觉得被人狠狠打了，或者，神经信号传导到大脑干脆没有被处理，表现为孩子什么都没感觉到。

感统失调的孩子经常是感觉敏锐与迟钝并发的，有些感觉过于敏锐，有些感觉又过于迟钝，这样一个连续接收乱糟糟的感受信息的孩子行为是非常不可理喻、不能预测的，因为你无法理解他的感觉。

感统失调的孩子可能会盯着电动火车绕圈圈，这样一动不动地看一个小时，当父母要求他离开，他会持续哭叫非常久的时间，可能需要一两个小时才能平静下来；有些感统失调的孩子是不能接触沙子的，当他站在海滩的细沙上，会大哭不止，因为他会感觉自己像站在玻璃碴上那样疼痛；有些感统失调的孩子极度挑食，他们只吃一两样的食物，譬如只吃土豆泥和香草冰激凌，其他一切的食物对他们来说，味道和口感都会难以忍受。

总而言之，感统失调的孩子的行为和对事物反应会达到一种怪异的程度。如果不了解感统失调这件事，这些孩子很可能会被认为是自闭症或者多动症。事实上，确实很多感统失调的症状是和自闭症与多动症高度相关和重叠的，据统计有40%的感统失调孩子患有自闭症或者多动症。

正因为如此，直到现在，美国主流儿童神经学是不承认感统失调是一个正式的病的！很多专家认为，感统失调只是自闭症或者多动症的一个症状。不要惊讶，炒得如此热的概念依然没有被主流学界承认，因为儿童神经学的大佬们说，感统失调和自闭症或多动症有太多重合的症状。

感统失调的孩子不常见

美国权威育儿杂志*Parents*，给出的感统失调孩子的表现是这样的：

- 非常难以忍受下列情况：手脏，噪声，剪指甲，理发，意想不到的拥抱。
- 被触碰了没反应，喜欢久坐不动的活动，对冷、热、饿等感觉感受不到。
- 总是用力过度或者用力不足，譬如握笔，会握得太用力或者握不住。
- 总是很被动很安静，当你叫他，他总是响应得非常慢。
- 过于谨慎，不肯尝试新事物，不肯接近人群，让他从一个活动转移到另外一个活动的时候（譬如结束荡秋千去吃零食）会非常愤怒。
- 非常喜欢旋转和摇晃，玩耍的时候不顾危险，喜欢不停地乱动。
- 经常发生事故，学习一些身体技能的时候非常困难，譬如学骑自行车或者接球。

……

注意，这些表现只是需要引起警惕，需要再观察，但是不一定有这些表现就是感统失调。当然，不同的小孩会有一些不同的表现，但是总的来说，这样的孩子不是很常见。

后天的影响很小，不要过度担心，感统的理论只发展了40多年，相关的实验和研究还非常不足，唯一敢负责任说的是，有一些人群是“高风险”：

- 自闭症谱系儿童。
- 在神经发育的关键时期被过度管制或者极度缺乏刺激的儿童。
- 因为早产而被用饲管长期喂养过的儿童。

- 有发育延迟或者神经系统疾病（如唐氏或者多动症）的儿童。
- 母亲在怀孕时吸毒。
- 父母或者兄弟姐妹有感统失调。
- 在发育过程中没有接受足够的5种感官刺激。
- 曾经住院很久，尤其在1岁以前。
- 在有毒的环境下暴露过，譬如铅中毒。
- 有食物过敏。
- 有心理健康问题。
- 天才。

这是根据数据统计出来的，并不是真的发现了因果关系，只能说是有可能的原因。注意，这里面并没有剖宫产什么事。据现在案例样本的猜测，基因占的原因可能更大一些，因为发现很多感统失调的儿童，父母本身就有感统失调。但是大多数的感统失调儿童，其实是不知道原因的。先天的事情不能控制，后天的影响其实很小，只要在娃小的时候，你没把他关在笼子里长时间不理他，也没捆着他不让他动不让他爬，是不会感统失调的。

事实上，感统失调儿童和自闭症儿童、多动症儿童一样，是一个有“特殊需要”的儿童群体，而不是一个广泛存在的问题。说白了，这些孩子的大脑神经出现了一些异常。至于为什么，很遗憾，和自闭症与多动症一样，至今无解。

国内有些文章故意把症状说得尽量泛化，“好动、话多、口吃、注意力不集中、孤僻、害羞、固执、挑食、咬手指、笨拙、缺乏自信、爱挑衅打架、发脾气、爱捉弄人”，会有孩子完全没有吗？总会沾上几个，这里很多的问题都是孩子成长中非常常见的。

当然，如果你觉得孩子的一些行为确实让你感到不可忍受，影响正常生活，相信你的直觉，也不要讳疾忌医，还是要及时地去找专业机构诊断。

但是，完全没有必要为了预防感统失调去做什么训练。只要你直觉上觉得蛮正常的孩子，也没有必要看着那些感统失调的特点去对号入座，孩子还小嘛，总是会有些调皮的，或者有些笨笨的，顺其自然地养着就好了。

Part

习惯与教养

01 自己玩的宝宝情商高

你的宝宝可以自己玩多久？

如果这是你的第一个宝宝，家里又人手比较充足，答案恐怕不会很乐观。多半是以分钟计的。我家大宝毛头，到他6个月为止，自己玩耍的时间都不超过2分钟。一旦没人关注他，陪他玩，他就会大声哭号抗议。如果当时有人告诉我，我的第二个孩子果果，在她6个月的时候，就已经可以自己玩耍半小时甚至一个小时了，我想我会惊掉下巴吧。

但是如果你了解一些婴儿情绪适应能力发展的内容，就会发现，其实果果的状态，才是一个婴儿情绪适应能力发展比较正常的例子。

你可能对“情绪适应能力”这个概念不太了解，它包括对事件如何反应、平时的情绪状态、自我调节和忍受挫折的能力、平静下来的难易程度、社会交往能力，还有对新情况的反应等等，看起来内容很多，但是如果把这些高度总结起来变成一个词，你一定不会陌生，就叫作EQ（情商）。

你可能会很惊讶，1岁以内的小婴儿不就屎尿屁那点事嘛，至于这么快就要扯到培养情商吗？是的，宝宝从出生发出的第一声啼哭开始，就在昭告着他的情绪，他们会逐渐开始微笑，开始发脾气，开始感受挫败，并且对主要监护人产生亲密和依恋。在宝宝出生的第一年里，他们的情感世界已经发展得相当丰富了。

帮助婴儿发展情绪适应能力，和鼓励他们爬行、教他们说话，其实是一样重要的，你在婴儿时期对宝宝情绪的反应，很大程度会决定他在幼儿时期的情感状态。如果你在宝宝婴儿时期就开始救哭如救火，无原则满足的话，也不要指望宝宝到了1岁之后会突然变得善解人意通情达理了。他只会一直要求他在婴儿时期一样的待遇而已。

而情绪适应能力的基础，就是独自玩耍的能力。其实这个世界对于宝宝来说都是充满惊奇的，他们很少会天生无聊，除非他完全没得到适应自己玩耍的机会，完全依赖来自大人的刺激才可以娱乐。如果宝宝连娱乐自己摆脱无聊这样最基础的安慰自己的方式，都没有办法做到，又谈何处理其他更加激烈的情绪呢？

那么，要如何陪宝宝玩，才能既不会损害亲密感，又能培养宝宝自己玩耍的能力呢？下面按月龄说一下：

0~6周

这么小的宝宝，基本只能吃奶和睡觉。在吃奶的时候，看着宝宝，温柔地和他说话，让他尽量醒着，吃完奶之后，尽量让宝宝玩15分钟左右再睡（当然5分钟也可以，主要是为了把吃和睡分隔开）。

新生宝宝需要你的拥抱和交流，千万不要总是把宝宝扔在床上，让他看空无一物的天花板哦！

7~12周

这么大的宝宝，大概可以自己玩上15分钟甚至更久。在宝宝看起来精神很好的时候，你可以把他放在悬挂小物件的游戏毯上练习趴着，或者仰躺着玩一会儿。或者让宝宝斜靠在婴儿椅子上（椅子不要晃动、抖动或移动），让他静静观察周围环境的变化或者大人在做什么。

4~6个月

这个月龄的宝宝大概能醒1~1.5个小时，吃完奶后，可以让宝宝先自己玩20分钟左右，然后他可能会有些无聊了，你可以和宝宝说说话，抚摸他帮他做做操，或者给他换个玩具让他练习抓握啃咬。

这个月龄的宝宝身体的协调能力越来越强，可以控制头部和手臂。在练习肢体协调的过程中，宝宝会各种不靠谱：他可能会吃手吃到作呕，或者扯自己的耳朵（刚发现脑袋上居然长了这么个东西），抓伤自己更是常事。注意，当宝宝被自己弄痛弄哭，父母不要惊慌，也不要冲过去马上抱起来宝宝，这反而会让宝宝受到惊吓。你需要做的只是过去拍拍安抚一下，并且平静地承认宝宝的感受——哎哟哎哟，妈妈知道，你很痛哦。宝宝的力气很小，基本不会被自己弄得很痛的，不要过度在意了。

7~9个月

这个月龄的宝宝大概能够保持2个小时不睡觉了，他们应该能够自己玩1个小时或者更长时间，但是要变换环境，可以让宝宝在小床、大床、沙发、游戏垫等游戏区域之间转移。宝宝的玩耍方式大都是啃啃啃，给他安全的物品让他尽情地啃就好了。

宝宝开始越来越聪明了，他们会开始分离焦虑，也会开始明白自己的行为和后果之间的关系，所以要格外注意，不要强化宝宝的坏习惯。当宝宝刚玩了几分钟就开始哭哭啼啼要你抱的时候，不要抱他起来，只是坐在他身边，用语言安抚他“妈妈就在这里陪着你啊！你要玩些什么”，然后拿一件比较新奇的玩具和他一起玩一会儿，分散他的注意力。

如果室内的环境太嘈杂了，宝宝哭起来可能是因为感觉比较烦躁，你可以抱他去一间比较安静的房间，或者带他去室外溜达，一边散步，一边和宝宝说话。这个月龄的宝宝，会开始需要社交生活了，虽然他们不可能真正有能力和同龄的婴儿有实质的互动，但是他们会很喜欢有同龄的宝宝在周围的环境，这让他们有一个有趣的观察对象，也会让他们安静。

10~12个月

这个时候，你的宝宝应该已经很独立了，不打扰的情况下，可以自己玩耍至少45分钟，还能够处理复杂的任务，譬如套圈圈、搭积木等，他还会喜欢玩水玩沙，喜欢大纸箱和大枕头，或者摆弄各种形状大小的容器。他自己玩得越多，就会越喜欢自己玩，也会越信任你在他身边，如果你不见了，他会相信你很快会回来。

这个年龄阶段，孩子没有时间概念，一旦他们觉得安全，并且沉迷在玩耍中，5分钟还是50分钟对他们来讲是一样的。

1岁以上的幼儿

这么大的宝宝是有些奇葩的，如果是他不太感兴趣的活动，他可能上蹿下跳一分钟都坐不住，这很正常，但是一旦他遇到自己比较喜欢的事物或者游戏，他会完全沉迷进去玩很久很久都不腻，这个活动可能是推小车、搭轨道、摞积木、摆拼图、各种各样的假扮游戏，或者只是纯粹喜欢翻书看画。

所以，找到一个你家宝宝喜爱的活动，是非常重要的。如果你暂时还没找到，那就打听一下同龄的孩子都喜欢什么，多做示范多引导，让宝宝充分了解这个东西怎么玩。总会有一件事物是你的宝宝最喜欢的。这么大的宝宝每天固定的室外活动也非常重要，发泄掉他多余的体力，他才坐得住。

如何让孩子自己玩？

如果你的宝宝现在已经变得黏人无比，完全拒绝自己玩，一直哭着要抱，分离焦虑极其严重，要怎样改善这种情况呢？

不要全家以宝宝为中心，以宝宝是否哭闹为指挥棒，在确定宝宝吃饱了而且精神不错的情况下，坚决地把宝宝放在比较安全的地方，让他自己玩。妈妈可以一边做家务，一边和宝宝不停地说话，如果离开宝宝的房间，就大声说话，让宝宝知道你一直都在。

不要用那种惊慌的、同情可怜的语调和宝宝说话，那会让宝宝更加确定离开妈妈的怀抱是一件可怕的事情。所以，要用愉快安慰的语调说：“妈妈就在这里啊，哪儿也没去啊！”

如果宝宝实在哭得厉害，要求你抱他，你可以趴在地上或者坐在地上，和宝宝视线平齐，安慰他，搂搂他，抚摸他，但不要将他抱起来。用另外一种方式告诉宝宝，妈妈在这里，妈妈爱你，你很安全。一旦宝宝安静下来了，你就可以用玩具或者唱歌说话来分散宝宝关于恐惧的注意力。

不要用“分离焦虑”作为宠溺纵容的借口。那种恨不得和妈妈连体在一起的严重分离焦虑，如果你处理正确的话，最长不会超过2个月，宝宝会很快确定至少离开妈妈怀抱的情况是安全的。如果宝宝要抱的情况一直延续，那只能说明你在无规则养育，被宝宝的哭闹控制了。那不是爱，那是懒。

很多妈妈纠结，自己的宝宝很喜欢自己玩，如果和他交流说话，怕打扰他的玩耍，破坏专注力；不和他说话交流呢，又害怕信息输入不够，影响语言发展。要怎样平衡？

在宝宝自己玩的时候，千万不要去打扰他。这话本身没错，可是很多父母都误会了吧，这个不打扰，不等于完全不交流啊。只要你不是粗暴地打断宝宝的游戏让他转而去做其他事情，就不算是打扰。和宝宝说说他正在玩耍的游戏，讨论或者评论一下他在做的事情，怎么能算是打扰呢？

原则上，只要孩子还是在游戏中作为主导地位，并不是依赖大人的刺激才产生快乐的活动，都可以叫作“自己玩”，这个过程中完全可以有互动和交谈，只要孩子还在继续他的活动，那他就没有被打断啊。

再说了，基本不会有一个孩子可以在所有的游戏时间都心甘情愿自己玩的，他们总会有那么一段时间，需要父母的参与和帮助，宝宝需要你的时候，及时地响应，高质量地陪伴就好咯！

陪伴是最长情的告白，这句话很美很暖，但请不要误解。陪伴也需要克制，时时刻刻寸步不离的陪伴，使亲密养育失去了控制，反而会让孩子失去安全感。因为宝宝一发出声音，你不去探究他要做什么，就不分青红皂白地把他抱起来，其实是犯懒，没有想要用心理解孩子，当然也不能真正满足孩子的需要。如果是这样的话，再多的拥抱，也不会让孩子感到安全。

想让孩子发展情感的力量，需要让他们自己玩，作为父母，要帮助但不要搅和，要守护而不是控制，保持一种微妙的平衡。

02 如何对宝宝语言启蒙

说话，是宝宝成长过程中一个非常重要的里程碑，在这方面，孩子之间的差异可以说非常的大，有些孩子1岁刚过已经会说句子了，有些孩子过了2岁还坚决不吐一个字，可以说是家长炫耀和焦虑的一个焦点。

事实上孩子说话晚和他聪明不聪明并没有任何关系，倒是有研究表明，2岁的时候语言发展迟缓的孩子，在7岁的时候，依然有1/5孩子的语言能力比同龄人落后。之所以有人觉得说话晚的孩子更聪明，是因为很多说话晚的孩子，一旦开口，直接就是长句子，没有咿呀学语的过程，显得好像很聪明，其实只是因为语言发展落后，追赶的速度相对比较快，产生了错觉而已。

语言是思想的媒介，早说话的孩子一定是在认知、社交、情感，乃至精细动作方面更加领先，说话早一点无疑是好事。

你也会发现，越乖越会表达自己的孩子，父母也会越宽容越有爱心，越是暴躁爱发脾气的孩子，父母越是缺乏耐心越容易高压政策。所以，让孩子早点学会说话，学会更好地表达自己，和人交流沟通，让他尽量少些发脾气，这会影响孩子以后所处的家庭环境是否宽松友好，从而进一步塑造他的性格。

事实上美国对孩子说话晚这件事是很重视的，毛头15个月去检查的时候，还一个词都不会说，而且好像也听不太懂我的话，我还没意识到这是个问题，儿医就要帮我联系儿童语言康复师，来帮助解决毛头的说话问题。不过康复师还没排队排到，毛头在我的紧急恶补之下已经开始开口蹦词儿了，也就免了折腾。

所以，家长一定要重视孩子的说话问题，对说话开窍比较晚的宝宝，千万不要消极等待，就算不找语言康复师，日常生活中也要多重视对宝宝的语言启蒙，尽量让宝宝早点说话才是正经。

宝宝语言发展的各个阶段

简单说一下宝宝语言发育的标准，一般宝宝对比这个标准差1个月左右算正常，差太多就要引起注意了。

0~3个月

宝宝完全是被动接受大人的语言，但是他们会对妈妈的声音比较有偏好，听到声音会转头，甚至看起来认真在听，有的宝宝到了3个多月的时候，会开始发出一些元音，譬如“啊”“哦”“噢”等等。

4~7个月

这个月龄的宝宝开始注意大人说话的细节，他们发出的声音中，也会多了一些辅音，比如“mama”“dada”“gege”“gugu”等等。当大人叫他的名字的时候，他也会有反应，并且会用一些不同的声音表达自己的各种需要和情感，而不仅仅用哭声（注意，家里平时叫宝宝名字保持一致，不要一会儿叫小名，一会儿叫大名，一会儿又叫“小宝贝”等）。

8~12个月

这个阶段的宝宝会开始咿咿呀呀说火星语，如果你平时对他说话足够多，他将越来越多地听懂大人说话的意思（譬如：我们一说，换尿布，他们就会马上爬走），并且他会用动作配合火星语，和大人交流（譬如：一边用手指一个东西，一边啊啊叫，表示他想要）。

13~18个月

宝宝开始会有意义地使用一些词，譬如“妈妈”“球”“吃”“出门”等等，一般到了15个月，宝宝会说3~4个词，18个月的时候，一般可以使用10个词以上了。他们开始长篇大论地说火星话，出现更多的辅音，譬如“p”“t”“w”“n”等等，这是为他们学习说更多的语言做准备。

19~24个月

他们会开始能够听懂很多大人的指令，譬如“狗狗在哪里？”“来吃点心啦！”“把球给我！”，但是有些他们不愿意听的时候会假装听不懂。他们开始会说更多的词汇，甚至把两个词组合在一起，譬如“妈妈坐”“宝宝吃”，当然很多都是语法混乱的。他们可能会用一个词指代所有相似的东西，譬如用“奶”来指代所有吃的，用“狗”来指代所有动物，等等。

25~30个月

他们开始了语言爆发期，经常使用的词汇会达到200个，然后他们会把更多的词组合在一起形成比较长的句子，譬如“宝宝要吃饭”“妈妈陪我玩”。他们会开始用代词“你”“我”，当然经常会用错（还记得小新回家的时候经常和妈妈说“你回来了”），他们要好几个月的时间才能明白代词到底怎么用。他们也会开始回答你的问题。

31~36个月

你的宝宝已经可以非常熟练地掌握运用语言，甚至会说复合句，准确地使用“因为”“所以”“可是”这些复合句的连词，他们说话越来越清楚，甚至可以讲述一个事件，即便不是父母的陌生人，也可以清楚地听得懂他的意思。

语言延迟的表现

你是对孩子最熟悉的人，如果你觉得孩子十分不对劲，那么就应该积极寻求医生的帮助了，不要总用“贵人语迟”来安慰自己。下面是一些宝宝语言发展延迟的表现，如果有任何一条符合，要赶紧和医生讨论一下。当然，不是符合其中某一条，就说明一定是孩子有什么问题，但是有这些表现的确是昭示孩子语言发展得比较晚了，需要引起重视了。

到12个月为止

- 从来不曾发出“妈妈”或“爸爸”的音。
- 从来不使用肢体语言，如摆手再见，摇头或点头。
- 从来没有发出过任何辅音，譬如“p”“d”“m”。

• 对大人的简单指令没有反应，譬如“不”“再见”等。

• 从不指出感兴趣的东西，如鸟或头顶飞过的飞机。

到15个月为止

• 一个有意义的词也不说。

• 从来不曾咿咿呀呀地说火星话。

到18个月为止

• 询问的时候，不会指出自己身上的部位，譬如“眼睛”“鼻子”等。

• 当他想要大人的帮助的时候，不是用“沟通”的方式，而是用“使用工具”的方式，譬如拽着大人的手放在冰箱门上来打开冰箱。

• 使用的词汇少于6个。

到24个月为止

• 使用的词汇量没有快速地增长（每周一个新词）。

• 不回应简单的指示。

• 不玩假扮游戏，譬如假装给娃娃喂奶，假装当医生看病，等等。

• 不模仿别人的行为或言语。

• 看书时，不能相应地指出大人说的相应的画面，譬如“小狗在哪里？”

• 无法把两个词连接起来形成简单的句子。

• 不知道普通家用物品（如牙刷或勺子）的功能。

到25个月为止

• 不使用任何2~4个字的简单句子。

• 不能说出任何身体的部位。

• 背诵很熟悉的童谣很困难。

• 从来不问任何简单的问题。

到30个月为止

• 甚至每天相处的家人都不能理解孩子说话的意思。

到3岁为止

• 不使用任何代词（我、你、我）。

- 大多数时候，陌生人听不懂他说的话。
- 无法理解简短的说明语言，譬如，饭很烫，要等一下才能吃。
- 没有兴趣与其他孩子互动。
- 与父母分离有极端的困难。
- 说话非常不清楚。
- 依然严重地结巴，并且在说某些难发音的词的时候非常费劲。

到4岁为止

- 拼音中的辅音，大多数没有掌握如何发音。
- 不理解“相同”和“不同”的概念。
- 不能正确使用代词“我”和“你”。

引起说话晚的一些常见原因和解决办法

1. 平时缺乏语言输入

宝宝从出生开始，就已经开始对语言的学习了，他们需要大量的语言输入，才能有输出，所以在宝宝不会说话的时候，不要以为他听不懂不会说，就不对他说话了。

2. 嘴巴肌肉得不到锻炼

有些宝宝输入足够，也能听懂大人的很多话，但就是自己不开口，很可能是嘴巴的肌肉还不够灵活，不足以支持如此精细的动作。所以给宝宝吃辅食的时候，无论他是否长牙，都要多尝试有嚼头的食物，1岁之后就要向大人的食物过渡，只要宝宝不噎不吐，没有不舒服，他就是用牙龈嚼了。咀嚼能力的增强，也是锻炼宝宝嘴巴和舌头的肌肉，对他更好地说话是有帮助的。

3. 缺乏一对一交流时间

多子女家庭有一个有趣的现象，就是一般来说（当然也有例外的），后出生的孩子总是比第一个孩子说话晚一些，虽然，弟弟妹妹最后的语言能力也会爆发式地追赶，但是一开始开口的时间，确实是比第一个孩子要落后很多的，我家果果也是如此，几乎比哥哥说话晚了半年多。这个基本就是因为第二个孩子会比较缺乏一对一的亲子互动时间，比第一个孩子更少时间有效率地学习语言。所以平时多增加和孩子一对一的亲子互动是非常有意义的，不要一边玩手机一边带娃。

4. 双语环境

处于双语环境中的孩子开口要更晚一些，因为孩子对于两种语言的不同规律可能感到难以处理，对于有些语言滞后明显的双语环境孩子，语言康复师甚至会建议先只提供孩子单纯的单语环境，让他学习语言的负担更轻一点。

5. 孩子的说话意愿不够强烈

说话的作用就是表达自己的诉求，如果孩子本身性格比较温和，什么都不挑，又被伺候得太舒服，想要什么一个眼神家长就明白了，他就觉得不说话也挺好，没有特别大的动力想要学习语言了。所以，不能让孩子太舒服了，可以故意不懂宝宝的要求，引导他产生交流的欲望。“你想要什么呀？指一下，哦，你想要香蕉是吗？那和妈妈一起说，香——蕉——，妈妈就给你，香——蕉——，哦，你说不出来呀，不要紧，下次我们再说。”平时多“为难”一下宝宝，也是很有必要的。

学说话过程中出现的一些问题

1. 结巴

孩子在学会说话之后，大都会有一个说话结巴的阶段，那是因为嘴巴比脑子快，说到一半，却找不到准确的词来表达自己导致的。不要去斥责或者纠正孩子，淡然处之，让孩子慢点说不要紧，并且帮助孩子表达自己的意思，这段时期会很快过去的。但是严重的结巴如果一直持续超过6个月，还是需要引起重视，孩子是否有心理性的问题，譬如经常焦虑恐惧等等。

2. 无意义词汇

词汇量不够的孩子对于一些难以表达的东西，会发明一个“万能词”来指代，我们果果有一阵就特别喜欢用“咕咕嘎”这个词，她经常会说“我要那个咕咕嘎”“咕咕嘎好玩”“哥哥咕咕嘎了”（回忆到这里就好想笑）。这个处理方式基本和结巴一样，孩子词汇量足够丰富了，这个现象自然会消失的。

3. 吐字不清

有些孩子从说话开始，就发音很标准，但是有些孩子要经历很多辅音发不出来，需要用另一些辅音来代替的过程，譬如，管“下雨”叫“下午”，管“一口”叫“一斗”。对于这种情况，不要苦于纠正，也不要跟着宝宝用错误的方式说，每次用正确的方式重复一遍宝宝说的话就好：哦，你是说“下雨”是吧。尽量放慢语速，夸张地说，最好能让宝宝看到你的口型。宝宝会慢慢地领悟正确发音的。

对于不开口的宝宝要如何帮助他？

1. 鼓励对声音的模仿

平时多模仿动物的叫声、警笛的响声等这种比较有特色的、有趣的声音，鼓励宝宝学习发出这些声音。温哥华这边城市里乌鸦很多，经常一出门就听见乌鸦叫（汗……有种每天都很丧的感觉），我领着孩子出门，一听到就学着乌鸦“啊！啊！”地叫，然后毛头也跟着学，没几次，果果也跟着学了，很快她就发现，模仿声音是一件很好玩的事情，有什么声音就乐于去模仿。后来发展到她一看到鸟，哪怕是只白色的海鸥，也“啊！啊！”地叫，也是很搞笑。

2. 寻找一些宝宝特别感兴趣的东西，大量地反复地重复轰炸这个词汇

毛头第一个学会的词是“狗”，因为那时候我们住二楼，有个落地窗，毛头每天趴在窗前看到各路人马出门遛狗，特别感兴趣，简直是一架活体的“狗狗探测雷达”，无论走到哪里，方圆20米内，只要有狗他准能发现。

于是我就不厌其烦，看见一只狗就跟他讲，“小狗出来了，这只小狗是什么颜色的？小狗是黄色的，小狗在干吗呢？小狗在尿尿，小狗现在跑来跑去……现在和我一起说，狗——”，反正不停地说“狗”这个字，每遇到一只狗就念叨一遍，他没几天就学会了。后来发现他很喜欢汽车，我又继续用这个方法集中轰炸“车”这个字，直到他会说了为止。这样，他的词汇就越来越多。

3. 一旦宝宝会说一个字，就要经常和他一起用这个字

果果第一个会说的字是“鱼”，但是当时她管鱼叫作“吴”，没关系，每天

我只要看到和鱼有关的东西，无论是真的，还是图画上的，还是衣服上的花纹，都要指着和她一起认一遍，让她感受到，语言是可以有用处的，激发她继续学习说话的积极性。

4. 和会说话的小朋友一起玩

有些时候，家长教不会的东西，同龄的小朋友却能轻易教会。榜样的力量是无穷的。如果你的宝宝说话比较晚，那就尽量让他和比较会说话的小朋友一起混吧，也许，他看到那个小朋友动动嘴皮子就可以要个东西，觉得很酷，就有学说话的动力了。当然，千万不要和宝宝说："你看谁谁都能说话了，你怎么不说啊！"这是很伤自尊的！孩子虽然不会说话，但是他是可以听懂的哦！

确实不可否认，有些孩子因为先天基因的原因，就算是平时语言启蒙都很到位，但就是说话开窍得比较晚，只要确定宝宝没有其他问题，那也只好静待花开了。但是该努力的，咱得努力呀，早说话一天，娃也少憋屈一天，你也少郁闷一天不是。

不过，孩子会说话之后，就像打开了新世界的大门，会不停地拉着你练习他的语言技巧，要这要那，看见什么都要和你分享，你还不能装作听不懂，到时候别嫌烦就好！

祝宝宝们都可以早日成为小话痨！

03 三步走让娃每天自觉自动收玩具

每天跟在孩子后面收玩具真的是崩溃呢！想要给孩子养成自觉收玩具这个好习惯，首先要端正一下态度——不爱收玩具，并不是什么过错，没有人会喜欢收玩具，包括你自己。你的孩子，只不过和地球上所有人一样，讨厌简单枯燥的劳动而已。

那么，是什么动力驱使一个人心甘情愿地去做一件简单枯燥的事情呢？

其一，用想象力，把简单枯燥变得复杂有趣。

其二，做这件事带给他巨大的成就感。

其三，让他感觉到，自己对这件事有不可推卸的责任。

小孩子专注力有限，容易放弃耍赖，聪明的家长只有把这三种动因有机结合起来，孩子收玩具的行为才会变得自发自觉。

第一步：组织一些关于收玩具的游戏

告诉孩子玩具迷路了，帮他们找到自己的家。

让孩子假装自己是有力气的吊车，把玩具吊到盒子里。

让孩子在散落一地的玩具里，以最快的速度找到你指定的送到你手里。

和孩子进行收拾东西的竞赛。

……

注意，一开始只让孩子收一两种玩具，除非他有兴趣收更多，如果他拒绝游戏，不可以强迫，下次等孩子心情好再试。

用这种做游戏的方式，让孩子参与到收玩具的活动中，多玩几次，孩子就会充分了解到什么玩具应该收到哪里。等你发现他对所有玩具的收纳方式门儿清了，就可以准备好给他挖下一个坑了。

第二步：正式分配整理任务给孩子

玩游戏的方式虽然有效，但不能持久，花样总有腻歪的一天。找个稍显特殊的日子郑重地给孩子布置一次收玩具的任务（新年、生日、上幼儿园日等等）：“你是大孩子了，从今天开始，每天要自己收一些玩具了。”

然后讲一些收玩具的原因：“如果不收拾，玩具回不了家会很伤心。而且玩具这么乱，你会很难找到你要玩的那个，我们走来走去也不方便，会踩到甚至踩坏玩具啊……”

千万别以为孩子小，就不懂道理，你说的所有的原因，他都会明白的。然后，布置一个小任务：“今天，你就把这套积木收拾好，妈妈看看，你能完成吗？”

一般来说，孩子这时候会很有自豪感，一开始会自觉地收拾。孩子收玩具的过程中，大人一定要从旁辅助一起收，给孩子做榜样，并且处理掉比较难收拾的部分，让孩子感到，很快很简单就收拾好了。收拾好之后大人一定要疯狂地夸奖孩子：“你收拾得太好了！屋子变得好干净啊！”并且尽量地昭告天下，抓到个人就当面表扬孩子，把“很会收玩具”的标签，牢牢地粘在他脑门上。

如果每天偶尔地、零星地要求孩子收玩具，孩子都能配合之后，就可以进行下一步了。

第三步：逐渐把收玩具变成固定的程序和规矩

你可以开始设立一些收玩具的规矩，一般有两个方案：

玩完一种玩具收拾好，再拿下一种玩具；每天晚上统一收拾一次。

分别适合勤快点的和懒点的妈妈。和孩子讲清楚规矩之后，就严格督促提醒孩子执行，温柔而坚定。让收玩具这件事，成为孩子日常生活的一部分，时间长了，自然形成习惯。

如果孩子有时候拒绝收拾，不要动怒，这是很正常的过程，他只是在试探你的底线。先和孩子共情，表示理解："妈妈知道，收玩具好累啊，妈妈也不喜欢收拾东西呀！"然后给孩子一个不收玩具的结果，让他自行选择："但如果你一直这样不收拾的话，我们就没有办法玩下一个玩具咯/我们就没有时间念睡前故事了哦！"如果孩子哭闹，那就由他闹一会儿吧，他最终会做出最有利于他的选择的。

当然，如果是情况比较特殊，孩子今天格外累，也可以和孩子商量，让他少承担一部分收玩具的任务。

这三步，要循序渐进才能水到渠成，不可跨越式前进，如果一下就进入第三步，孩子没有经过适应，就对他提出不切实际的要求，就变成了逼迫，孩子完全丧失主动性，就算是这一次听话收拾了玩具，也只不过是监工眼下的奴隶而已，早晚要闹革命暴动的。

需要格外注意的一点是，不要用物质奖励的方式来引诱孩子收玩具，外部奖励会破坏孩子的内部驱动力，也就是责任心和成就感，会让孩子觉得，收玩具就是为了奖励，一旦没有奖励或者奖励不够诱人，他就再也没有任何动力去收拾玩具了。当然，可以在孩子成功收拾完之后，奖励他一个拥抱和亲吻，是非常正向的鼓励。

04 小娃喜欢打人咬人怎么办

1岁过后，吃喝拉撒问题告一段落，新的头痛问题就会出现了，你会发现本来软萌无害的娃开始出现了暴力行为，尤其男孩子比较严重一些，动不动打人咬人撞人推人，弄疼自家人也就罢了，弄伤其他小朋友实在是下不来台。

感觉很无解？那就对了，因为这个阶段的暴力行为，根本就是年龄特点。据统计，一个人一辈子60%以上的暴力行为都集中在2岁左右。如果让2岁小娃掌握了武器，地球早就被毁灭了，2岁小娃是恶魔啊！

为什么会这样呢？其实出现暴力行为的原因很简单：这个年龄阶段的小朋友，自我意识已经觉醒，有强烈的想要表达自己各种想法的需要，但是他的语言能力远远不够，那么除了动用肢体，孩子们其实别无选择！

那么下面我们来看看，一两岁的孩子动用暴力，他们是想要说什么？

“我很感兴趣”

有时候小娃很莫名其妙，看到一个小朋友，笑眯眯地上去，扬手就给人家一巴掌。平时拍家长的脸、抠眼睛、拽头发什么的就更常见了。看起来这种行为很不可理喻，其实孩子只是觉得对方很有趣，想研究一下，但是他不知道正确的方式，所以下手会很重。

解决方案：教孩子用正确的方式表达善意。教孩子和刚认识的人挥手微笑致意，对比较熟悉的人，教孩子用拥抱和握手表达亲昵和喜欢。教孩子触碰他人的时候，要轻轻地抚摸。

“和我一起玩吧”

暴力行为也是小娃引起他人注意的一种方式，尤其会容易发生在他比较无聊的时候，我家妹妹最近就是这样，看哥哥自己玩得挺开心，过来就是一巴掌，其实是想要和哥哥一起玩。

解决方案：不要玩笑置之，顺势和孩子打闹起来，让孩子以为打人就可以换来关注。平时也注意，不要忽略孩子，及时响应他的呼唤，不要让他太无聊。

“我讨厌你这么做”

当孩子要强烈表达拒绝和抵触的时候，会经常选择用暴力的方式，譬如被抢玩具、被拒绝的时候等。

解决方案：教孩子说“不要”，表达自己的想法。平时及时帮助孩子解决纠纷，有冲突的苗头就赶紧来主持公道，别让事情闹大了再来训斥。

“我很生气”

就像成人生气了也会很想摔东西一样，孩子也会表达愤怒的情绪。

解决方案：教孩子疏导自己的情绪，拥抱他，陪伴他，告诉他“妈妈知道你很生气，生很大很大的气”，等他慢慢平静一些，再转移一下注意力，如果他情绪过于激动，给他个软东西让他发泄，或者和他做一些他平时很喜欢的事情，画画或者念书、听音乐等等。

“我感到很羞耻”

有的孩子感到失去尊严，就会倾向于用暴力攻击的方式来表达。尤其容易发生在家长训斥孩子的时候，在家长看来往往是错上加错，闹得不可开交。

解决方案：尊重孩子，维护他的自尊，不要训斥羞辱孩子，尤其不要当众这样做。即便孩子犯了什么错误，也尽量冷静客观、就事论事。

如何劝阻暴力行为？

从孩子的角度来看，一两岁的孩子有暴力行为，并不是什么“品质不好”

的问题。事实上，在孩子能够熟练掌握语言，也就是3岁左右之前，暴力的行为会一直存在，区别只是比较频繁还是比较零星，完全杜绝不现实。

虽然说，孩子打人咬人是有原因的，但孩子成长的过程，也是一只小野兽逐渐社会化成文明人的过程，父母有责任教给孩子社会规则，让孩子认识到暴力行为是不被接受的。

- 马上将他带离冲突现场。

不要用嘴说，“不要打”“住手”，没用的！一定第一时间动手阻止。

- 告诉孩子，这样不可以。

蹲下来，直视孩子的眼睛，一边说“不可以”，一边摇手指。

- 安抚、疏导他的情绪。

如果孩子很激动，就拥抱他，陪伴他，承认他的情绪，直到他平静为止。

- 要求孩子道歉。

会说话，就说“对不起”；不会说话，要给受伤的一方揉一揉，表达歉意。

- 当孩子很快再犯的时候，实施惩罚。

如果是在外面玩，立即带回家，如果是在家里玩，可以让他自己单独待两分钟左右，可以关在房间里，也可以设立一个角落。惩罚之后，再实施道歉。注意，这个过程不需要太复杂的道德说教，超出孩子理解能力。直接用最简单的语言，告诉他，这样“不可以”，别人会很痛，就够了。

只要孩子意识到，暴力的行为是不被家长允许和接受的，他会有所收敛的。

但是即便你所有的事情都做对了，也不会让孩子的暴力行为完全绝迹，只要孩子的语言能力还不够，就总有忍不住动手的时候，只要不频繁出现，就适当原谅孩子，一犯提醒，二犯再惩罚。小孩子不会说话，还要面对各种社交压力，也是不容易的啊。

其实当孩子长大了，可以用语言表达各种要求的时候，只要不是被娇惯纵容，经常从暴力行为中尝到甜头，绝大多数孩子暴力行为自然会逐渐消失。当然，那时候，你要面临的可能就是“说不过孩子怎么办”这样的问题了！

05 在冲突中培养孩子的社交技巧

对1~3岁幼儿所面对的社交冲突，作为家长应该如何正确解决争端，既能保护孩子，又不至于过度保护？没有规矩不成方圆，孩子的世界如果没有规矩，就会变成拼拳头比力气的残酷丛林。所有的孩子会天然地觉得，我看上的东西就是我的，我玩过的东西就是我的，我想要玩的东西还是我的，我正在玩的更是我的……于是孩子们会从2岁左右物权意识产生开始，发生无穷无尽的争执。

这些争执可能会让你头痛无比，但也是让孩子学会文明社会规则的最好契机，每一次大人主持的争端的解决，都是一堂鲜活的实践课，教会孩子文明世界的规则应该是怎样的。让孩子知道，什么东西是自己的，什么东西不是自己的。有法可依，才能有法必依，面对孩子之间的争执，依法裁决，才能不和稀泥，保持公正公平。

公共玩耍规则

如果是公共物品

• 谁先拿到谁先玩。

• 不许抢别人手里正在玩的东西 。

• 很多孩子同时看上的东西，需要有秩序地排队轮流玩，正在玩的孩子要有时间限制。

• 只要放下了，并且离身体有一段距离了，就重新变成公共物品，别人就有权利拿来玩，想玩需要重新排队。

如果是私人物品

- 需要得到拥有物品的孩子的同意，才可以拿来玩。
- 只要物品的主人有要回来的意思，必须立即归还。

行为方面

- 不可以弄痛别人。
- 不可以消遣、捉弄、欺骗他人。
- 不可以用语言侮辱或伤害他人。

需要注意的是，这套规则不光是单方面要求自己孩子的，一同玩耍的所有孩子都应该遵守，当有蓄意破坏公共规则的熊孩子出现，家长要及时维护自己孩子的利益。

这套规则，需要从一两岁起就开始逐渐建立起来，并利用各种机会跟孩子渗透。不要惊讶，这一点都不早，趁着孩子没有形成物权意识，就开始教规矩，要比错误观念已经形成了再改容易得多。2岁左右，当孩子慢慢开始有了物权意识，也是争执频繁，并且测试大人底线的一段时期，如果你能守住底线一年左右，这些规则就会逐渐内化到孩子心中，不由自主地去遵守起来。原则坚持得好，3岁以后就基本不用管了。没有原则的家长，七八岁的孩子依然需要追在屁股后面整天灭火。当孩子物权清晰，不是自己的东西自然就不会动妄念，是自己的东西，一定会理直气壮地去保护。

所以2~3岁，是孩子认识社会规则并形成社交技巧的一段关键期。当然，如果这段时期你没有把握住，这一课什么时候补上，都不算晚。

这些规则要如何执行？

孩子们在玩耍的时候，尤其是1~3岁的幼儿，至少应该有一个大人在旁监护，在冲突刚刚发生的时候及时介入，不要等两个都哭得昏天黑地了再插手。

鼓励孩子用交换的方式获得想要的东西，而不是抢夺。譬如A宝宝在玩一个东西，B宝宝很想要，可以鼓励B宝宝拿一个觉得可以吸引A宝宝的东西去和他交换。如果A宝宝放下手里的东西，认作交换成功。当然，如果A宝宝不愿意交换，不可以硬换，B宝宝需要找些更好的东西来交换。

如果是两个孩子同时看上了一件东西，或者分不清到底谁先拿到的，比较大的玩具，就鼓励他们一起玩。

依然发生争执的话，就排队轮流玩，可以用手机定时，一两岁，定20~30秒就好，两三岁的话，需要一两分钟。对于会数数的孩子，和孩子们一起大声地数数也是一个很好的计时方法。排队轮流玩的做法，一开始会受到孩子的抵抗，因为他不太懂大人在做什么，一定坚持住，执行次数多了，孩子充分了解了流程，知道会轮到自己，自然也不会吵闹了。

如果两只娃已经打在了一起，一般的处理流程是这样的：

第一步，把两个孩子分开。

第二步，尽量搞清楚事情发生的过程，是谁抢了谁，是谁先动的手。

第三步，评价孩子的行为，A抢东西是不对的，B打了人也是不对的。

第四步，把争抢的东西物归原主，要求打人的孩子向被打的道歉，如果都动手了，就互相道歉。最重要的是，要取得对方的原谅。

第五步，鼓励孩子们和好，继续愉快地玩耍。如果不肯和好，也不必强迫，让他们分开一会儿各玩各的。这个过程中，如果有孩子情绪过于激动，无法完成这些步骤，就暂时让激动的孩子离开现场，平静一下之后，再继续流程。

以上是比较理想的处理方法，如果是对于自家亲生兄弟姐妹之间，会比较好执行一些，毕竟两个孩子都是自己说了算。

再说一些别的情况

如果是亲戚或者朋友的孩子，还需要取得对方父母的配合。关于我前面说的玩耍默认规则，最好在孩子们玩之前，就能和对方父母达成一致。

如果碰上不太作为，放任自己孩子的父母，你也没有资格帮对方教育孩子，敬而远之就好了。没有规则束缚的熊孩子，惹不起躲得起，带孩子尽量避开，不要给他伤害自己孩子的机会。

如果是招待小朋友到家里来玩，提前和自己的孩子说好，既然想要小朋友一起来玩，你的玩具就要分享给别人。如果你有特别不想分享的东西，可以藏起来3~5个，剩下的所有玩具，在小朋友做客期间都是公共玩具，执行公共物品的物权规则。

如果是到其他小朋友家做客，提前叮嘱孩子，不可以抢玩具，不可以打人。一时忘记犯错，可以原谅，如果局面失控，孩子蓄意一犯再犯，要立即结束拜访，领孩子回家，或者将他和活动场所隔离开一段时间。让孩子知道，触犯公共规则是不被允许的。

如果遇到熊孩子怎么办?

当然，是在你家宝宝比较幼小，完全没能力反抗或者交流的情况下，执行下列做法：首先，尽快找到熊孩子的监护人，该告状时就告状，义正词严，理直气壮，碍于面子，对方家长怎么也得管一管。

如果监护人一时找不到，或者距离太远，尽量在熊孩子发生侵犯行为的第一时间就阻止他。不要肢体接触，也千万不要吼，以免落人话柄。表情郑重地拦住那个孩子，蹲下来，看着他的眼睛，态度认真地讲道理：

“这个东西我家孩子在玩，你不能拿走，请你还给他。”然后伸出手来。

“你不可以用球打我的孩子，他会很痛，这样做不好，你可以道歉吗？”

语气要凝重一些，表情要严肃一些，造成一种正义凛然的气势，熊孩子一般会被镇住的。即使熊孩子不还东西，不道歉，他也会知道这家孩子有人护着不好惹，至少不会再继续来欺负你家宝宝。

如果你的宝宝已经会说话了，教会他大声说“不行！”“不可以！”“这是我的！”，可以在家多演练，关键要有气势。很多时候，及时地大声地吼一句，就可以让欺负人的孩子退缩。

宝宝可能一开始不敢，父母第一要多鼓励不强迫，第二要做出表率，孩子慢慢长大，会自然而然地向父母的做法学习的。

只有孩子们从懵懂的时刻就知道各种规则，知道什么该做什么不该做，知道被侵犯了要采取的方式方法和态度，他们才会有胆量，有智慧，更独立。

06 如何应对宝宝的恐惧情绪

向来憨厚好带的果果曾经出现了一个让我头痛的状况：怕虫子。看到虫子就开始尖叫大哭，如果不小心被虫子爬到身上，那就崩溃了，能哭到喘不上来气，浑身发抖个半天才能恢复。如果真的只是怕虫子也就罢了，后来延伸到怕各种和虫子有关或者像虫子的东西，一看到就大哭。

这种现象其实是很常见的，1岁以后的宝宝逐渐有了自我意识，慢慢地脱离了“初生牛犊不怕虎”的状态，开始害怕一些莫名其妙让你哭笑不得的事物。

相信所有的父母都会经历这件事情，因为小朋友人生经验非常有限，难以判断事物是否危险，所以他们比较小的时候，基因里的记忆会起作用，譬如怕黑暗，怕虫子，怕巨大的或者声音响的东西，怕被很多双眼睛盯着，等等。这都是原始人应该害怕的事情。再长大一些，想象力进一步发展，小朋友会分不清想象和真实，会害怕一些自己想象出来的情节，譬如我曾经看过一个读者和我说，孩子幼儿园里安全教育，说着火不能进电梯，孩子从此就开始害怕坐电梯。

不要觉得小孩子无理取闹，恐惧其实是人类最基础的一种情绪，它保护着我们的种族繁衍至今，没有这种情绪的人类几十万年前就灭绝了。什么都不怕的孩子你其实会更头痛，因为他时时刻刻都会被自己的好奇心置于危险的境地。

那么，遇到孩子害怕的情况，具体应该怎样做呢？

承认他们的恐惧

不要和孩子长篇大论地讲道理，各种论述这个东西没什么可怕的，孩子只会觉得自己的感受被否定，觉得你不理解他。

毛头小时候也害怕过虫子，我经常说，“你害怕它做什么，你比虫子大多了，它应该害怕你”。说完还觉得自己挺幽默机智的，后来发现这样说，毛头依然害怕。虽然我很巧妙，依然是否定了毛头恐惧的感受，对克服恐惧没有任何益处。当孩子害怕的时候，任何道理都是苍白无力的，你只需要迅速地给孩子一个大大的拥抱，“妈妈知道宝贝害怕了，妈妈就在这里，妈妈会保护你”。

如果孩子坚持要离开，请顺从他的请求。孩子获得了安全感，才有去克服恐惧的可能性。

尝试让孩子认识和了解这件让他恐惧的事物

恐惧的一个最大原因是未知和陌生，人们很难对熟悉的东西恐惧，所以，可以用各种方式让孩子去了解他们恐惧的东西，但是不要强迫他们。

就像果果害怕虫子，我就会捉个虫子关在透明的盒子里让她看，当然一开始她会拒绝看，我也不给她压力，就把盒子封好放在桌子上，没过多久，果果就在好奇心的驱使下逐渐地接近观察盒子里的虫子了。

我还给她看了一些关于虫子的绘本，一开始可以接触一些改良版本的，虫子形象都很Q，告诉她蝴蝶金龟子多么漂亮，胖胖的毛毛虫很可爱，熟悉了之后，就慢慢地可以给她看一些真实的照片。

能接受看照片之后，她至少对于比较静态的虫子就没那么害怕了。

后来又去看一些关于虫子的动画片，然后过渡到真实的科普视频。这个都不排斥了，对于真实的也就不那么害怕了。

给孩子机会让孩子“脱敏”

当孩子因为恐惧而有些小怪癖，不要急于“改正毛病”，也不要特别地去“维护个性”，尝试刻意去做一个“健忘的妈妈”。

无论你多么了解孩子害怕这件事物，也不要刻意地去规避这件事物，就让它在生活中以平常的频率出现，刻意忘记孩子的怪癖，但是记得要对孩子恐惧的表现做出积极反应。

譬如，果果害怕洗澡水里有杂物，我也不会刻意地让水里什么都没有，依然偶尔会有杂物出现。果果表示害怕的时候，我就会马上全力去捉，当然，需要捉好一段时间才能捉到，这个过程，也就是她脱敏的过程，她会知道妈妈在试图保护她，放下心来，也有心情去观察她所害怕的事物。时间长了，就发现这东西没什么好怕的了。

我也经常会带果果出去户外玩，难免会看到虫子，当虫子接近她的时候我会当作没看见，只有当她表示害怕的时候，我才会立即赶到把虫子赶走。她一开始还会大哭，过了两个月就只是哼哼唧唧，最近已经毫无感觉了，还会自己动手轰。

家长做出表率，和孩子一起进步

榜样的力量是无穷的，家长首先要有正能量，才能传递给孩子。

有一阵子，毛头会特别害怕狗狗，美国遛狗的又特别多，所以每次毛头路过狗狗的时候都浑身筛糠，害怕得不得了。其实我也是有些害怕狗的，每次遇到狗都会浑身紧张，毛头很可能是受我影响，于是我和毛头说，妈妈也有些害怕狗狗，妈妈其实知道没必要害怕这么可爱的狗狗，我们一起来克服好吗？

后来我就有意地结识了一家有狗的邻居，平时遇到会和他们打招呼，并且拍拍他们的狗，也鼓励毛头去拍拍，一来二去毛头就不害怕了，我也不太害怕了。

循序渐进，鼓励为主

像我前面说的那个怕进电梯的例子，我是这样建议的，先承认孩子的恐惧，然后一起来商量可以在电梯里待到什么样的程度。

跨一步进去可以吗？如果可以，就使劲表扬他。

下次可以待一两秒钟，在门关上之前就出来，如果孩子没哭，继续表扬之。

然后尝试只坐一层楼就出来，以此类推循序渐进。这个过程中，尽量不要强迫，保持肢体接触，给孩子更多的安全感。

这样的训练，肯定比不顾孩子感受强逼着坐电梯，或者干脆回避电梯只走楼梯，都要积极得多。

每个孩子不同，害怕的事物也不同，处理的方式也可以不同，每个家长都可以开动脑筋，想一些更聪明的方式。

但是在实行之前，请先回到童年，想一想自己曾经恐惧的体验，想象一下那个作为小孩子的自己，需要的是什么样的帮助，你会更容易地得出答案。即便是作为一个成人，也有害怕的时候，害怕的时候，最渴望的，并不是科普和大道理，而是朋友亲人的理解和陪伴。恐惧之中，能有一个温暖踏实的怀抱，是多么幸福的一件事。

07 如何引导宝宝顺利度过分离焦虑

养娃就是不断杀怪升级的过程，当你熬过新生儿胀气，搞定作息规律，宝宝半岁多了，眼看着学会了翻身甚至独坐，越来越好玩的时候，下一个大怪就悄然而至：你会发现你六七个月的乖宝突然在某一天，一刻都不能离开你，只要看不见你，就会大哭，直到你又出现为止。严重者恨不得整天挂在妈妈身上，让你不得不带着娃上厕所，背着娃炒菜。本来很好的睡眠也会倒退，一夜到天亮的天使娃也会夜醒好几次到处找妈妈。简直是一朝回到解放前，比月子里还累。

上述表现，就是传说中的“分离焦虑”啦。不出意料的话，会从六七个月开始，一直持续到24个月才会慢慢减轻，实在是个又大又难打的怪。

但是我要首先恭喜遭遇到这个大怪的妈妈，你的宝宝又变聪明了！分离焦虑也是大脑发育到一定程度才会出现的现象，和会翻身会爬一样，是情绪发展的一个里程碑。你的宝宝已经和你建立起了一种强烈的情感依恋，却又不明白“物体恒存”的道理，当他看不到妈妈的时候，就以为妈妈消失不见了，所以会非常恐惧以至于大声哭泣。

那要如何更愉快地度过这段时期，让宝宝的分离焦虑表现得不那么强烈呢？毕竟时时刻刻黏在身上谁也受不了啊！

偶尔离开宝宝一两分钟

找一些机会，离开宝宝一两分钟，宝宝当然会大哭，不必理会，一两分钟之后及时回到他身边就好。不必刻意去做，生活中很多这种机会，譬如上个小号、喝杯水、取个东西这种事情。这种一两分钟的离开，是一个非常好的锻炼宝宝的机会，宝宝会从这个短暂的分离过程中，慢慢认识到，妈妈虽然会离开，但是依然很快会回来，次数多了，他对于下次你离开，便不会有那么紧张了。

当你的宝宝适应了一两分钟的离开不会大哭之后，便可以慢慢地拉长一些时间了，渐渐能做到三五分钟，甚至十多分钟。当然，那需要很长时间，几个月或者一年都有可能。

多和宝宝做“躲猫猫”的游戏

这也是一个很好的亲子互动游戏。一开始可以先把自己的脸挡住，做个夸张的表情再出现。然后尝试用东西把宝宝的视线挡住，然后再拿掉遮挡物让宝宝看到你。也可以把自己隐藏在墙壁后面，隔几秒就露出身体的一个部位逗宝宝玩。

这种游戏的意义在于，让宝宝明白“物体恒存”的道理，看不到的不等于就消失了，还以其他的形式存在着。当宝宝领悟这个道理的时候，他的分离焦虑症状，就会减轻很多了。

父母的情绪要镇定

有些妈妈容易过于自我代入，总觉得宝宝很可怜，每次宝宝因为分离焦虑哭闹的时候，妈妈也不自觉地会带有惊慌恐惧的表情，语气也变得夸张。殊不知，你的情绪也会再次感染到宝宝，让宝宝觉得你的离开真的是一件让人恐惧的天大的事，会让他今后更加害怕和妈妈分开。

无论宝宝哭得多么惊恐，当你回到宝宝身边的时候，自己要保持平静的表情，用平常的语气告诉宝宝“妈妈回来啦”，让宝宝有安全感。

当你必须将宝宝托付给别人照顾一段时间的时候

首先，最好是宝宝熟悉或者至少认识的人，即使宝宝没有见过，也最好是能和宝宝熟悉一段时间之后你再离开。

其次，当你离开的时候，不要偷着溜走，要和宝宝道别，并且告诉他，妈妈一会儿就会回来的。宝宝虽然依然会哭闹，但总要比玩着玩着发现妈妈消失了的那种恐惧要好得多。

最后，离开的过程不要拖泥带水，无论宝宝看起来多么惨，都要干净利落地离开，如果他一哭你就回来，无疑会给他不正确的信号，让他以为使劲哭就会把你哭回来，导致他哭得更惨。

不必担心宝宝在你离开之后会一直哭到你回来，他才没那么笨呢。一般的情况下，宝宝发现再怎么哭闹，妈妈都不会回来之后，就会慢慢放弃哭闹，然后保持一段时间的低落情绪，如果此时宝宝的看护人比较有爱心，宝宝会逐渐接受和看护人的互动的。

应对夜间的分离焦虑

这里是针对有自我入睡能力的宝宝，在分离焦虑发生之后，出现睡眠倒退的情况，所能做出的应对方式。本来没有自己入睡能力的宝宝，频繁夜醒需要各种帮助才能重新入睡的宝宝，不适用下面的内容。

即使是睡得很好的宝宝，在分离焦虑期间也会更容易夜醒，一时没看见妈妈就大哭起来。妈妈还是要出现安慰一下，宝宝见到妈妈，有了安全感很快就会平静下来。

但是注意，不要抱起来摇晃或者用喂奶来安慰情绪，这会导致宝宝习惯频繁地醒来要求安慰。你的安慰过程要尽量无聊，不要有眼神接触，并且坚持让宝宝自己在床上入睡，才不会形成更严重的持续睡眠倒退。

如果你和宝宝分房睡，安慰宝宝平静下来走出房间即可。如果宝宝又哭得厉害，等几分钟再进去安慰一下，再出来，让宝宝知道，虽然妈妈会走，但是她依然在身边。放心，你即使不一直陪伴宝宝，他也会重新入睡的。

只要你没有提供额外的睡眠帮助，分离焦虑引起的夜间睡眠倒退，会很快过去的，少则一周，多则半个月。即使宝宝依然有分离焦虑，还是会在夜里睡得很好。

分离焦虑是一段极其漫长的过程，即使你所有的事情都做得对了，依然不会过去得太快。只要处理得当，多严重的分离焦虑都会渐渐消失，孩子不会一直黏人下去，要有信心。

08 如何让两个孩子相亲相爱

无论爸爸妈妈多么努力，两个孩子和一个孩子得到的关注度终究是不一样的，这势必会给第一个孩子造成很大的不安和失落，就好像个进门没几年的小媳妇，一直和丈夫柔情蜜意如胶似漆，觉得会被丈夫疼爱一辈子，突然有一天，丈夫和她说："亲爱的，我马上就要再娶一个年轻姑娘进门，不能够每天都陪着你了，她是新来的，对这里不熟悉，身体又弱，你要多照顾她、保护她，有什么好吃的好玩的，都要分给她，你们一定会成为好朋友的，高兴吧！"

要是你，你会高兴吗？

所以，想要避免大宝受伤害，失去安全感，仇视弟妹，当父母的要做的有很多。橙子家俩娃虽然时常干架，总体也是兄妹情深，一路走来，有许多经验和大家分享。

备孕或者孕早期

当你决定要二宝的时候，就应该开始着手给大宝进行心理建设了。

首先，要不着痕迹地渗透一个有弟弟妹妹就是好的环境。可以时常到有二宝的朋友家参观，或者到有婴儿的朋友家做客，让孩子了解，弟妹就是可以天天和自己玩的人，婴儿就是一个小小软软很可爱的无害小动物，平时孩子和其他小朋友约会结束不愿意分开，不咸不淡地说一句，"哎呀，你们是兄弟姐妹就好了，那就能天天在一起玩了"。潜移默化一段时间，孩子至少对弟弟妹妹的事情不会太排斥。

然后，看时机差不多了，趁自己的肚子没大起来之前，找个娃心情好的时候，正式征求（骗）他的同意——“宝贝，你想不想要一个小弟弟或者小妹妹，等他长大了，就可以天天陪你玩了，你们每天都可以一起吃饭一起睡觉一起做游戏，再也不会孤单了，多开心啊……”和孩子一起畅想一下有弟妹的美好世界，迷汤尽量地灌下去。

这么好的事情，宝贝一般都会同意，既然弟弟妹妹是他决定要的，接下来的事情就好办多了。

孕中晚期

当肚子慢慢地凸显的时候，就可以和孩子分享胎儿在肚子里的成长状态，没事讨论胎儿现在有多大了，他平时在妈妈肚子里干什么呢？你希望他是弟弟还是妹妹呢？小宝宝是长的什么样呢？发挥想象力，答案可以光怪陆离，越多地谈论越好。做大B超的时候，最好大宝也能陪同，让他看看小宝宝是什么样子的，让他对妈妈肚子里的小生命有一个具体概念。

怀着一个带着一个会很辛苦，但是还是尽量多抱抱大宝，如果你的二宝在肚子里很健康，抱一抱大宝也不会有什么问题的。就算是不抱，也绝对不可以说是因为胎儿的原因，只说宝宝太重了，妈妈力气小，抱不动了就好。

如果大宝说话已经很好了，怀二宝的消息，尽量多让大宝亲口告诉亲戚朋友或者他想要告诉的人，“妈妈要生小宝宝了，我要当大哥哥/大姐姐了”，这话多说几遍，小朋友立刻自豪感爆棚啊！

当亲戚朋友全都知道了，需要提防一些喜欢吓唬孩子为乐的熊亲戚——“妈妈有了小宝宝就不要你了！”这随随便便一句话，非常恐怖，杀伤力极大，直接威胁到孩子的安全感。如果实在没拦住，到底让娃听了去，千万别默不作声，一定立即表明态度——“妈妈最爱大宝了，妈妈永远都不会不要大宝的，别听那谁逗你玩儿”。

当孕晚期到来的时候，就要开始为大宝做好生产那天的心理建设了，告诉大宝，“有一天小宝宝要出来了，有可能是半夜，有可能是白天，妈妈要去医院，肚子会破，要好几天才会好，大宝在家里和爷爷奶奶在一起，要乖乖等妈妈带着小宝宝回来哦”。巧虎幼幼版就有一期讲，妈妈从医院带回了妹妹小花，巧虎当大哥哥的故事，当时我可是没事就要和大宝毛头看一遍这个故事，让毛头对即将到来的特殊一刻，做好充分的心理准备。

孕晚期还要做一件事情，就是准备好一件礼物，提前藏好，等出院的那一天送给大宝，告诉他这是弟弟或妹妹送的。这个礼物要下点血本，一定要让大宝非常喜欢才好，除了会让大宝特别地感谢二宝，也会让大宝被吸引一段时间的注意力，妈妈好有时间多休息。

二宝出生后

二宝出生以后的半年里，妈妈要做好准备面临挑战。虽然前面铺了那么多路，但只要不是傻子，大宝总会慢慢开始感觉到事情有些不对头的，他会发现，所有大人不再永远聚焦在自己身上，有时候甚至忽略自己，妈妈不是在给婴儿喂奶，就是在睡觉，自己想要亲近妈妈，总需要等待，而等待的原因，多半就是那个只会哇哇哭的小东西，自己的地位从优先变成次要了。

一旦大宝感受到了自己境遇的改变，他的心理就会出现防御机制，想要把原来的待遇抢回来，这个时候他就不知道会做出什么稀奇古怪的事情了。他可能会各种无理取闹，黏人耍赖，轻则牢骚抱怨，重则尖叫哭闹，还会发明各种有创意的事情去吸引大人的注意力。我清楚地记得，当时3岁的毛头看见妈妈和姥姥在一起给新生的妹妹洗澡没人理他的时候，突然就把自己的裤子脱掉了……为了让大人多看他一眼，毛头小朋友也是蛮拼的。

更要命的是，已经有些自理能力的大宝，这时好像又突然什么都不会了，吃饭闹着要喂，睡觉闹着要哄，还会尿裤子尿床，夜里惊醒，天天求抱求哄求安慰，就差拿起奶瓶来嘬一嘬了，简直变成了另一个大号一点的婴儿。

此时，爸爸妈妈的内心应该是崩溃的吧。但无论多崩溃，也不要苛责大宝，多体谅大宝的感受，他只不过是想确认，爸爸妈妈是不是还在爱他而已。

用行动告诉他，爸爸妈妈依然很爱你。

妈妈尽量把大多数精力和关注放在大宝身上，小宝宝只是吃喝拉撒，不挑人，除了喂奶，其他事情就尽量让别人代劳。每天要有一段时间和大宝单独在一起，有质量地陪伴他，重温没有小宝宝的时光。给大宝看他小婴儿时期的照片还有录像，告诉他，在他小的时候，妈妈也是像现在照顾小宝宝一样照顾他的。再忙也不要忽略大宝，即使手里忙着，嘴也别闲着，多和大宝交流说话。如果妈妈实在脱不开身，让爸爸或者其他家人陪伴大宝，不要让大宝感到孤单。

培养大宝和小宝宝之间的感情

引导大宝亲近并照顾小宝宝，在有大人监控的情况下，让大宝多摸摸抱抱，嘱咐他要轻轻的，大宝会听的。换尿布的时候让大宝帮忙拿尿布或者扔尿布（当然他如果不愿意就算了），创造各种大小俩宝的互动机会，譬如，给两个宝合影，让大宝设计pose；让大宝帮忙推小宝的推车或者摇篮；让大宝表演模仿小宝。大宝如果出现亲近友爱小宝的行为，要大力表扬之，见人就说逢人便讲；如果大宝出现对小宝的敌对情绪，要尽力安抚淡化，万不可给扣“不是好哥哥姐姐”的帽子。找机会带着婴儿去大宝的幼儿园，让其他小朋友参观，在一片羡慕嫉妒恨的气氛里，大宝也会提升当哥哥姐姐的自豪感。

从二宝出生到半岁之前，是非常关键的时期，如果你能格外注意多关注大宝，大概半年之后，大宝会逐渐适应接受有个弟弟或妹妹的环境，比较不会找别扭了。

二宝半岁之后

如果大宝的情绪比较平稳，对弟妹有了感情，也比较能够接受小婴儿的存在了，可以开始不着痕迹地降低一些对大宝额外的关注度，之前可能80%的精力都放在大宝身上，这个时候要慢慢地向公平对待过渡了。要求大宝等待妈妈喂奶哄小宝睡觉，要求大宝在小宝睡觉的时候尽量安静，不再事事以大宝为中心。

平时大宝会有爱逗弄小宝的行为，揪耳朵拍脑袋之类的，不要指责呵斥，大宝可能只是想和小宝玩，所以逗弄小宝看他的反应（一戳就哇哇哭好像也挺好玩的）。既然不想让大宝继续错误的行为，只是制止是不够的，还要教给大宝正确和弟妹玩的方式，可以比赛给小宝宝做鬼脸，看谁能把小宝宝逗笑，或者一起打扮小宝宝，给小宝宝换衣服换帽子，让大宝表演唱歌跳舞给小宝宝看。妈妈们发挥想象力吧。

另一方面，当小宝宝能够移动自己的时候，小捣蛋的本质就暴露无遗了，动不动打翻积木，弄乱拼图，引起大宝的强烈不满和抗议。这个时候当父母的一定要先站在大宝一边，强烈同意小宝做得不对，然后再和大宝解释小宝还小不懂事的问题，争取大宝的宽容。平时两个宝玩耍的时候，也要尽量避免冲突，还可以发明一些适合两个孩子特点的游戏，譬如说："小宝宝是只小怪兽，我们造个房子让他来撞塌好不好？"

二宝1岁之后

这个时候二宝也开始有了自我意识和自己的想法，也需要受到尊重，各种矛盾和争夺会越来越多地发生，当父母的这时候就要开始当法官判案子了，判案子的标准要保持一致：谁先拿到的东西谁先玩；大宝和二宝可以各自保有几件不许对方玩的特殊东西；只要一个已经不在玩的东西，另一个就有权利玩，等等。做到有法可依有法必依。

即使俩宝天天闹腾得鸡飞狗跳，连个树叶草棍儿都要争一争，搞得你耳根不得清静，只要你不偏不倚，对事不对人，他们依然可以感情很好。

因为俩宝和睦相处的关键是——公平！

偏心是导致兄弟姐妹失和的最重要原因。即使你心里认为，一个比另一个更乖巧漂亮聪明懂事，也一定要克制自己不要当孩子们的面表现出来，如果经常表现得不公平，不单会让不被重视的孩子感到委屈自卑受伤害，也会让被偏心的孩子变得自私任性蛮横，哪一个都养不好。

公平需要注意以下几点：

不要因为小宝宝小就事事以小宝为先，当两个宝宝同时需要你的时候，得到回应的机会最好是一半一半。不能以二宝年龄小为由，要求大宝事事谦让，大宝永远都比二宝大，难道要让着二宝一辈子？早出生几年是错误不成？同样的道理，也不能委屈二宝事事都迁就大宝。

说话也要格外注意，当表扬或者批评其中一个的时候，就事论事，不要把另外一个拉来做榜样或者当反面教材。

凡事不患寡而患不均，如果有件事情必须二选一，没办法全都满足两个宝，那就干脆一个都不要给。譬如两个孩子都同时要求妈妈抱，谁也不同意妈妈先抱对方，那就宁可全都不抱。

一不小心说了这么多大道理，然而可能并没有什么用，当你两线作战顾此失彼，当你脚不沾地忙得团团转，当你被小的哭大的闹搞得头昏脑涨，很可能精神崩溃昏招频出。所以当两个宝的父母，一定不能把娃养得过于精细，把有限的精力消耗在无限的细节里，生二宝之前就让大宝可以做到生活基本自理，至少吃喝拉撒不用斗争，二宝也要早早养成作息规律自己睡的好习惯，哭两声就哭两声吧。只有你具备了足够的时间和精力，才有资本和俩娃斗智斗勇游刃有余啊。

世界上有一种幸福叫作有两个娃，共同生活一起玩耍，他们是彼此成长最好的伙伴。世界上有一种崩溃也叫作有两个娃，竞争和抢夺无处不在，他们是彼此人生的第一个对手。

身为俩宝爸妈，责任重大，需得时刻学习，时刻修炼。

09 如何应对糟糕的2岁

养娃的你，对“糟糕的2岁（terrible two）”简称T2，应该有所耳闻吧。指的是小娃长到2岁多的时候，突然某一天开始就不可理喻了起来，整天发脾气，万事不合作，动不动鬼吼鬼叫，难搞得要命。

2岁娃从天使到小怪兽一言不合就变身

果果小朋友一直都很天使，婴儿的时候就能吃能睡，适应环境，不太爱哭，会走会跑了之后，也一直是软萌系的，你逗她，她就咯咯笑，你没时间理她，她自己玩纸片也挺开心，饿了就去翻冰箱，困了自己抱着小毯子就去房间睡了，乖得像个奇迹。

我一直以为，一定是老天看我被她哥哥折磨得太惨了，所以派下这个小天使来拯救我的。

我高兴得太早了……

没想到这妹子到了两岁半，刚把话说得利索点，就突然开启了hard模式，经历了无数次的斗争之后，我终于逐渐摸清了小姐的“爆点”：不可以“命令”她，譬如去穿衣服，去洗澡，那么答案肯定是“不”；不可以随便用“她的东西”，譬如看到她的冰激凌掉了，帮她舔一口，都要大闹一番，更别提拿她正在玩的东西了；不可以改变“她的规矩”，譬如晚上睡觉之前，一定要把下列东西都摆在床边——一个娃娃、一个变形直升机和一个旧手机，哪怕有一个找不到了也不行；没有她的允许，不可以替她做事，譬如不能替她选衣服，譬如她要关门，你却替她关上了，那就捅娄子了；哥哥有的东西，她不可以没有。最近已经发展到，她哥哥去上学，她也一定要进教室，要不然坐在教室门口号……

相信很多2岁的孩子都有相似的表现吧。各种不合作，每做一件事都要斗争，简直心力交瘁。

与2岁小怪兽愉快相处的四大法则

你可以认为这孩子是“自私的小气鬼”“毛病多”“好心当作驴肝肺”，还有“无理取闹不懂事”。但是当你放下高高在上的家长架子，去仔细地揣摩孩子的要求，你会发现，他们要的无非就是两个字——“尊重”，尊重他的物权、他的习惯、他的想法、他的公平。

他吼着叫着，哭着闹着，其实只是想表达这件事——“请把我当成一个独立的人来对待”，只不过他的方式比较激烈，目的也很幼稚，而且会过于敏感以至于矫枉过正。但是他们对于“尊重”的诉求，是真实的。

搞明白了这件事，其实这样的小怪兽也不难对付。

重点是面子，其实把面子给足了，熊孩子不太在乎里子的。

1. 尽量不要替孩子做主，让孩子多掌控

果果正在拿着的吃着的东西，其他人统统都不可以动，一碰就大哭，看起来是很小气，其实她非常喜欢分享，如果你问她，果果我可不可以吃一口你的饼干，她会很高兴地把饼干塞到你嘴边。她只是很讨厌别人不问她就动手，让她感觉被侵犯。

孩子会格外在意一些特定的事情，譬如果果就特别在意她的吃的是不是被抢，门是不是她关，衣服鞋子是不是她挑。如果你和孩子总是因为同一件事情爆发战争，你就要有记性一点，记得每遇到这件事都要问一下孩子意见，可以避免许多麻烦。

当然，你可以在问的过程中，下点小圈套，譬如不要问，“宝宝我们穿衣服好吗？”而是问，“你是要穿红色的还是蓝色的衣服呢？”如果你在我家，你可能会听见我整天地请示小姐的意见：

“你要穿哪双鞋子呢？”

“是你先洗澡，还是哥哥先洗澡呢？”

“爸爸讲故事还是妈妈讲故事？”

她觉得很重要的事情已经被自己掌控了，小事情也就不太在意了。

2. 别和孩子死磕，稍做让步

我们经常说，对孩子要坚持原则，这固然不错，但是，只要不是会伤害到自己和他人的那种原则，也不必太“较真”了，稍稍做一些无关紧要的让步，让孩子感受到自己的意见被重视，就可以将一场战争消弭于无形。

譬如果果有一天非要喝果汁，而她那天已经喝过了，按理说不可以再喝，如果我坚持不让，她会大哭大闹很久。在我拒绝了她两次，她开始跺脚发飙的时候，我说：“我知道你很想喝果汁，可是今天你已经喝过了，多喝对牙齿不好，但是既然你这么想喝，那只喝‘一点点’好不好？”果果就立即收住泪，急忙点头。于是我倒了一点点果汁给她，还是掺了许多水的。结果果果喝了也没意见，因为她自己也知道喝太多是不对的，但是她的意见又得到了尊重，就满足了。

很多事情都可以让步处理，譬如她也要和哥哥一样上学，讲道理阻止不成，我就允许她“进去绕一圈就出来”，她就接受了。注意，别一开始就让步，拒绝一段时间，实在不行了，再做一个很小的让步，孩子就满意了。

3. 换种方式说，效果不要太好

2岁的小朋友，有一种共同的倾向，叫作“泛灵化”，也就是说，他会认为所有的事物，都是有灵魂有感觉的，有的时候，当爹妈的说话不好使，你让他最喜欢的小兔子说话，就好使了。

用“泛灵化”的特点，可以让孩子变合作许多。

收玩具，我会说：“让玩具回家咯，要不然它们会哭哦！”

穿衣服，我会说：“衣服上的小猫很想趴在你身上哦！”

甚至上厕所，我也会说：“你肚子里的尿尿觉得好挤哦，它们想出来耶！”

脑洞大开吧，万物皆有灵哈！

和小孩子相处要有童心哦！

4. “抱一抱”是一种神奇的力量

当然，总会有些时候，要和果果“死磕”，当她非要去做危险的事情，或者伤害他人的事情，譬如去摸电门，或者打哥哥（我家小妞就是这么彪悍），那么必须要立即阻止她。

她一定会大发脾气，哭闹得很厉害，这个时候不能让步，讲什么道理她也听不进去，就只好在旁边陪她哭，当然要离稍微远一点，省着她打人泄愤。

看她哭了一阵了，我就会伸出双手说，来，哭累了吧，妈妈抱抱。面对这个绝好的台阶，小妞通常就识时务地就坡下驴，毕竟哭闹也是蛮累的。

拥抱有一种治愈的力量，不用几分钟，小妞就大雨转晴，笑着跑开去玩了。对于一个犯错误或者无理取闹的孩子，你可以阻止他的错误行为，可以不答应他的要求，却不能不搭理孩子，任由他在情绪的海洋中溺毙。一定抚慰孩子的情绪，用一个坚实的拥抱，告诉孩子，虽然你做了错事，但是妈妈永远爱你。

当然，除了上面这些，我们还要教会孩子，在有情绪的情况下如何表达自己，说出自己的诉求和感觉，而不是一味哭闹，让大人来猜。当孩子学会表达自己的时候，哭闹的程度就会大幅下降，但这不是一时一刻能教会的，需要为人父母长久的耐心。

“糟糕的2岁”是人生第一个青春期，虽然鸡飞狗跳，却是成长的必经之路，过完，你会发现你的孩子更加成熟懂事，更像一个大孩子，而不是小baby。

10 如何让孩子成功适应幼儿园

上幼儿园是孩子脱离家庭，走向社会的第一步。这个适应的过程多少都会有些惨烈，尤其是比较黏妈妈的孩子。毛头可以算是个非常黏妈妈的孩子了，两岁半入园，经历了接近一个月过渡期之后，就开始非常喜欢上幼儿园，即使因为搬家换园顶多前两天不太愿意，之后又很积极了。所以这方面橙子还是有些经验的，写出来给各位妈妈分享。

什么时候上幼儿园合适？

入园无非是一个环境的改变，需要孩子一段时间的磨合，无论过程有多惨烈，当孩子开始熟悉幼儿园，确定父母最终会来接他，最后总会接受并且适应的。只要不是频繁转换环境，并不会影响什么安全感，不同年龄进幼儿园的区别只是，年龄越大，越容易交流，可能适应得也越快。但是不等于说，小一些的孩子就无法适应。就我身边的例子来讲，1岁、2岁、3岁入园的孩子都见过，过程很难说有很大的区别，是否艰难，主要还是看孩子的适应能力和脾气秉性。

所以我的结论是，什么时候入园都可以。孩子要不要入园，主要看你对于家庭安排上或者经济上的考虑就好了。

双语环境的家庭比较特殊一点，尤其是你觉得你的孩子并不是那种很外向的性格，我建议最好在孩子2岁到2岁半之间入园，因为大多数3岁之后的孩子语言很流利了，在家讲汉语的孩子上幼儿园面对陌生语言的冲击会更强烈一些，因为小朋友和老师之间基本都是用语言沟通的。而2岁多的孩子和老师沟通大多还是要靠肢体，小朋友们之间无论是否懂当地语言，没什么太大的不同，所以会更容易接受一些。

如何挑选幼儿园？

最重要的是，找一个有爱心有耐心的老师。这比什么硬件设施啊、教育理念啊都重要得多得多。如何考察这个老师好不好很简单，看她班上的小朋友的状态就知道了，如果这个老师班上的小朋友是放松的，有笑容的，甚至和老师很亲昵的，那就一定要把握好不要错过。

关于硬件条件上，除了卫生问题、安全问题需要考虑之外，要特别注意的是，院子够不够大，是否每天有充足的户外活动时间。对于一个学龄前的儿童，尤其是男孩，整天局限在室内不活动是非常痛苦的事情，多余的精力发泄不出去必然要脾气很差爱捣乱，老师就很难管理，一定会出现高压政策，相信这是家长们都不愿意看到的。

另外师生比越低越好，美国法律要求2岁幼儿园的师生比一般是1:4左右，3岁可以1:7左右。说明只有达到这个比例，每个孩子得到的关注才能足够。相信国内可能大多达不到这个比例，只能是尽量越接近就越好，负担越少，老师就越有耐心和精力对待孩子。

当然，离家远近和经济能力也都要在考虑之列。

入园之前的各种准备

早几个月就要告诉孩子，他很快就要去一个叫作“幼儿园”的有趣的地方，有很多好玩的玩具，很多的小朋友和他一起玩，使劲地灌迷汤。当孩子开始表现出对幼儿园的美好向往的时候，再“顺便”告诉他，到时候妈妈会走开一下，不过很快就会回来接他的，妈妈不在的时候，有老师会照顾他。说这件事的时候语气要轻松，让孩子觉得这不是一件很大的事情。当然，少不得要用各种绘本频繁洗脑一下，让孩子知道幼儿园是什么样美好的所在。当年毛头看的是巧虎关于入园的书和视频，效果不错。

尽可能多地带孩子去幼儿园熟悉环境和人，在孩子面前能和老师亲密交谈，最好能让孩子信任老师，并且愿意亲近她。和老师充分沟通，告诉老师自己孩子的个性和一些特有的生活习惯，喜欢玩什么玩具和游戏，等等。

仪式感可以让孩子增加对上幼儿园这件事的认同，带孩子去商店让他自己选购入园所需要的物品，譬如水杯、饭盒、被褥等，入园的第一天，送他一个他一定会喜欢的礼物，庆祝他长大了，可以上幼儿园了。

冲洗一张大一点的妈妈的照片塑封好给孩子带着，告诉孩子如果想妈妈了就拿出来看看，注意是生活状态的照片，不要修得太厉害哦。也可以带一些孩子很喜欢很熟悉的家里的物品，譬如一个毛绒玩具、一个小毯子之类的，有助于孩子安慰自己。

头两次入园可以非正式一些，3个小时左右，可以分成上下午各去一次，让孩子熟悉幼儿园流程，时间短一点这样孩子会更快地确认，妈妈会来接他，有助于安全感形成。

然后就是正式入园啦，尽管前面铺了很多的路，面临的挑战还有很多。

如何对待入园分离焦虑？

1. 送的时候大哭

除了极少数特别外向的孩子，大哭几乎是必须的，即使头两天并没有哭，但是缓过劲儿来多半会哭一哭的，因为知道要和妈妈分开一段时间了，当然会充满压力。一方面固然是有些害怕全然陌生的集体生活，另一方面也有撒娇博取同情的成分。所以一定极尽夸张之能事，期盼你能改变主意带他回家。

因此，你离开的过程千万不要拖泥带水，无论孩子看起来哭得多么惨，都要干净利落地离开。如果孩子一哭你就回来抱着安慰，无疑会给他不正确的信号，让他以为使劲哭就会把你哭回来，导致他哭得更惨，如此循环，你永远都走不了，反而哭得没完没了。

一旦走了就走了，别回头，不要犯贱地探头探脑往里看，万一被孩子看到了，可能情绪刚有些平复又要大闹一场，也不利于老师协调。

另外要注意，当你离开的时候，不要偷着溜走，要和宝宝道别，并且告诉他，妈妈一会儿就会回来的。宝宝虽然依然会哭闹，但总要比玩着玩着突然发现妈妈消失了的那种恐惧要好得多。

还有一个小技巧，就是不要让宝宝最黏的那个人送幼儿园，譬如平时最黏妈妈，那么就可以考虑让爸爸或者爷爷奶奶送，因为不是最最亲密的那个人，宝宝会少一些撒娇，分离得会更容易一些。

2. 无法融入幼儿园环境

分离之后，妈妈们多半都非常关心孩子在幼儿园的情况，有没有继续哭很久、有没有吃好睡好、有没有喝水等。

诚然，在刚入园的前几天，大多数孩子的表现确实会让人揪心，极少数分离焦虑严重者可能会一直大哭或尖叫，大多数孩子发现妈妈暂时回来之后，固然会停止哭泣，但是会一直保持低落情绪，全程哭丧着脸，不加入集体活动，不接受任何互动，甚至不吃饭不睡午觉，看起来异常可怜。

先收起玻璃心，以上这些表现，既是正常的，也是暂时的，是适应期大多要经历的。越是更多地待在幼儿园里，越是适应得快，不要因为入园表现不佳而“在家歇两天”，这样就等于是前功尽弃从头开始，只会让下一次入园更加困难。只要你坚定地送去，孩子总会慢慢适应的。不同的孩子适应期不太一样，毛头的第一个星期完全不睡午觉，而且午饭吃得很少，也几乎不和小朋友互动，一直黏着他喜欢的那个老师（这其实是个好现象），到了第二周开始有了一些改变，老师说最显著的改变就是看到笑容了，也参加游戏了，午睡可以睡十几分钟了。这种渐变一直在持续，最后做到完全不哭并且吃好睡好，用了将近一个月。他可是个超级高需求的黏人娃哦！他都能适应，我相信所有孩子都可以适应。

当然，不排除有个别孩子坚持上幼儿园已经一两个月了，依然非常抵触，反抗强烈，这个时候一般就是这个幼儿园或者老师不太适合孩子，有条件的话，最好还是换一个。但是不要轻易更换，至少坚持两个月看看效果再做考虑。

3. 平时更加黏人

上幼儿园的可怜小宝贝回到家当然不会放过你，分离期间各种委屈各种不爽啊，当然一定要加倍地和你讨回来。

这个时候，就多宠多陪陪吧，比从前更多一些亲密接触，让孩子知道，妈妈还是很爱我的，没有不想要我。当孩子逐渐适应了幼儿园的生活，找回安全感，黏人的现象会自然消失的。

4. 夜里睡不踏实经常惊醒

这个也是适应幼儿园期间比较常见的现象，白天刺激太多，夜里容易做梦惊醒。毛头在上幼儿园的前半个月，几乎每天夜里都要醒来两三次。

对待这种夜醒，妈妈还是要出现安慰一下，一般孩子见到妈妈很快就会平静下来。注意不要提供太多额外的睡眠帮助，分离焦虑引起的夜间睡眠倒退，会很快过去的。

生病了怎么办？

很多孩子刚上幼儿园不久就会感冒发烧大病一场之类的，会有家长认为是因为入园不适，哭得太厉害导致的，从而内疚感爆棚。病好了再送幼儿园未免难以理直气壮了。这件事家长们不要误会了。入园一定会经历频繁生病的问题的，这个很正常，并不是哭闹厉害导致的。

因为幼儿园人比较密集，很容易产生交叉传染，可以说是病毒大本营，一个孩子流感中招，基本上一个班的孩子80%都跑不了。而刚刚入园的孩子免疫力没有得到充分锻炼，症状相对会更严重一些。对于生病的孩子，美国这边幼儿园的标准是，有发烧、长疹子和呕吐的症状，不可以去幼儿园，其余类似咳嗽流鼻涕这种小症状，继续上幼儿园没关系。所以一到春秋季节，几乎全班每个孩子都挂着鼻涕，蔚为壮观。

毛头在第一年上幼儿园期间，春秋季的感冒几乎是无缝连接的，这茬刚好，马上又中招，鼻涕挂两三个月很正常，第二年病的频繁程度就少得多了。4岁的时候整整一年都没生病，哪怕在流感很严重的时候。

所以不要因为孩子生了病就不去幼儿园了，只要不发烧不吐就可以去，不必等感冒症状完全消失，除非有哮喘的问题要尽量避免感冒，其余的情况，应该坚持上幼儿园。如果在家待时间太久，回到幼儿园又要经历适应期，这样就会把适应期拉得很长，大人孩子都很痛苦。

最重要的是收起玻璃心

对送幼儿园这件事，当妈妈的不要自己加太多内心戏，觉得宝宝好可怜啊好无助啊之类的，你只是送他去幼儿园，又没有抛弃他，没有必要为此内疚自责。只要孩子度过了适应期，会在幼儿园获得你的陪伴所给予不了的快乐——社会化的快乐。集体生活是有很多家庭没有的乐趣的。

孩子会比你想象的坚强，没有你的陪伴的时候，他会开始依恋老师，并从新的权威那里获得安全感，并不会像你想象的那样一直痛苦无助。

如果你内心觉得，娃受苦了，受委屈了，流露出的情绪会传递给孩子，让他更加恐惧上幼儿园。妈妈都觉得娃受苦了，就会让孩子更加确认了幼儿园就是一个差劲的地方，内心更加拒绝上幼儿园。

你所有的言行都应该向孩子传递这样的信息："你现在不适应，害怕，不想跟妈妈分开，妈妈都懂，妈妈会尽量帮助你度过这个时期，但是幼儿园是个很好很有趣的地方，你会慢慢喜欢上这里的。"

当然，你自己内心也要对孩子有足够的自信，分离的不适只是一时的，也是成长所必须经历的一个阶段，过去这一段时间，孩子就依然是一个快乐的小宝贝。

毛头五岁半，果果两岁半，虽然平时争宠打架，有爱瞬间也越来越多

毛头快六岁，果果快三岁，哥哥已经可以带着妹妹堆雪人了

附录

01　如何经营母婴之间的亲密关系

“奶奶总是把宝宝抱走，我害怕宝宝以后和我不亲。”

“我整天和宝宝在一起，为什么宝宝对我好像和对其他人一样？”

“我需要上班，每天只有很短的时间和宝宝在一起，他会和我不亲吗？”

有这种困惑和焦虑的新手妈妈，应该不在少数，但相信很少人会说出来，因为一定不会被理解，甚至会被认为是矫情，无理取闹。

母婴之间的亲密关系，一直以来被渲染得好像天经地义，人性本能，无须担心。但事实是，无论是“母爱”还是“赤子之情”，和所有的亲密关系一样，都是需要经营和培养的，只不过母婴之间的感情经营比别的有一点优势，就是宝宝曾经住在妈妈的身体里9个月，这段融为一体的经历会让妈妈和宝宝很长一段时间可以互相感受到对方，增进感情要容易得多。

但也并不是说，妈妈和亲生的宝宝，天然就一定要感情深厚，因为你们毕竟没见过面，也没有真正意义上地接触交流过，其实并不熟悉，有一些隔阂那也是十分正常的。小婴儿急需解决的是生存和安全感的问题，那可真是“有奶就是娘”，谁提供给他们所需要的食物和安全感，他们就会对谁产生感情。当然，由于小宝宝的记忆力比金鱼还差，换一个人他也不会太介意，你需要在很长的一段时间内，不断地巩固这种感情，宝宝才会能够认出你并且记住你。不要以为小婴儿什么都不懂，他们可是天生的情绪感知大师，他们就算是看不清听不懂，依然会知道，哪个人更爱我，更值得让我依恋。

妈妈和宝宝之间的亲密关系，并不是天上掉下来的，而是需要你付出长期的努力去经营的。是一定要陪宝宝睡觉，喂宝宝吃母乳，每天守在宝宝身边不离开，才可以吗？花时间在一起当然是非常必要的，但并不是问题的关键，增进感情的关键是——看你走没走心。

如何才能更有效率地增进和宝宝之间的感情呢？

1岁以内

1. 肌肤相亲，经常抱抱

肌肤相亲是培养亲子感情非常重要的一件事，尤其是对于新生儿，美国的医院孩子出生的第一件事就是放在妈妈胸口抱一会儿，早产儿就算是身上挂满管子，也要让妈妈抱一抱，更有利于他的康复。

妈妈和宝宝的抱抱有一种神奇的魔力，不光是心理上的满足，对于妈妈的产后康复、宝宝的身体发育健康都是有好处的。我反对不让坐月子的妈妈抱宝宝，这其实对于母婴双方的身心发展都是不利的，容易让宝宝哭闹多，妈妈产后心情低落。月子里的妈妈就算是身体虚弱，也要多抚摸宝宝，多多肌肤接触哦！

所谓的婴儿抚触，也正是这个意义，给宝宝做按摩的时候，要专注、充满爱意，手法什么的并不是很重要，你和宝宝感觉舒服惬意就好。

2. 唱歌

你的声音，对宝宝来说非常重要，因为他在你的肚子里的时候一直听着你的声音，那对他来说是感到熟悉而且安全的。而且新生宝宝视力不是很好，看什么都是模模糊糊的，你无处不在的声音，会让他更有安全感，对你更加依恋。

3. 一起锻炼

可以放宝宝在腿上来玩一个举高高的游戏，抱着宝宝跟着音乐跳舞转圈圈，和他做“亲子瑜伽”（网上有很多相关资源哦），或者推着推车去跑步。一场出汗的锻炼可以让你和宝宝都身心愉悦，感觉更亲密。

4. 和他用“火星话”“交谈”

你的宝宝很可能两三个月就开始发出一些无意义的声音，你可以模仿他的声音，引起他的注意，和他假装交谈，宝宝会非常开心他可以像大人一样“说话”的。这样的“交谈”，不光会培养感情，还有利于宝宝语言的发展，因为他会意识到“模仿”这回事哦！

1~2岁

1. 手牵手去散步

这个年龄的孩子会对户外非常地感兴趣，喜欢待在户外，对你来说非常无聊平静的小区景色，对于宝宝来说，每次都是一次新奇的冒险。他会在一次又一次的重复中，学到越来越多的事情。和你的宝宝一边散步，一边说话，告诉他这个是什么，那个人在做什么，宝宝会每天都很期待和你一起出门散步的时光的。

2. 睡前来个晚安吻

作为睡前仪式的一部分，给你的宝宝对于睡前时间的期待，也有利于增加他的安全感。每次可以亲得有趣一点，按照一定的顺序，亲额头、鼻子、脸颊，再来一个大大的拥抱。

这个习惯甚至可以一直延续到青春期，重复性的仪式，会让宝宝对你有更多的依恋。

3. 洗澡的时候一起玩水

洗澡是一个放松的时间，不要只是清洗身体而已，这是一个增进亲子关系的好机会。可以一起唱关于洗澡的歌（因为音响效果会比较好）；可以一起用洗澡玩具玩游戏，“看！小鸭子游泳啦，一直游到宝宝的小肚皮上”；或者一边洗他的身体，一边用夸张的语气告诉宝宝这些部位的名字，“现在要洗你的小脖子，哎呀，洗干净啦，白白嫩嫩的，真漂亮！”

总之，一定要有趣，玩得开心。

4. 发明你们自己的语言

可以把宝宝的名字变化一下，起一个只有你们两个人才会用的昵称，或者用一个宝宝的发音方式来称呼一件事物，譬如宝宝管狗狗叫作“抖抖”，不要着急纠正他，一起和他叫“抖抖”，他会很开心被认同。刚开始说话口齿不清是难免的，早晚都能学会正确的发音，不要急于纠正。

毛头小时候总是管猫头鹰叫作猫鹰，我就经常纠正他，他爸爸就和他一起这么叫，结果他们两个就好像一国的，我反倒是外人了。

2~4岁

1. 一起做家务

2岁之后的宝宝，会非常渴望自己动手做事，你可以用周末的时间，花点心思，和他一起动手做一件特别的事。美国很多家庭每到周末都有做煎饼的传统活动，非常有利于增进亲子感情。

我们也可以周末和宝宝包个饺子，或者烤个小蛋糕之类的，不要怕脏乱，在和宝宝一起做事情、克服困难的过程中，你们会得到很多乐趣的。孩子也会很自豪能得到你委托任务的信任。

2. 来做运动游戏

各种简易版的球类运动，用一个比较轻的橡胶球，来做投篮、踢进门、扔球接球的运动，也可以玩气球。跳跃的运动，譬如，跳皮筋、跳房子，或者直接画圈在地上，让宝宝一个一个跳过去。奔跑的运动，捉人游戏、赛跑、扔飞机让宝宝捡回来……

增强亲子联系，又消耗掉小朋友的精力，吃得多睡得香，一举多得的活动。

3. 亲子共读

如果以前注意培养读书的习惯，2岁以上的小朋友应该非常喜欢看书啦，多给他读书讲故事，用夸张幼稚的声音，他会很喜欢缠着你念书的。多带小朋友去图书馆或者书店，去找一些他喜欢的新书来读，孩子也会特别开心。

4. 一起玩“扮演游戏”

这个年龄的孩子非常喜欢假扮游戏，一般都会苦于没人陪他玩，同龄的小朋友一般会打架，大人如果能按他的意思和他一起玩，他会非常感激的。“逛超市”游戏、“医生和病人”游戏、“老师和学生”游戏、“厨师和顾客”游戏，凡是生活中的场景，都可以在家里用各种道具玩游戏。几张小纸片都可以玩得很开心。

保持童心，别觉得幼稚，别觉得重复。你得把智商拉低到和孩子同一个水平，他才会觉得你和他是一伙儿的嘛！

看起来都有些老生常谈的样子，没什么特别新鲜的。其实亲密关系就是这样，一点一滴的，在平淡的日子里陪伴中积累起来的。只要你用心陪伴，付出爱，就算他每天和你在一起的时间不多，孩子也是能感受到的。只要在孩子心里，你是最理解他的，最有趣的，每天都给他许多惊喜的那个人，孩子怎么会和你不亲？

是不是陪着睡觉、吃饭，这些都不是最重要的，孩子总有一天会长大，不再需要这些，心灵的相通和契合，才是影响亲子关系的关键。

我家榨汁机先生平时就不太陪孩子，周末陪个一天，就足够让孩子都黏在他身上不肯下来了。因为他真的比我更有趣，也比我更有耐心陪孩子玩那些幼稚的游戏。

如果你担心孩子和别人更亲，重点不是想办法去赶走那个人，而是想办法让自己更有趣，更耐心，更能理解孩子，让孩子更喜欢你吧！

02 养娃这件事，我们每个人终究都是独行者

某天早晨，橙子看到公众号留言里有一条长长的消息，语气十分焦急，大概的意思就是问，宝宝睡眠实在太糟糕了，所以决定给宝宝睡眠训练，现在宝宝已经哭了40分钟了，家里老人也不支持，很难过很内疚，问橙子现在是该去抱，还是该坚持下去。

本来想回复一下，但是想到这已经是几个小时之前的留言了，现在再做回复意义也不大，再加上早晨的事实在多，也就搁下了。

但是这几天，这件事总是时不时浮现出来，我没有在一个无助的新手妈妈最困难的时候帮到她，心里总是感到不安。这位妈妈当时那心似火焚一样的情绪，我可以感同身受，当年听着毛头在屋里哭，我在外面跟着哭的情景还历历在目。听着宝宝哭却不能去抱他，那真的是对于一个母亲最残忍的酷刑。

那几个无眠的夜晚，多么希望有个像电视里演的《超级保姆》那样权威的人站在我身边，和我说“加油，再坚持一下就好了”，或者说“你这样做不对，你应该那样那样做才行”，甚至说“算了吧，别折腾了，孩子大了就好了”，什么建议都可以，都不至于让我感到如此恐惧和无助。

我把各种育儿书看了一遍又一遍，网友的经验翻了一篇又一篇，却找不到属于自己的答案。因为权威之间的建议也会截然相反，网友的经历更是五花八门，无论我看了多少材料，最后做决定的，依然是我自己，无论产生什么后果，都要我自己承担。这个责任太重，压得我喘不过气来。

我感觉自己在刀锋上行走，又像是在巨浪中载沉载浮的小舟，一个不小心就万劫不复，无论怎样做，都可能是错的。

“母乳不足，我是坚持亲喂，还是上奶瓶让宝宝吃饱？”

“宝宝哭闹，是饿了还是困了还是胀气了？我到底要不要喂他？”

“宝宝夜醒哭了，我是马上去抱，还是等一等看？”

“宝宝生病了，我到底是坚持在家等他自愈，还是抱去看医生？”

……

橙子每天可以接到成百上千条的育儿问题，即便没时间回答，我也会看一看。比较好回答的是知识性的问题，无法做决定是因为“不知道”有哪些选项，让他知晓更多的信息即可。但是这类“纠结型问题”就很难回答，正是因为你知道选项和选项后面的利弊，所以更加无从选择。因为无论你如何选择，都有道理，却也都不完美，都可能是错的，同样也都可能是对的。具体到底是对是错，和你家宝宝的脾气秉性、你自己的性格和身体状态、家庭的环境、育儿的理念，都有关系，所以这类问题即便橙子回答了，你可能依然不知道怎么做。

就像今天，刚有个读者朋友问橙子，她的新生宝宝有两个问题，一个是特别没规律，睡成渣，一个是母乳不足，宝宝又吸力小，需要频繁练习吸吮，刺激母乳分泌。

如果坚持母乳频繁喂，就要牺牲掉规律作息，如果要培养规律，就只能上奶瓶，问橙子到底要怎么做。

这就属于典型的 “纠结型问题”，无论选择哪个，结果都可能是好的，也可能都是不好的。

侧重宝宝的作息规律是非常有道理的，宝宝有规律了，吃好了，也能睡好了，带着会更轻松。奶可以慢慢追，很多妈妈追到两三个月才追成功啊！

但是另一种很坏的可能是，宝宝出现胀气等问题，作息规律没培养成，宝宝却乳头混淆，更不吃母乳了，可能就永远失去了吃母乳的机会。

如果侧重催奶呢，也非常有道理，很多妈妈就是坚持挂喂一段时间，宝宝很饿吸力练强了，妈妈刺激足够，奶也够了，然后再慢慢培养作息，很多宝宝也是

3个月以后才逐渐有作息规律的。

但是另一种很坏的可能是，很多妈妈就是没办法很快让奶增产，宝宝一直吃不饱，一直吃着睡，放下醒，让妈妈很疲劳，缺乏休息，奶还是不够，而宝宝却有了不奶不睡的问题，甚至拒绝吃奶瓶，影响生长，作息规律一直无法建立起来。

每种选择，都有最好和最坏的可能，也有好坏参半的结果。这种问题，其实并没有标准答案。就是这样，了解的信息越多，反而越焦虑，每做一个决定，都要面临风险。但是如果你一直改变策略，患得患失，浅尝辄止，却更可能哪个好处都捞不到。有的时候真希望有个私人定制的育儿权威，一步一步地告诉你，要怎么做才行，什么时候坚持，什么时候放弃，我就不用纠结了，那该多美！

可惜的是，没有人可以提供如此细致贴心的服务，如果有的话，价格也是贵到你无法承受，就算价格你可以承受，宝宝在育儿权威的指导下长大了，你可能又要接着纠结另一些事。

"孩子哭闹要一个东西，我到底给他还是不给他？"

"孩子犯了错误，是要温柔管教，还是要严厉惩罚？"

"孩子被欺负，到底是教他打回去，还是教他找大人求助？"

"孩子是从小圈起来各种早教启蒙，还是放养了随他傻乎乎去玩？"

不同的人有不同的答案，一个大V一个说法，看起来都挺有道理。会有一个全能保姆，一直帮你做这些决定吗？真的有的话，那到最后到底是她养孩子还是你养孩子？

如何提升为人父母的智慧？

其实，我们需要的并不是一个全知全能的育儿大神告诉我们该怎么办，我们需要的是自我修炼，提升自己为人父母的智慧。

什么是智慧？面对问题，可以做出以下的应对：

理性思考，搜集各种信息，衡量利弊，做出适合自己的选择。

分析问题，结合自己的情况制订计划和目标，对各种可能发生的情况做好准备，然后，坚定执行自己的想法。并且，知道什么时候放弃。

最后还要有心理准备承担失败的风险，并且在失败之后总结教训，再做出下一步的计划安排。

每一个选择都是深思熟虑的主动选择，既不是被逼无奈，也不是心血来潮。就算这过程中你犯了些错误，那也是宝贵的经验，失败了，也是你的智慧经验增长应该付出的学费，就没什么好后悔惋惜的。

孩子在不断长大，也在不断变化，问题是层出不穷的，永远都解决不完，没有一个育儿理念或者一个育儿大V是完全正确的，包括橙子自己，每个人的意见都会受到自己经历和见识的局限。就算我说的对于99%的孩子好用，也可能你家娃就是那1%呢！

在育儿路上，没有人不是跌跌撞撞地走过来的，没有什么错误不能纠正，没有什么遗憾不能弥补。我们一定会犯错误，走弯路，但只要我们为人父母的能力和智慧不断增长，形成自己的理念和体系，让我们在面对新问题的时候更勇敢，更从容，更坚定，我们就是称职的父母。

其实，育儿如人生，每个人的人生何尝不是充满纠结的抉择呢？

是考研还是工作？是离家还是留守？和什么样的人结婚？何时生娃？……哪里有一个完全正确的答案呢？哪个选择都是甲之蜜糖乙之砒霜啊！

没有对的事，只有对的人。

勤于思考、勇于实践、不断尝试的人，哪怕暂时失败，最后也会成功。

人云亦云、盲目跟风、纠结焦虑、总是被动逃避的人，就算是拿了一手好牌，最后也一定会打得稀烂。

希望朋友们在看橙子介绍知识和经验的同时，也能加强内心的修炼，提高解决问题的能力，找到最适合你自己的解决办法。育儿路上，我们注定都是独行者，自己选择自己要走的路。